装备科技译著出版基金

光学检验与测试

Optics Inspections and Tests

［以色列］迈克尔·豪斯纳（Michael Hausner） 著

王小勇 译

国防工业出版社

·北京·

著作权合同登记　图字：军－2020－040 号

图书在版编目（CIP）数据

光学检验与测试／（以）迈克尔·豪斯纳（Michael Hausner）著；
王小勇译. —北京：国防工业出版社，2023.2
书名原文：Optics Inspections and Tests
ISBN 978-7-118-12883-3

Ⅰ. ①光… Ⅱ. ①迈… ②王… Ⅲ. ①光学检验 Ⅳ. ①O435

中国国家版本馆 CIP 数据核字（2023）第 054014 号

※

国防工业出版社出版发行

（北京市海淀区紫竹院南路 23 号　邮政编码 100048）
北京龙世杰印刷有限公司印刷
新华书店经售

*

开本 710×1000　1/16　印张 25　字数 446 千字
2023 年 2 月第 1 版第 1 次印刷　印数 1—1500 册　定价 188.00 元

（本书如有印装错误，我社负责调换）

国防书店：（010）88540777　　书店传真：（010）88540776
发行业务：（010）88540717　　发行传真：（010）88540762

前　言

　　这本书是本人从事光学行业 30 余年所获得知识的结晶。在此期间，本人收集了大量关于光学元件检验、光学材料、制造方法，以及用于确定产品图纸和测试要求的标准和规范等主题的资料。

　　随着人们对更为复杂的光学元件需求的增长，对提升光学元件质量的需求也在增加，制造商和客户的光学检验员必须充分了解产品图纸和规范中规定的要求。此外，光学检验员还需接受检验方法、测试工具等方面的良好培训。基础的光学知识、光学元件生产的原材料、光学元件和涂层的制造方法、取样方法和质量保证理论是检验员专业素质的重要组成部分。

　　光学检验员必须完成检验报告，根据要求进行故障调查，并满足其他组织程序中的要求。与客户或供应商的检验员建立良好的专业关系有助于促进整体工作流程的提升，为组织的需求服务。

　　本书可作为光学质量检验员在工作初期或进阶阶段的工具，也可为光学设计师或其他对光学检测及相关问题感兴趣的人提供一些帮助。

Michael Hausner

2016 年 12 月

目　　录

第1部分　理论与材料

第2部分 方法和工具

第3部分　检验和质量保证

第1部分 理论与材料

第1章 介 绍

1.1 序 言

质量是制造或服务中非常重要的一个因素，好的质量可使产品更具吸引力。顾客满意度会增加，采购并鼓励其他潜在客户为制造商带来利润。当然，质量问题不是业务中唯一的问题，但一定是主要问题。

相关研究者已经将产品和服务的质量理论发表在书籍和文献中，并开展了广泛讨论。这些理论有助于企业进一步提高产品和服务的质量，进而促进企业发展。

著名的质量专家，如沃特·休哈特（Walter Shewhart）著有《统计控制图》、爱德华兹·戴明（Edwards Deming）著有《全面质量管理》（TQM）的14条原则、约瑟夫·朱兰（Joseph Juran）著有《质量三部曲》、阿曼德·费根堡姆（Armand Feigenbaum）著有《全面质量管理》（TQC）、石川馨（Kaoru Ishikawa）著有《全公司质量控制》（CWQC）、菲利浦·克劳士比（Philip Crosby）著有《零缺陷》，以及大卫·加尔文（David Garvin）著有《产品质量的八个维度》（请参见第17章）。

此后，基于光学制图和/或光学规格的质量理论及标准的国家质量标准和国际质量标准得以广泛建立并完善，已成为光学产业所有组织机构中制造和管理光学元件、组件质量问题不可或缺的一部分。

本书的编写总结了作者多年来积累的所有经验，这些经验是作者这些年来在检验室和车间检查测试光学元件（源检查），处理由于生产缺陷、设计错误或生产文件中的错误而导致的各种故障和不合格的原因并采取必要的纠正措施（由供应商或制造商内部处理，甚至根据客户要求进行处理）时所积累的。作者作为技术顾问，与光学设计师的合作涉及光学质量保证领域的培训及问题解决，这对作者在光学元件检查方面的知识积累有积极影响。

本书主要的支撑资源包括相关的光学国际标准、专业文献（书籍和文章）、照片和图形。本书提供的信息非常广泛，都以在该领域从业人员的知识和经验为基础而出现在标准、专业文献、书籍和文章中。这些资源中有些可以购买，有些可以从互联网免费下载。因此，在这些领域（设计和检测）的从业人员应定期利用上述相关信息来支撑其当前工作并为未来发展积累知识。

1.2 质量的定义

以下是基于上述专家及标准的质量定义。

（1）"质量包括满足需求的能力"（C. D. Edwards，《质量的意义》，美国质量协会月刊，1968 年 10 月）。

（2）"质量是产品适用的程度"（J. M. Juran，《质量管理手册》，1988 年）。

（3）"质量（意味着）对需求的符合性"（P. B. Crosby，《质量免费》，1979 年）。

（4）"产品指标的一致性"，即降低产品偏离标准的程度，并将产品偏离标准控制在一定范围（极少数例外）内。

（5）"产品交付后给社会造成的损失"。质量的这个定义基于对生产系统的全面了解（田口俊雄，《质量工程概论》，1986 年）。

（6）"一种管理企业的方式"或"营销、工程、制造和维护的综合产品及服务的总体特征，通过这些特征，被使用的产品和服务将满足客户的期望"（A. Feigenbaum，《全面质量控制》，1961 年）。

（7）大卫·加尔文（David Garvin）定义了"质量的八个维度"，其中描述了质量对管理者、操作者和客户的意义。客户与管理者对质量的认识并不相同，接受此观念即可以集中精力进行质量工作。"质量的八个维度"是性能、特征、可靠性、一致性、耐用性、可维修性、美观性和可感知的质量。

（8）"产品满足其明确和隐含需求能力的总体特征"（ISO 8402：1994，AN-SI/ISO/ASQC A8402：1994）。

（9）"满足特定需求能力的产品或服务的全部特性"（BS 4778：第 1 部分：1987）。

（10）"每个人都有自己定义的主观项目。在技术使用中质量可以具有两个含义：①产品或服务的特征满足其描述或暗示的能力；②产品或服务无缺陷"：（ASQ 质量术语，http：//asq. org/glossary/q. html）。

1.3 光学检测与测试的相关质量

在集成光学组件之前有两种客户：一种是购买产品（光学元件，如透镜或反射镜）的客户；另一种是购买产品原材料的光学元件制造商。两种客户都希望得到能够满足其需求的产品（或材料），该产品必须适合其使用，并符合说明书、图纸或合同中规定的要求。为了实现所有这些目标，必须采取一些必要措施，这涉及组织中多个机构：

（1）工程部门负责制定技术要求，并要在图纸和规范中标明；

（2）采购部门负责经费支出和研制周期；

（3）质量保证（QA）部门负责验证产品参数是否符合规定的要求。

工程和质量保证部门在此链中扮演着重要角色，强调一下本书的目的：确保计划、生产和发送给客户的产品符合要求。因此，必须检查和测试供应商在工厂生产的元件，并且必须验证交付给客户的产品是否符合所有要求，这是业务中的主要问题。

大多数厂家的检验工作属于质量保证部门，在某些机构中，此项工作属于采购部门。无论如何，此项工作的归属并不重要，检验或测试人员熟悉所有规定的名称和要求及客观履行职责的能力才是重要的。例如：在没有管理监督的情况下给出可信赖的报告；负责绘制设计图纸的光学设计师必须熟悉通用的标准牌号、光学标准（光学标准在确定光学元件和组件的性能要求中起着重要作用）。这也是一种技术语言，进而减少设计师和质量检验人员的频繁交流。

1.4　撰写本书的目的

本书旨在传授给光学元件和组件的设计师、检验人员、装调人员关于大多数系统检验和测试的知识，并介绍相应的工具和仪器。

由于光学元件的检查和测试由质量部分和光学部分组成，因此本书还涉及对光学检验人员而言非常重要的主要科目，并针对设计人员讨论质量保证及问题检查。

专业的光学检验员不仅必须掌握检验工具应用，准确测量所需的参数并将结果记录在检验报告中，而且还必须了解光学元件的所有光学、机械和质量要求的含义，并了解所有现行标准。当发现偏差时，训练有素的光学检验人员应该能够确定偏差的根源并提出纠正措施。

相反，负责确定图纸或说明中所述要求的光学设计人员必须熟悉制造商或客户的检验能力，并且熟悉其检验工具设备的限制。这种意识有助于设计师清楚地确定需求，并指导制造商和检验人员验证其合格情况，或推荐其他检验方法。

（1）本书介绍了光学行业中用于制造、加工和检验的重要设备和工具。

（2）本书的目的不是教导人们如何使用这些工具设备，这是属于制造商的职责。本书也不会推荐特定的设备和工具。

（3）每个设备或工具都有其优势和局限性，用户、购买者要根据自己的需求适当选择。

第2章 光 学

2.1 历史和发展

光学是物理学的一个分支，涉及电磁辐射的本质和属性，即光及其与物质的相互作用。许多光学元器件已广泛应用于军事、医疗以及商业、工业领域，如透镜、分束器和反射镜等。"光学"一词源自希腊语，指的是视觉感受。光学通常描述可见光、红外光和紫外线。以下两个主要分支描述了光：

（1）几何光学，从直射线的角度描述光；

（2）物理光学，从波的角度描述光。

光学这门科学的历史可以分为以下几个阶段。

（1）从约公元前300年到公元1000年，源自伊斯兰世界。在约公元前300年，欧几里得（亚历山大）注意到光线沿直线传播，并描述了反射定律。

（2）从5世纪到15世纪，在中世纪的欧洲延续发展。

（3）从14世纪到17世纪，欧洲文艺复兴时期，现代光学将衍射引入光学理论。

（4）从17世纪直到现代的研究、理论和发现得到了进一步发展，包括红外和紫外辐射的发现、干涉仪的发展、介质中光速的测量、光学仪器像差的理论、光学仪器分辨率的理论、X射线的理论、全息照相理论和激光理论等。

（5）现代（20世纪），即"现代光学"的发展，如波动光学和量子光学以及许多基于激光和光纤的军事、医疗、通信和工业用途的光学仪器。

光学科学的发展与透镜的发展息息相关，始于古代埃及人、希腊人、罗马人和中国人。这些透镜（充满水的球体）仅用作放大镜或取火镜。

中世纪时期，阿拉伯物理学家海什木（Ibn al-Haytham，965—1020年，也称为"海桑"或"哈金"）准确地描述了透镜的功能性原理，推动了透镜的突破发展。海什木第一个正确解释了透镜如何折射光，并准确解释了眼睛的功能。其研究使用了球面镜和抛物面镜，也意识到球面像差的存在。海什木还研究了透镜和大气折射产生的放大倍率。他的工作被翻译成拉丁文供后世的欧洲学者使用。

透镜在欧洲的广泛使用始于眼镜的发明（约1284年，意大利），这要归功于阿尔马托（Salvino D'Armate，1258—1312年）发明了第一副可戴眼镜。透镜的其他里程碑及其用途如下。

（1）"阅读石"发明于11~13世纪。它是平凸透镜，放置在文本上，用于放大字母，方便老花眼者阅读。老花眼是一种对近处物体逐渐减弱聚焦能力的症状。

（2）显微镜于1595年前后在荷兰共和国发明。这归功于3个不同的眼镜制造商，即汉斯·利伯希（Hans Lippershey，1570—1619年）、汉斯·詹森（Hans Janssen，15??—1638年）和他的儿子撒迦利亚（Zacharias，1585—1632年）。

（3）望远镜于1608年在荷兰发明，归功于3个人，即 Hans Lippershey、Zacharias Janssen 和雅各布·梅提斯（Jacob Metius，1571—1624年或1631年之后）。

显微镜和望远镜的发明改进了由透镜引起的自然误差和偏差（色度和球面），进而改进了这些仪器的性能。

在光学领域的更多学习和研究使各行业（军事、医疗和民用）所需的设备得以制造和改进。这些改进包括光学透镜和其他光学产品（棱镜、分束器、滤光片和光学窗口）不同类型的涂层、不同类型的表面（非球面、抛物面和衍射面），以及用于不同波长的新材料。因此，光学行业必须引进必要的工具。

此外，还发明了新的仪器来检验质量：

（1）用于验证涂层光谱一致性的分光光度计；

（2）用于验证光学材料折射率的折射计；

（3）用于验证棱镜角度的自准直仪；

（4）用于验证光学表面质量的干涉仪。

2.2 光 的 本 质

"光"这个术语通常用于表示人眼可见的波长。光是电磁辐射，波长范围（可见光，VIS）约为400nm（0.4μm）到约700nm（0.7μm），如图2.1所示。光是电磁波谱的一部分，还包括红外波段及紫外波段。

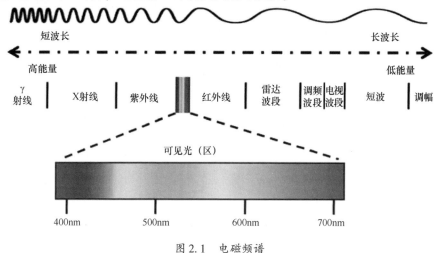

图2.1 电磁频谱

光的主要特性如下。

（1）速度。真空中的光速为 299792458m/s，这是自然界的基本常数之一。

（2）反射。当光线从任何表面反射时，入射角 Q_i 始终等于反射角 Q_r（图 2.2）。

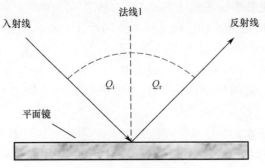

图 2.2 光的反射特性

（3）折射。折射是光（波）在具有不同光密度（不同速度）的材料之间通过时的弯曲，如图 2.3 所示。光从光疏介质（如空气）到光密介质（如 BK7、肖特光学玻璃）的折射，使光的方向朝着两种介质之间边界的法线弯曲。弯曲量取决于两种介质的折射率，并由斯涅耳定律定量描述。该定律是威里布里德·斯涅耳于 1621 年发现的，并以他的名字命名。

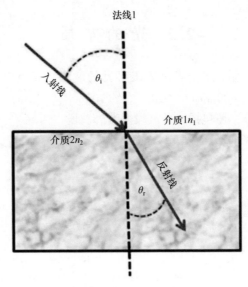

图 2.3 光在两种具有不同折射率的介质界面处的折射

根据斯涅耳定律，有

$$\frac{n_1}{n_2} = \frac{\sin \theta_r}{\sin \theta_i} = \frac{v_2}{v_1} \tag{2.1}$$

式中：n_1 为介质 1 的折射率；n_2 为介质 2 的折射率；θ_i 为入射角；θ_r 为折射角；v_1 为介质 1 中的光速；v_2 为介质 2 中的光速。注意，$n = c/v$，其中 c 是真空中的光速，v 是介质中的光速。

（4）色散。光学中的色散是指将光分成其组成的颜色。光由代表不同颜色、不同波长的波组成。当光穿过透明介质时，不同波长会向不同方向折射，从而将所有颜色分开。当光通过三棱镜时，可以看到图 2.4 所示的现象和图 2.5 所示的彩虹。

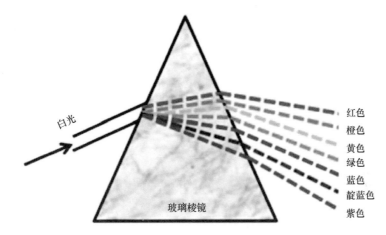

图 2.4　白光的色散

(a) 彩虹　　　　　　　(b) 在火车站楼梯上看到的色散

图 2.5　彩虹及光的色散

（5）衍射。光的衍射是指光线在通过边缘、开口或狭缝时发生弯曲，然后向外扩散。相关描述见图 2.6。

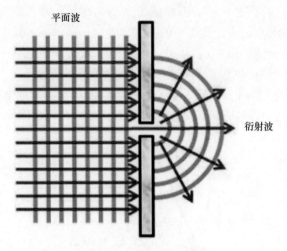

平面波

衍射波

图 2.6　平面波的衍射

（6）干涉。2.6 节将详细讨论光的干涉。

2.3　几何光学

几何光学或光线光学。光学用"射线"描述光的行为，它是对光在均匀介质中传播、在两种不同介质之间的界面处弯曲或分裂成两部分，然后被反射、折射或吸收行为的抽象描述。光线垂直于光的波阵面（即与波矢共线）。

涉及几何光学的主要特征是反射、折射和色散，还有其他两个要素，即散射、临界角和全内反射。

2.3.1　散射

光（一种电磁辐射）的散射是指当光撞击或穿过不均匀（完全或局部）介质时，它会向各个方向散射。理论上，完美的反射镜表面或 100% 同质的光学材料（无气泡、夹杂物且具有完美抛光的表面）将分别完全反射或透射光，无散射。但在现实世界中，总会有某种不均匀性造成散射。

光学元件或组件发出的散射光，或在其中的散射光，会对以下光学特性产生影响：

（1）光学元件内的传输（更多的散射意味着更少的传输）；

（2）光学组件中暴露（未发黑）表面的反射可能会干扰图像或波阵面。

光学工程中通常通过确定抛光表面质量（划痕和粗糙度要求）和原材料质量或纯度（气泡和夹杂物）来减少散射。因此，散射可能主要由以下原因引起：抛光表面不佳（图 2.7）或气泡和夹杂物（图 2.8）。此外，在生产和组装的每个步骤中都必须清洁光学元件成品的光学表面，以消除附着在光学表面的不同种类颗粒的散射。

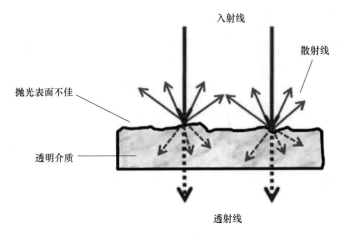

图 2.7　抛光表面不佳导致的散射（在正面和背面都有可能发生）

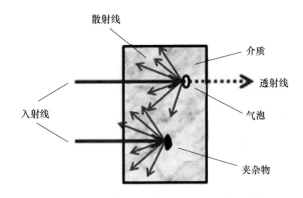

图 2.8　原材料中的夹杂物或气泡造成的散射

2.3.2　临界角和全内反射

当光线穿过一种透明介质到另一种透明介质时，其有以下 4 种表现。

（1）光线垂直入射，从一种介质到另一种介质时不弯曲，但会被部分反射回来。在玻璃中，每个表面会反射约 4% 的入射能量（光），如图 2.9（a）所示。

（2）在一般的折射中，入射光线以角度 θ_{in} 从介质 n_2 穿过，被反射并以角度 θ_{out} 从介质 n_1 射出，如图 2.9（b）所示。

（3）临界角。它是指光线从具有较高折射率 n_2 的介质传播到具有较低折射率 n_1 的介质时发生全内反射的最小入射角。此时，折射光沿着两种介质之间的边界传播，而不会穿过边界，如图 2.10（a）所示。

（4）全内反射。它是指当光线在具有较高折射率 n_2 的介质中移动时，以大于光学临界角度射入具有较低折射率 n_1 的介质边界时发生的现象。这时，光线全部被反射回原介质。入射光线 θ_1 等于反射光线 θ_2，如图 2.10（b）所示。

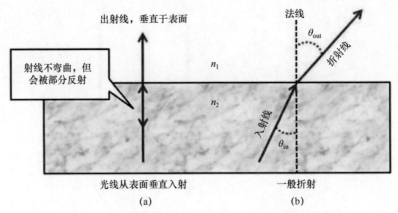

图 2.9 光线穿过一种介质到另一种介质时的表现

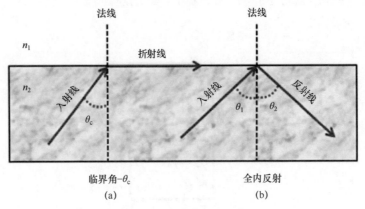

图 2.10 临界角和内反射

临界角可由斯涅耳定律计算。对于图 2.10，有

$$n_2 \sin \theta_c = n_1 \sin 90° \qquad (2.2)$$

$$\sin \theta_c = \frac{n_1 \sin 90°}{n_2} \qquad (2.3)$$

例如，如果计算从玻璃（$n_{glass} \approx 1.5$）传播到空气（$n_{air} \approx 1.0$）的光线临界角，将为

$$\theta_c = \arcsin\left(\frac{1.0}{1.5}\right) = 41.8°$$

2.4 物 理 光 学

物理光学或波动光学用"波"来描述光的行为。这个光学分支解决了如干涉、衍射和偏振等现象，因为波是电磁波，在相互垂直的电场和磁场中储存着等量的能量，如图 2.11 和图 2.12 所示。

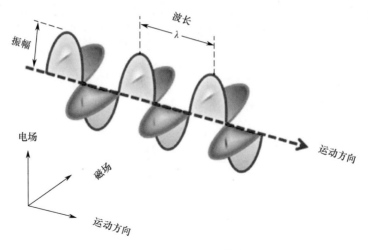

图 2.11 电磁波示意图

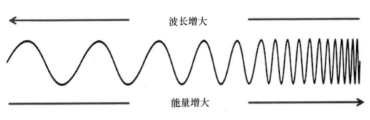

图 2.12 波长与其能量之间的关系

2.5 光学像差

光学像差是由光学元件（主要是透镜）形成的波阵面或像的自然畸变。这些扭曲包括两类：

（1）色差（纵向和横向）；

（2）单色像差（赛德尔像差和波像差）。

另外，还有两组像差需要注意：

（1）表面和材料像差；

（2）光学装配像差，即由设计和/或装配错误或所有现有像差的组合而形成的像差。

光学设计师的主要任务之一是消除或最小化任何类型的像差，以制造性能最佳的所需光学组件。

2.5.1 色差

折射现象会导致纵向色差发生（图2.13）。当白光沿光轴传播并通过两种介质（最简单的如空气和玻璃）时，不同波长的光会被不同程度地折射到不同方向。蓝光比绿光折射强，绿光比红光折射强，因此，每条光的焦点位于沿纵向光轴的不同点处。

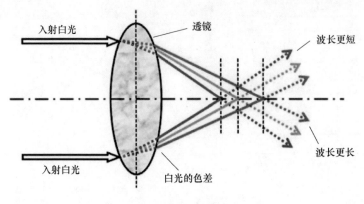

图 2.13　纵向色差

横向色差（图2.14）是由于与纵向色差相同的折射现象而产生的，但不是沿轴而是与轴成一定角度的白色光线，在沿轴的不同位置折射和聚焦相同的焦平面。

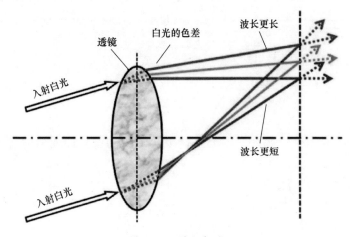

图 2.14　横向色差

2.5.2　单色像差

由于镜头的性质，单色光穿过透镜时会产生 5 种单色像差，即球差、彗差、像散、场曲、畸变。

（1）**球差**是光线以相对于光轴不同的高度撞击并穿过透镜时，或单色光从球面镜反射时，因折射方向不同而产生的轴向像差。图 2.15 ~ 图 2.18 说明了光在理论上和现实中表现的差异。

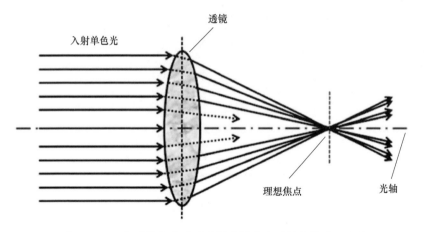

图 2.15　理想的单色光穿过透镜并聚焦在透镜光轴的一点上

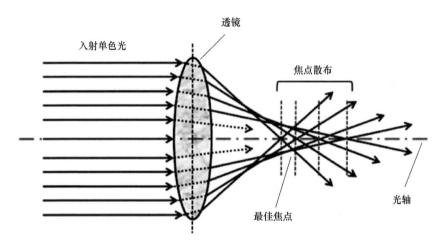

图 2.16　真实单色光线穿过透镜并在透镜光轴上的不同点上传播

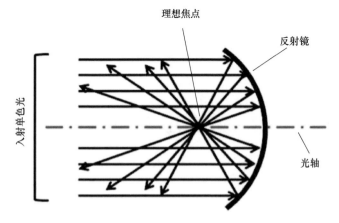

图 2.17　理想单色光照射在镜面上并反射在镜面光轴上一点

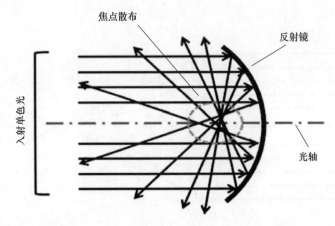

图 2.18　真实单色光线照射镜面上并在镜面光轴不同的点上反射和扩散

（2）**彗差**是一种光学像差，由倾斜的入射波前（相对于光学表面或光轴）产生像彗星一样的彗尾（彗差，见图 2.19）。具有相当大彗差的镜片可能会在视场中心产生清晰的图像，在边缘变得越来越模糊。

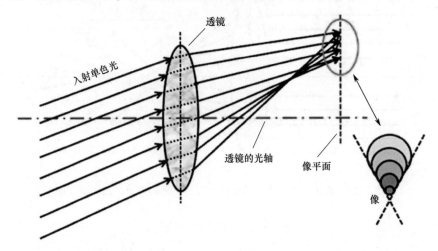

图 2.19　入射的单色倾斜光通过透镜时的彗差效应（产生类似彗星尾巴的图像）

（3）**像散**是由垂直表面中的不同曲率引起的像差。光线在两个表面中传播，并聚焦在光线主轴上的不同位置。在两个聚焦点之间的中间点，光线结合形成一个折中图像，有时看起来像一个小的加号（图 2.20）。

（4）**场曲**是在曲面上聚焦成像的像差。如果沿边缘设置锐度，则在平面探测器表面上成像的图像中心将变得模糊（不像边缘那么锐利），如果锐度设置在中心，则图像边缘会变得模糊。只有离轴光束才会产生这种像差现象，如图 2.21 所示。

（5）**畸变**是一种由透镜在视场上的放大率不同而引起的像差。由于焦距透镜在像面上变化（横向放大倍率），会产生一个具有不同放大倍率区域的像（即图像的一部分比其他部分放大得更多）。

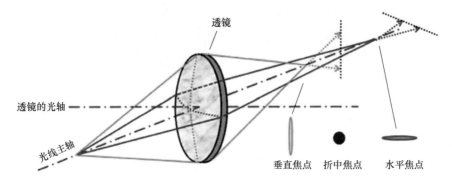

图 2.20 像散效应原理

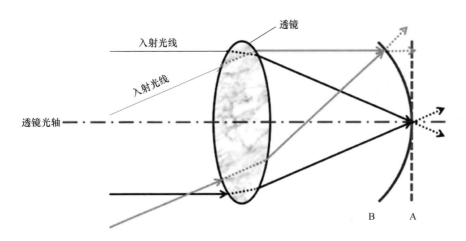

图 2.21 场曲率效应原理
A—平的像平面；B—弯曲像场。

有两种类型的失真，分别如图 2.22 和图 2.23 所示。

① 桶形畸变，放大倍数随着与光轴的径向距离而减小。

② 枕形畸变，放大倍数随着距光轴径向距离的增加而增加。

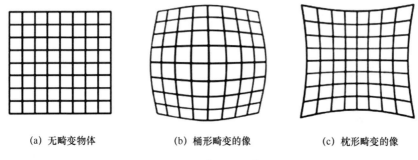

(a) 无畸变物体   (b) 桶形畸变的像   (c) 枕形畸变的像

图 2.22 桶形和枕形畸变与无畸变物体的比较

图 2.23　桶形畸变和枕形畸变的名称来源于这些现实生活中的物体

2.5.3　校正（减少）光学像差

光学像差不能完全消除，但可以减小至满足光学性能要求的范围。所有存在的像差都应在光学设计师的考虑中，并采取适当的措施使之减少。

1. 色差校正方法

（1）消色差透镜，由两个胶结透镜（皇冠玻璃和火石玻璃）组成，可以清晰聚焦两个波长。

（2）复消色差透镜，由 3 个胶结透镜组成，可精确聚焦 3 个波长。

（3）超低色散（ED）玻璃与其他玻璃的组合。

（4）具有衍射镜面的元件。

2. 单色像差的特殊处理

（1）球差：通过使用小孔径光阑、抛物面透镜，由梯度折射率材料制成的透镜或使用具有非球面表面的透镜，可以最大限度地减少球差。

（2）彗差：通过适当选择透镜的曲率半径，使用小孔径光圈（对于广角像差），或使用多个光学元件的组合，可以减少或消除彗差。

（3）像散：可以通过选择合适的透镜半径、缩小透镜（更小的透镜光圈、更大的 F 值）或通过光学组件适当的镜头组合来减少像散。

（4）场曲：可以通过选择合适的透镜半径、重新定位光阑位置或使用不同的镜头组合重新定位光斑位置，或使用不同的透镜组合来减小场曲。

（5）畸变：可以通过"无畸双合透镜"来减少畸变。

2.5.4　表面和材料畸变

波前像差是因为材料表面的不规则、表面折光度、不均匀的折射率和原材料缺陷（夹杂和气泡）导致的。此类参数都应在透镜（或光学元件）的图纸或规格中定义，并满足规定的要求。

2.5.5　光学系统像差

光学系统（组件）包括金属外壳、电子部件和将镜片连接到外壳的镜头框（除光学元件外），并应经得起振动、湿度和温度等环境测试。除了光学设计师外，其他不同专业的人员（如机械设计和电气工程）也有助于满足光学系统的规定要求。

但是，即便操作规范且完全正确，在最终测试期间还可能会出现一些偏差或故障。通过检查可能发现以下几点：

（1）装配错误；

（2）检验时未发现的某些参数的偏差（光学、外壳或电子设备）；

（3）设计错误。

在光学系统的最终测试期间发现像差或任何其他不符合项会消耗额外时间和金钱，导致交付延误。光学性能不合格可能意味着必须拆卸光学系统才能发现装配错误，应采取纠正措施，发现并消除偏差或任何不符合项的根源，防止类似情况再发生。

2.6　干　涉

干涉是两个光波重合的现象。根据每个波的波峰和波谷的不同重合，可以产生相长或相消干涉图案（图2.24）。这个术语通常指彼此相关或相干的波的相互作用，要么因为它们来自同一个源，要么因为它们有相同或几乎相同的频率。从各种类型的波中都可以观察到干涉效应。

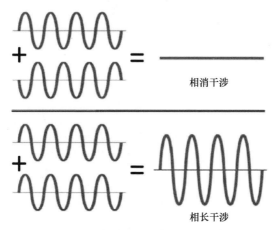

图2.24　相消干涉和相长干涉现象

光学元件的检查和测试是用单色光或激光测试可见光（VIS）、红外光（IRl）或紫外光（UV）谱段的光学表面或组件时，处理各种光波的光干涉问题。

干涉现象在光学领域中被广泛应用于以下3个方面。

1. 镀膜

干涉使光学镀膜减少光学表面的反射，增加通过介质（透镜、光学窗口等）的光的传输。

2. 光学表面质量检测

（1）通过将样板与光学表面匹配，并用单色光照射，产生干涉图样。可以通过成熟的技术手段直观评估或计算这种干涉图样（条纹或牛顿环）的数量，并与规定要求进行比较（图2.25，干涉图样1号）。

(a) 由带有单色绿色汞光源的检光板制成　　(b) 由带有氦氖激光光源的Zygo干涉仪制成

图2.25　干涉图样

（2）激光干涉仪可以产生可观察的干涉（条纹或牛顿环），可通过目视评估或自动测量的方式精确计数，并与规定要求进行比较（图2.26和图2.27）。

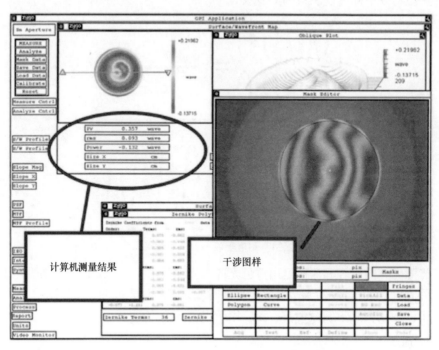

图2.26　Zygo GPI XP/D 干涉仪（632.8nm 氦氖激光光源）的
干涉图显示了干涉图样和计算机测量结果

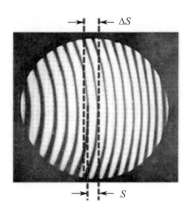

ΔS-条纹图案的最大偏差（干扰）

S-最佳拟合条纹间距(或平均间距)

用ΔS除以S，得到条纹偏差

边缘偏差（畸变）=ΔS/S

对测试板和干涉仪分布的图像进行分析，得到波长偏差（λ）时，干涉比例因子为0.5，说明得到的偏差是波长偏差；需要将边缘偏差除以2（1个条纹＝0.5λ）

波偏（畸变）=ΔS/S·λ/2

图 2.27　使用公认的技术计算干涉图的简单示例

3. 通过分析干涉仪产生的波前干涉图来测试光学组件

使用检光板进行测量时，主要使用以下可见单色光。

（1）黄色/橙色钠光源，$\lambda = 575\text{nm}$（$0.575\mu\text{m}$）。

（2）黄色/橙色钠光源，$\lambda = 589.3\text{nm}$（$0.5893\mu\text{m}$）。

（3）黄色氦气源，$\lambda = 586.7\text{nm}$（$0.5867\mu\text{m}$）。

（4）绿色汞光源，$\lambda = 546.1\text{nm}$（$0.5461\mu\text{m}$）。

在可见光中使用干涉仪进行测量时，主要使用红色氦氖激光光源（$\lambda = 632.8\text{nm}$（$0.6328\mu\text{m}$））。

根据具体需要，还可以使用干涉仪对其他光源进行红外或紫外测量。除了常见的 632.8nm 波长外，表 2.1 还列出了 Zygo 干涉仪的可用波长。

表 2.1　Zygo 干涉仪可用的各种波长（数据转载由 Zygo 计量解决方案部门提供）

波　　长	应用用途
266nm	一般 UV 镜片系统测试和高精度测试
355nm	一般 UV 镜片系统测试和高精度测试
405nm	测试用于 DVD 光存储和视听设备的透镜
532nm	一般测试应用，包括光学表面、透镜、棱镜、角隅棱镜、均匀性等
1053nm	激光聚变研究中的测试
1064nm	激光晶棒测试、军事成像系统测试、通用近红外光学测试
1319nm	一般近红外光学测试
1550nm	通信光学测试
3.39μm	一般红外光学系统测试
10.60μm	红外光学系统测试，粗糙表面测试

2.7　光学系统设计

光学系统始于一个目标，即市场需求或客户对指定光学系统的要求。在任何一种情况下，光学系统的要求都是确定的，并应包括以下参数：

(1) 目的（民用或军用）；

(2) 尺寸和结构；

(3) 重量（最小化）；

(4) 光谱（可见光、红外、紫外）；

(5) 使用环境条件（温度、湿度、振动）；

(6) 性能（分辨率、MTF 等）；

(7) 价格限制或目标价格。

光学系统还包含机械外壳、电子设备，这意味着在设计生产过程中涉及不同的学科具体如下：

(1) 负责基础光学系统的光学物理学家；

(2) 负责光学镀膜的光学化学工程师；

(3) 负责机械外壳和夹具的机械工程师（用于测试目的）；

(4) 电气（硬件和软件）工程师；

(5) 负责测试设备的测试工程师；

(6) 保障人员，如采购、质量保证和装配。

在设计光学系统时，有多种光学设计软件供设计者选用，如 OSLO、CODE V、LightTools、RSoft、Optica 3.0、Zemax、WinLens 3D 等（图 2.28 和图 2.29）。这些软件可在设计过程中进行优化、公差和环境分析。

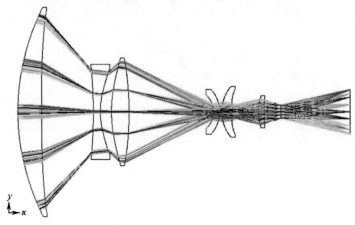

图 2.28　使用 Zemax 软件的纯光学设计（带光线追踪的光学元件）

（转载自 Temmek Optics Ltd.，版权所有）

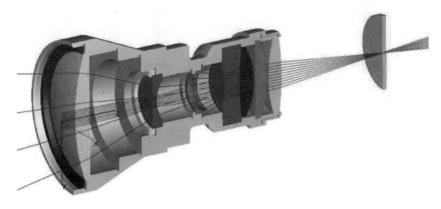

图 2.29 基于 TracePro 软件制作的光机构组件截面（带光线追踪）

（转载自 Lambda，版权所有）

光学系统组件批量生产之前，应在原型阶段对光学系统组件进行检查测试，验证其是否符合规定要求、是否需要更改。检验员、设计师甚至装配工都可以提出变更申请，包括公差的变更。光学元件所需的所有文件都应在批量生产前更新、批准和定稿。

2.8　光学元件类型

光学系统的主要光学元件包括以下几种。

（1）透镜：传输和折射光线、会聚或发散光束的光学装置。一个简单透镜由单个光学元件组成。

（2）单透镜：由单个简单元素组成的简单透镜，如图 2.30 所示。

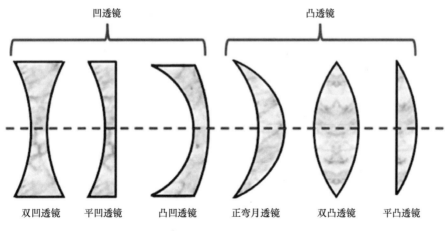

图 2.30　不同种类的单透镜

（3）双合透镜：一种透镜组合，由两个简单的透镜（单透镜）胶结或相互连接（有空气间隔）组合而成。双透镜用于校正色差，如图2.31所示。

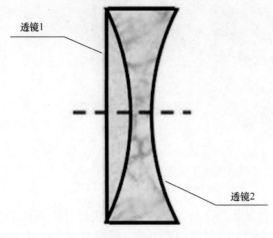

透镜1

透镜2

图 2.31　双合透镜

（4）三合透镜：由3个简单透镜（单透镜）胶结或相互连接（有空气间隔）组成的一种透镜组合。三合透镜也可用来校正色差，如图2.32所示。

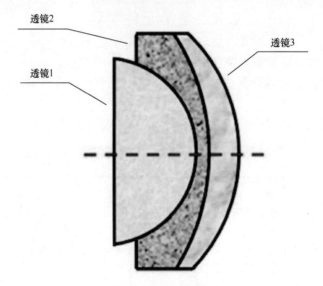

透镜2

透镜3

透镜1

图 2.32　三合透镜

（5）棱镜：具有至少两个抛光平面的透明光学元件，可以折射光线并在它们之间形成一个角度，如图2.33所示。

（6）光学窗口：具有两个抛光且平行平面的透明光学元件，用于传输特定波长范围（可见光和红外线）的光。该窗口可用作保护内部光学元件的盖子，或用作生产滤光片的基材，如图2.34和图2.35所示。

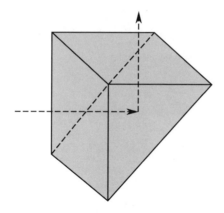

图 2.33 棱镜

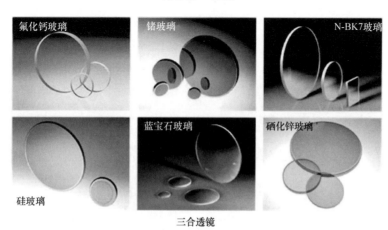

图 2.34 不同位置使用不同材料的光学窗口（有/无镀膜）

（转载自 Edmund Optics, Inc.，版权所有）

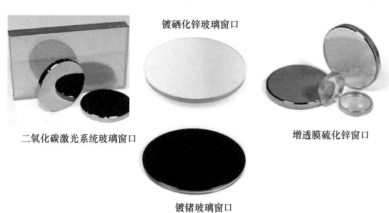

图 2.35 不同位置和应用的光学窗口（有/无镀膜）

（转载自 II – VI Infrared，版权所有）

（7）圆罩：透明光学元件，具有弯曲的平行抛光表面，用于保护内部光学元件的盖子，如图 2.36 所示。没有平行表面的圆罩就会成为透镜。

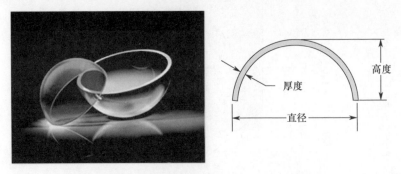

图 2.36　TECHSPEC 玻璃圆罩由 N – BK7 玻璃制成
（转载自 Edmund Optics, Inc., 版权所有）

（8）滤光片：可选择性地传输特定波长范围的光的一种光学元件。滤光片通常为平板形式，其使用的材料可以根据需要的波长进行特殊着色，或使用透明材料经过镀膜处理以获得所需的滤光特性（选择性透射或屏蔽范围），如图 2.37 所示。

图 2.37　滤光片
（转载自 Ocean Optics, Inc., 版权所有）

（9）分束器：将入射光束一分为二的光学元件或装置，如图 2.38 至图 2.40 所示。通常按照以下方法分光：

① 由两个三角形胶结棱镜组成的立方体；

② 两面抛光光学材料上的半镀铝镜；

③ 二向色光学镀膜。

无论如何，光学反射或透射表面都经过镀膜处理，以增加透射率或改善其他光学特性。

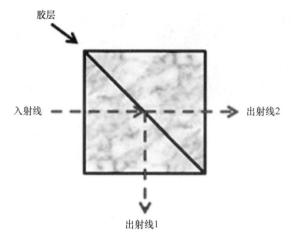

胶层

入射线

出射线2

出射线1

图 2.38　立方体分束器

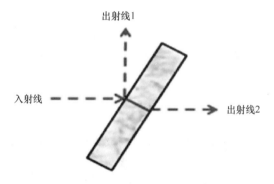

出射线1

入射线

出射线2

图 2.39　镀膜光学窗口作分束器

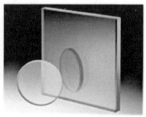

高能偏振立方分束器　　　　标准立方分束器　　　　UV板分束器

图 2.40　不同位置和应用的分束器示例
（转载自 Edmund Optics，版权所有）

（10）反射镜：反射光的光学元件。光的反射通常由金属涂层（如铝、金或银）在平面或曲面上产生。对于特殊应用，也可以通过金属（如铝）抛光表面进行反射，如图 2.41 和图 2.42 所示。

(a) 球曲面镜　　　　　　　　　　　　(b) 平面镜

图 2.41　不同类型的反射镜
（转载自 Electro Optical Components, Inc.，版权所有）

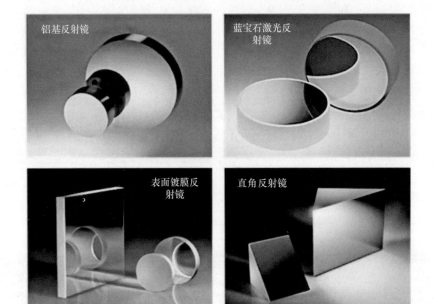

图 2.42　不同类型的反射镜
（转载自 Edmund Optics，版权所有）

参 考 文 献

OPTICS 1, Inc., "History of Optics," http://www.optics1.com/optics_history.php (2013).

Olympus Microscopy Resource Center, "Common Optical Defects in Lens Systems (Aberrations)," http://www.olympusmicro.com/primer/lightandcolor/opticalaberrations.html.

第3章 光学元件加工用原材料

通常不考虑金属材料作为光学材料，但是金属却可以用于制造光学元件（如反射镜），这也使本章的题目比起"光学材料"更具体。

3.1 光学材料简介

用于加工安装在光学系统中光学元器件的原材料就称为光学材料，这些元器件主要指透镜、窗口、反射镜、滤镜和球罩等。光学元器件可以在红外线、可见光和紫外线等一个或多个光谱范围传递或者反射电磁波，光学设计师可以根据相关需求进行设计并决定如何采用。

光学材料包含不同种类的玻璃、晶体和塑料，有些金属（如铝合金）也可用来制造反射镜，从这个角度看，金属也可以分类到光学材料。

3.2 光学元器件的材料

用来制造光学元器件的材料可以被分为以下五大类。

（1）玻璃（可见光、红外线、紫外线）：

① 光学玻璃；

② 滤光片；

③ 模压成型特种玻璃。

（2）晶体（各向同性/各向异性）。

（3）塑料。

（4）金属（特指反射镜）。

（5）特种材料：

① 硫化物材料；

② 玻璃陶瓷。

3.2.1 玻璃

玻璃是一种非晶态固体，通常是透明、易碎的。几个世纪以来，常见的窗户和玻璃杯使用的玻璃，是苏打与沙子、石灰和其他成分熔合在一起制成的。由于普通玻璃的质量难以应用于精密光学中而受到了限制，广泛的需求推动了多种类型光学玻璃的发展。

1. 光学玻璃

光学玻璃是一种特殊玻璃，主要用于光学设备中，如望远镜、显微镜、双筒望远镜、激光设备、光学制导导弹和眼镜等。为了使光学玻璃具有光学系统所需要的特性，在其成型时要严格控制其纯度和工艺参数。设计师可以通过在玻璃基体中添加杂质、物料、混合物来改变玻璃的颜色等特性，进而实现不同用户需求的个性化定制。

从化学成分来讲，近乎所有的商业化量产玻璃都可以分为六大类，除了熔融硅以外，每一类的成分都有明显不同。

（1）**熔融石英玻璃（SiO_2）**。具有热膨胀系数低、硬度高、耐高温（1000～1500℃）等特点。在几大类玻璃中，熔融石英玻璃的抗老化能力最强，所以其通常被用在高温环境下，如炉管、熔化坩埚等。

（2）**钠钙硅玻璃**。透光性好，易成型，最适合做窗口玻璃。钠钙硅玻璃具有热膨胀系数高、耐热性差（500～600℃）等特点，通常被用作窗口玻璃、玻璃容器、玻璃灯泡和玻璃餐具等。

（3）**硼硅酸钠玻璃**。其热膨胀系数比钠钙硅玻璃低很多，通常被用作玻璃化学器皿、玻璃厨具、汽车大灯、试剂瓶、光学元器件和家庭炊具等。

（4）**氧化铅玻璃**。它具有很高的折射率，使玻璃器皿看起来更明亮（水晶玻璃），由于其具有较高弹性，因此氧化铅玻璃制备的器皿更"圆"。这种玻璃的耐热性较差，但由于其易加工性在工厂很受欢迎；因其优异的绝缘性而广泛应用于电气领域。同时，铅碱玻璃（通常称为"铅玻璃"）也可用作温度计管、艺术玻璃，但其耐高温性能和耐温度冲击性能很差。

（5）**铝硅酸盐玻璃**。它与硼硅酸盐玻璃相似，但具有更好的化学稳定性和耐高温性。铝硅酸盐玻璃广泛应用于玻璃纤维，包括玻璃钢（船、鱼竿等），也可用作卤素灯泡。

（6）**氧化物玻璃**。它的外观极其透明清亮，通常用作通信网络的光纤波导。光在氧化物玻璃纤维中传输的能量损耗很低，每传输1km只损失5%的能量。

光学玻璃根据其主要化学成分，按其折射率 n_d 和色散系数 V_d 鉴别。它们被分为几组，每种玻璃均由一组符号和数字指定。光学玻璃的名称因制造商的不同而异，表3.1提供了一个示例。

通过折射率和色散系数对玻璃的识别被称为国际玻璃代码，它是基于 MIL-G-174（美国军用标准）的6位数字。例如，BK7（Schott）的 n_d = 1.5168 和 V_d = 64.17，其玻璃码为517642（d 是黄氦（He）的光谱线，即587.5618nm 波长）。表3.2提供了一些示例玻璃及其代码。需注意，不同制造商的玻璃类型之间的玻璃特性可能会略有不同。

表 3.1　Hoya 和 Schott 整理的光学材料的组/名称

组	Hoya	Schott	组	Hoya	Schott
氟冕玻璃	FC	FK	特轻火石玻璃	FEL	LLF
重氟冕玻璃	FCD	FK	钡火石玻璃	BaF	BaF
磷酸盐冕玻璃	PC	PK	轻火石玻璃	FL	LF
特殊磷酸盐冕玻璃	PCS	PK	火石玻璃	F	F
重磷冕玻璃	PCD	PSK	重钡火石玻璃	BaFD	BaSF
硅酸硼冕玻璃	BSC	BK	重火石玻璃	FD	SF
轻钡冕玻璃	BaCL	BaLK	特殊重火石玻璃	FDS	SFS
冕玻璃	C	K	氟火石玻璃	FF	TiF
锌冕玻璃	ZnC	ZK	轻镧火石玻璃	LaFL	LaF
钡冕玻璃	BaC	BaK	镧火石玻璃	LaF	LaF
重钡冕玻璃	BaCD	SK	铌火石玻璃	NbF	LaF
特重钡冕玻璃	BACED	SSK	钽火石玻璃	TaF	LaF, LaSF
轻镧冕玻璃	LaCL	LaK	重铌火石玻璃	NbFD	LaF, LaSF
镧冕玻璃	LaC	LaK	重钽火石玻璃	TaFD	LaSF
钽冕玻璃	TaC	LaK	反常色散冕玻璃	ADC	—
冕火石玻璃	CF	KF	反常色散火石玻璃	ADF	KzFS
锑火石玻璃	SbF	KzF	消热差冕玻璃	ATC	—
轻钡火石玻璃	BaFL	BaLF	消热差火石玻璃	ATF	—

（转载自 Hoya Corp.，版权所有）

表 3.2　玻璃类型及其相应的玻璃代码

玻璃类型	n_d	V_d	玻璃代码	制造商代码			
				德国肖特公司	英国皮尔金顿公司	日本豪雅公司	日本小原公司
硅酸硼冕玻璃	1.5168	64.17	517642	N-BK7	BSC517642	BSC7	S-BSL7
钡冕玻璃	1.5688	56.05	569561	N-BaK4	MBC569561	BaC4	S-BAL14
重冕玻璃	1.6204	60.32	620603	N-SK16	DBC620603	BaCD16	S-BSM16
镧火石玻璃	1.7439	44.85	744448	N-LaF22	LAF744447	LaF2	S-LAM12
重火石玻璃	1.7847	25.76	785258	N-SF11	DEDF785258	FD11	S-TIH11

2. 滤光片

光学滤光片（也称为吸收滤光片）选择性地透射不同波长（即颜色）的光，同时通过原材料内部吸收来阻挡其余光的装置，具体见图 3.1。例如，肖特公司生产的 RG 是能透射红外光的红色和黑色镜片；豪雅公司生产的 B-370 可以透射蓝光谱的光。玻璃和涂层（单层或多层干涉滤光片）或透镜和滤光装置（滤光镜）的组合也可以满足滤光需求，详见第 6 章。

图 3.1　光学平面玻璃滤光片
（转载自 Ocean Optics，Inc.，版权所有）

3. 模塑特种玻璃

专为精密模塑而开发的玻璃称为低 T_g 玻璃（图 3.2 和图 3.3）。T_g 表示玻璃从固态转化为塑性态的温度（玻璃化温度）。模塑成型过程即将抛光后的形状成型为最终状态或近乎最终状态的几何形状，并保持其表面质量。成型过程的典型温度范围为 500~700°C。

图 3.2　应用 VIS 的模压透镜
（转载自 Fisba Optik AG，版权所有）

图 3.3 由硫族化物玻璃制成的模制 IR 镜头

（转载自 Fisba Optik AG，版权所有）

（1）肖特公司的材料包括 N-FK5、PSK57、N-LAF33、SF57、P-SF67 等，都适用于模塑成型工艺。这些材料的完整列表可以在 Schott 的目录"用于精密模塑成型的光学材料"中找到。

（2）小原公司的材料包括 L-BAL42、L-LAH84、L-LAM60、L-TIM28 等，都适用于模塑成型工艺。这些材料的完整列表可以在 Ohara 的目录"低软化温度光学玻璃"中找到。

（3）豪雅公司的材料包括 MC-BACD12、MC-FD32、MC-PCD51-70、MP-FDS1 等，都适用于模塑成型工艺。这些材料的完整列表可以在 Hoya 的目录"精密成型预制体"中找到。

3.2.2 晶体

由于晶体中原子、离子或分子的内部结构规则具有对称排列的平面，故晶体是一种均匀的固体物质。单晶材料是单晶体材料，其中晶体结构具有连续且不间断的独特的原子排列。单晶体没有晶界。多晶材料由许多大小及方向不同的微晶（小的微观晶体）组成，单个晶体之间具有晶界。方向变化可能是随机的（称为随机纹理），也可能是定向的，这可能是由于生长和加工条件所致。硫化锌和硒化锌即是两种光学多晶材料。

（1）硫化锌（ZnS）或闪锌矿是一种无机化合物，主要用作红外光学材料，从可见光波长到 $12\mu m$ 波长的光都可以透射。它可以用作光学窗口，也可以加工成为透镜。通过合成硫化氢气体和锌蒸气可将其制成微晶片材。该材料作为前视红外（FLIR）级销售，硫化锌呈不透明的乳黄色形式。当其热等静压（HIP）

时，可转变为无色透明态，称为 Cleartran™（多光谱硫化锌）。

（2）硒化锌（ZnSe）是浅黄色的二元固体化合物。它用作红外光学材料，具有非常宽的透射波长范围（0.45 ~21.5μm）。550nm（绿色）透射时的折射率约为2.67，10.6μm（长波红外线）透射时的折射率约为2.40。

光学晶体是在可见光、红外线和紫外线光学器件中使用的天然或合成晶体可用于生产光学元器件。这些晶体可以单晶或多晶状态出现，一般是蓝宝石（对于可见光（VIS）和红外线（IR），是 Al_2O_3）和氟化钙（对于可见光和红外线是 CaF_2）；对于红外线的锌化合物包括 ZnSe 和 ZnS；对于红外线的半导体包括锗（Ge）和硅（Si）（很难生产用于大型元器件的大型单晶材料）。

如果晶体中原子的间距和排列在空间三平面（x、y 和 z）的每个平面中都相同，即晶体的特性在所有方向上都相同，则该晶体是各向同性的，具有"立方"晶格结构的纯食盐（氯化钠）就是各向同性晶体的一个例子。

当材料的特性随不同的晶体学取向而变化时，即该材料具有两个或多个不同方向和光学特性，则该材料是各向异性的（氟化镁（MgF_2）单晶可表现出各向异性状态），如图3.4所示。

图3.4　方解石双折射：通过方解石晶体块（光学各向异性）观察到的一条线分为两条独立的光线，并产生了两个独立的图像

（转载自 Roger · Weller/Cochise College，版权所有）

3.2.3　塑料

塑料材料泛指可塑成型的合成物或半合成物有机固体。塑料通常是具有较高分子量的有机聚合物，但通常包含其他成分。

塑料可用于光学应用，如窗口和镜片（图3.5）。与研磨抛光玻璃光学器件相比，塑料光学器件在成本和重量上都有优势，但受限于功能性要求，尤其是在较宽的热环境下工作（温度不稳定），它也有局限性。

图3.5　塑料镜片
（转载自 Edmund Optics，版权所有）

塑料镜片材料包括：

（1）CR-39 是一种塑料聚合物，在可见光谱中是透明的，而在紫外线范围内几乎完全不透明。它具有很高的耐磨性，并且是所有未镀膜光学塑料中最耐磨/耐刮擦的。CR-39 的重量约为玻璃的一半，折射率仅略低于冕玻璃，并且其高色散系数可显著降低色差（CR-39 是 PPG Industries 的产品，于20世纪40年代初期推出）。

（2）聚碳酸酯是一种热塑性聚合物（塑料），其商标名称为 Lexan（通用电气公司注册的商标）、Makrolon 或 Makroclear（由 Bayer Material Science 开发和生产）等。聚碳酸酯易于加工、模塑和热成型，因此可以应用在某些光学元件中。

（3）Zeonex® E48R（Zeon Chemicals LP 生产）是一种有机透明聚合物，可以透过从约300nm波长到约1200nm波长的光，具有对普通溶剂的优良耐受性。

3.2.4　金属（只针对反射镜）

金属基体广泛用于光学反射镜中。一些常用的基体材料包括铍、6061-T6 铝和铝－铍合金。金属基体的反射镜可以直接制造、复制或涂覆。

金属作为镜面基体具有重要优势。现有的金属镜主要应用了金属材料的力学性能和热学性能优势，并且某些安装细节和有用的光学特征很难用玻璃实现，因此可以更容易地在金属材料制造过程中实现。用于反射镜的其他金属还有不锈钢、钼和铝 – 碳化硅。

3.2.5 特殊材料

特殊光学材料是指用于生产具有特殊性能和特殊用途的光学元器件的材料。硫系玻璃和玻璃陶瓷是两个典型例子。

（1）硫族化物玻璃（英文中发音以"k"开头，表示"化学（chemistry）"）是包含一种或多种硫系元素玻璃，硫系元素化物构成周期表中的第 16 组，即硫（S）、硒（Se）和碲（Te）。这种玻璃是共价键材料，为网状固体。整个玻璃基质的表现就像一个无线键合的分子。使用硫族化物玻璃制成的透镜通常在红外领域使用。硫族化物的主要优点是较低的热膨胀系数，这使该材料可以在高温光学系统中使用（可参阅 3.4.4 节和 3.4.5 节）。硫族化物玻璃的示例有 IG 2-6（Vitron 生产）、Gasir（Umicore 生产）和 As_2S_3（三硫化砷）。

（2）玻璃陶瓷是通过控制基体玻璃的成分和热处理/结晶而成型的多晶材料。玻璃陶瓷兼具玻璃的加工优势及陶瓷的特殊性能。例如，Schott 的 Zerodur ® 产品是一种玻璃陶瓷材料，用于分段和大型整体天文望远镜的反射镜基体以及超轻型镜坯。

3.3 光学材料的分类

3.3.1 根据原子结构分类

1. 非晶态材料

（1）玻璃是光学（非晶体）材料，没有任何分子顺序。分子在玻璃介质中同时一致移动。例如，Schott 生产的 BK7、SF11 和 K5；Ohara 生产的 S-BSL7、S-B AL14、S-BSM16；Hoya 生产的 FD11、LaF2、BaCD16；Pilkington 生产的 BSC517642、MBC569561 和 DBC620603（液体、气体和普通玻璃也是非晶态材料）。

（2）塑料是典型的高分子量有机聚合物，既可以是柔性的也可以是硬质的，如 CR-39 和 350R（硬）、聚碳酸酯（柔性）。

2. 晶体材料

晶体光学材料是分子稳定且有序的材料，如蓝宝石（Al_2O_3）、氟化钙（CaF_2）、锗（Ge）和硅（Si）。

3.3.2 根据原子取向分类

（1）光学各向同性意味着折射率等光学特性在所有方向上都相同。各向同性材料中光的传播速度在所有方向上都是相同的。将材料紧密固定在一起的化学键在所有方向上都是相同的，因此，无论光穿过材料的方向如何，所有方向上的电子环境都相同。玻璃（如 Schott 的 BK7）就是各向同性材料。

（2）光学各向异性是指具有不同的光学性质，特别是关于折射率，如双折射。双折射是一种材料的光学特性，它的折射率取决于光的偏振和传播方向。双折射也是重折射的同义词，即当光线穿过双折射材料时分解为两束光线（分别称为寻常光线和非寻常光线），蓝宝石（Al_2S_3）、方解石（$CaCO_3$）和石英（SiO_2）等都是双折射的晶体。图 3.6 展示了一块方解石横放在纸上。通过方解石观察时，一条交叉线似乎是两条交叉线。如果各向同性的矿物变形或拉紧，则将矿物结合在一起的化学键将受到影响：有些会被拉伸，而另一些会被压缩。结果是该矿物可能看起来是各向异性的。

图 3.6　当方解石晶体放置在带有交叉线的纸上时会显示双折射
（转载自 J. M. Derochette，版权所有）

3.3.3　根据工作光谱范围分类

（1）可见光范围（$0.39 \sim 0.75\mu m$）工作的材料，如熔融硅（二氧化硅）、BK7、K5 和 SF11。

（2）红外线范围（$0.75 \sim 1000\mu m$）工作的材料，如氟化钙（CaF_2）、锗（Ge）和硅（Si）。红外线范围通常根据以下 3 个方法之一进行排列。

① 5 个细分类
- 近红外线（NIR）：$0.75 \sim 1.4\mu m/750 \sim 1400nm$。
- 短波红外线（SWIR）：$1.4 \sim 3.0\mu m/1400 \sim 3000nm$。
- 中波红外线（MWIR）：$3 \sim 7\mu m/3000 \sim 8000nm$。
- 长波红外线（LWIR）：$7 \sim 15\mu m/8000 \sim 15000nm$。

- 远红外线（FIR）：15～1000μm/15000nm～1mm。

② 3 个 CIE（国际照明委员会）分类

- IR-A：0.7～1.4μm/700～1400nm。
- IR-B：1.4～3.0μm/1400～3000nm。
- IR-C：3～1000μm/3000nm～1mm。

③ 3 个 ISO 20473 分类

- 近红外线（NIR）：0.78～3.00μm/780～3000nm。
- 中红外线（MIR）：3～50μm/3000～50000nm。
- 远红外线（FIR）：50～1000μm/50000nm～1mm。

（3）紫外线范围（0.1－0.4μm/100～400nm）工作的材料包括氟化钙（CaF_2）、氟化锂（LiF）和氟化镁（MgF_2）。

以上定义的划分（以及图 3.7 所示）并非每次使用都精确。重要的是，不同的光学材料适用于不同的波长。例如，氟化钙（CaF_2）具有从深紫外线到红外线（130nm～8μm）的宽透射率带。

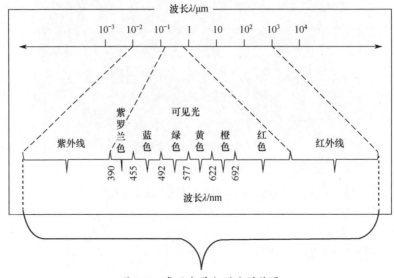

图 3.7　常用光学电磁波谱范围

3.3.4　根据颜色分类

（1）**透明玻璃**（对人眼而言），如肖特公司生产的 BK7、SF11 和 K5 以及氟化钙（CaF_2）。

（2）**半透明材料**（对人眼而言），如硫化锌（ZnS）、硒化锌（ZnSe）和三硫化砷（As_2S_3）。

（3）**不透明材料**（对人眼而言），如锗（Ge）、硅（Si）以及 Vitron 公司生产的 IG-6 和 Umicore 公司生产的 Gasir。

3.3.5 根据折射率分类（对玻璃而言）

（1）冕牌玻璃（Crown glass），其折射率通常大于 1. 52 且小于 1. 6。

（2）火石玻璃（Flint glass），其折射率通常大于 1. 6 且小于 1. 75。

在本节中介绍的分类对于光学设计人员来说特别重要，他们要根据设计需要选择合适的材料。在检查、测试或处理材料或制成品时，了解材料特性的差异总是有益的。

3.4 光学材料的主要特性

3.4.1 光学性能

折射率 n 是当光进入非吸收性均质材料时发生反射并在边界表面发生的折射。它由真空中的光速 c 与介质的光速 v 成比例得出，即

$$n = \frac{c}{v} \tag{3.1}$$

玻璃制品手册中给出的折射率数据是相对于空气的折射率测量的，该折射率非常接近于 1。

折射率是波长的函数。光学玻璃最常见的特性是可见光谱中间范围的折射率 n。该主折射率通常表示为 n_d，即波长 587. 56nm（0. 58756μm）的折射率。对于红外光谱范围内的材料（非晶或晶体），折射率的变化范围介于 1. 37（对于 MgF_2）~4. 02（对于 Ge）之间。

色散是折射率随波长变化的量度。差值（$n_F - n_C$）称为主色散；n_F 和 n_C 分别为 486. 13nm 和 656. 27nm 波长处的折射率。光学玻璃色散的最常见表征是色散系数，其定义为

$$V_d = \frac{n_d - 1}{n_F - n_C} \tag{3.2}$$

$$V_e = \frac{n_{d'} - 1}{n_{F'} - n_{C'}} \tag{3.3}$$

$V_d > 50$ 范围内的光学玻璃通常称为冕牌玻璃，其他的则被视为火石玻璃。许多具有低折射率的玻璃也具有低色散行为，如高阿贝数。具有高折射率的玻璃主要具有高色散和低阿贝数。

折射率均质性用于指定单片玻璃内的折射率偏差。在熔化和精细退火的作用可以生产具有高均质性的玻璃片。对于特定的玻璃类型，均质性的实现具体取决于单个玻璃片的体积和形式。

内部（或主体）透射率（T_i）是指通过排除来自玻璃的入射和出射表面的散射和反射损失而获得的透射率。

3.4.2 内部（主体）质量

关于本节中提到的不同类型的瑕疵（缺陷），内部属性可能会最大程度地影响光学元件或光学系统的质量，在确定产品要求时应将其考虑在内。玻璃材料有明确的质量标准，这些标准也适用于光学晶体材料和塑料材料。

根据 MIL-STD-1241A 美国军用标准，条纹是玻璃的内部缺陷，表现为波浪形畸变。美国军用标准 MIL-G-174B、ANSI/OEOSC OP3.001-2001 标准和 ISO 10110-4 定义了条纹质量的等级。标准 MIL-G-174B 划分了 4 个等级的条纹，如图 3.8 所示。

3.3.8.1 A级：A级玻璃在按照本文规定的方法进行测试时，不应有可见的条纹、条纹或绳状。

3.3.8.2 B级：B级玻璃应只包含在最大能见度方向上观察时较轻且分散的条纹，并且在按照本文规定的方法进行测试时，这些条纹刚好超过能见度极限。

3.3.8.3 C级：C级玻璃应只包含条纹，这些条纹在最大能见度的方向上观察时很亮，并且在按照本文规定的方法进行测试时，条纹与平板表面平行。

3.3.8.4 D级：D级玻璃应包含比C级玻璃更多或更重的条纹。按照本文规定的方法进行测试时，条纹应与平板的表面平行。

图 3.8　根据标准 MIL-G-174B 定义的条纹等级

玻璃制品中的条纹为细长的玻璃状夹杂物，它具有与主体玻璃不相同的光学性质及其他性质。标准 ANSI / OEOSC OP3.001-2001 对条纹等级的定义与 MIL-G-174B 相同，而 ISO 10110-4 对条纹定义为 5 类，其光程差的数值为纳米级（有关更多详细信息可参见每个标准）。

根据 MIL-STD-1241A，气泡是玻璃中的气态夹杂物。夹杂物是指玻璃体内包裹的异物。

应力双折射是指由玻璃内的残余应力引起的双折射。过大的应力双折射可能会影响光学性能或导致断裂。玻璃部件内部产生机械应力的主要原因有两个，分别是退火过程和/或熔融体中化学成分的变化。

3.4.3 化学属性

玻璃的化学性质决定了其对水、湿气、酸和碱的耐抗性。不同的光学玻璃制造商使用不同的方法，导致玻璃中包含大量化学成分如二氧化硅、氧化铝、氧化钛或稀土氧化物，使其更能抵抗水溶液和酸性溶液的浸渍，通常也更耐局部腐蚀。若玻璃中含有大量易溶物质（如碱），则在一定条件下可以发生不同程度的反应，这些反应足以去除玻璃表面物质层。

肖特玻璃使用 5 种测试方法评价经抛光的玻璃表面的化学行为。表 3.3 所列为 N-BK7 和 N-FK51A 的特定化学性质分类。

表 3.3 中列出的属性和数字的含义如下。

（1）耐气候性（CR）是指对空气中的水分的耐抗性，以1（高）~4（低）表示。

（2）耐污渍性（FR）是指耐污渍形成性，以0（高）~5（低）表示。

（3）耐酸性（SR）是指对酸性溶液的耐抗性，以1（高）~4（低）和51~53（非常低）表示。

（4）耐碱性（AR）是指对碱性溶液的耐抗性，以1（高）~4（低）表示。

（5）耐磷酸盐性（PR）是指对磷酸盐溶液的抗性，以1（高）~4（低）表示。

表3.3　两种肖特玻璃化学性质评价

材　　料	化 学 性 质				
	（CR）	（FR）	（SR）	（AR）	（PR）
N-BK7	1	0	1	1	1
N-FK51A	1	0	52.3	2.2	4.3

Ohara使用5种测试方法评估碎玻璃或抛光玻璃表面的化学行为。表3.4为S-BSL7和S-FFPM2的特定化学性质分类。

表3.4中列出的属性和数字的含义如下。

（1）耐水性（RW）是指碎玻璃（粉末，p）对蒸馏水的耐抗性，以1（低重量损失）~6（高重量损失）表示。

（2）耐酸性（RA）是指碎玻璃（粉末，p）对硝酸的耐抗性，表示为1（低重量损失）~6（高重量损失）。

（3）耐候性（W）是指刚抛光的玻璃板（表面，s）在+50°C下对湿环境的耐抗性，表示为1（良好耐性，无褪色）~4（不良耐性，显著褪色）。

（4）耐酸性（SR）是指刚抛光的玻璃板（表面，s）对硝酸溶液（pH=0.3）或对乙酸缓冲溶液（pH=4.6）的耐抗性，1（低质量损失）~5（高质量损失）表示对于pH=0.3的耐抗性，对于pH=4.6，由5（低质量损失）~51、52和53（高质量损失）表示。

（5）耐磷酸盐性（PR）是指刚抛光过的玻璃板（表面，s）对磷酸盐水溶液的耐抗性，以1（低损失）~4（高损失）表示质量损失。

表3.4　两种Ohara玻璃化学性质评价（（p）表示粉末类、（s）表示表面类）

材　　料	化 学 性 质				
	（RW（p））	（RA（p））	（W（s））	（SR（s））	（PR（s））
S-BSL7	2	1	1~2	1.0	2.0
S-FFPM2	1	2	2	51.3	4.1

豪雅公司使用6种不同的测试方法，以评估由玻璃中的成分与湿气或清洁剂

发生化学反应导致的玻璃表面变性。表3.5 所列为 LAC7 和 S-FD60 的特定化学性质分类。

表3.5 中出现的属性和数字的含义如下。

（1）变暗耐抗性（粉末法的耐水性，D_W）是指经粉末化的玻璃对纯水的耐抗性，根据质量损失的百分比分为6类，即用1（重量损失最小）~6（重量损失最大表示）。

（2）除了使用硝酸溶液外，粉末法（D_A）的耐酸性与 D_W 相似。

（3）通过表面法（T_{blue}）进行的着色耐抗性测试是将外表面均抛光的玻璃试样浸入纯水中，然后将其搅拌并循环通过离子交换树脂层。然后将样本从水中取出，以预定的时间间隔在100W 钨丝灯下检查染色表面的干扰色。结果以5类表示，其中1是观察到染色层时间最长，而5是时间最短。

（4）内在耐刮擦性（D_{NaOH}）是将玻璃样品外表面均抛光，并浸入 NaOH 溶液中，测量单位面积的质量损失。结果分为5类，其中1是重量损失最低，而5是重量损失最高。

（5）内在耐刮擦性（D_{STPP}）是将玻璃样品外表面均抛光，并浸入 STPP 溶液中，测量单位面积的质量损失。结果分为5类，其中1是最低质量损失，而5是最高质量损失。

（6）对水的本征化学耐久性（D_0）是根据给定时间段内单位时间、单位面积的质量损失评估玻璃对水的本征化学耐久性。测量单位面积的质量损失并将其表示为5类，其中1是重量损失最低，而5是重量损失最高。

表 3.5 LAC7 和 S-FD60 的特定化学性质分类

材　料	化 学 性 质					
	D_W	D_A	T_{blue}	D_{NaOH}	D_{STPP}	D_0
LAC7	0.31	1.22	+	0.20	1.56	54.8
S-FD60	0.02	0.05	>70	<0.01	<0.01	<0.3

3.4.4 力学性能

（1）硬度定义为抗压痕的量度。努氏硬度测试是一种微观硬度测试，特别用于测试非常脆的材料的机械硬度，只需制造很小的压力就能测量。努氏硬度测试通常用于光学材料硬度表征。

（2）密度 ρ（单位是 g/cm^3）定义为质量与体积的比。在某些情况下，可以利用密度参数计算某种光学材料制品重量，并与其实际测量的重量进行比较，以此识别其光学材料的种类。大多数光学玻璃的密度在约为 $2g/cm^3$（熔融硅为 $2.20g/cm^3$）和约 $6g/cm^3$（Schott N-SF57 为 $5.51g/cm^3$）之间，大多数光学滤光玻璃的密度在 $2.4 \sim 2.8g/cm^3$ 之间。用于光学应用的塑料材料的密度较小（CR-39 为 $1.32g/cm^3$）。

（3）热膨胀是物质响应温度变化而改变体积的趋势。当物质被加热时，其中的微粒开始加剧运动，因此通常保持较大的平均分离度。每种材料的线胀系数（CTE 或 α）值在其数据手册中给出。某些玻璃在加工、清洁和操作过程中对温度的快速变化非常敏感，故应根据情况采取不同的处理方法。

（4）磨损是相对度量研磨的一个要素。通过一定的方法研磨样品，测量重量损失并将其与标准参考材料进行比较。Ohara 将磨损定义为 Aa（可参阅 Ohara 的"光学玻璃技术信息"，2014 年 10 月修订）。Hoya 将磨损定义为 F_A（可参见 Hoya 的"光学玻璃目录"）。肖特将磨损定义为符合 ISO 12844 的易磨性（可参见肖特的"2014 年光学玻璃目录"）。

（5）脆性材料的强度取决于由于磨损而产生的表面缺陷或裂纹，因此材料的耐磨性越高，强度就越大。

折射率受整体温度变化的影响，所以可通过折射率的温度系数来确定。折射率的温度系数 $dn/\Delta T$ 是由材料在特定波长处的温度与折射率关系曲线推导出来的。该值可用两种方式表示，即在真空下测得的绝对系数（$\Delta T_{absolute}$）和相对于大气环境（101.3 kPa）测得的相对系数（$\Delta T_{relative}$）。

3.4.5 电性能

硅和锗是两种半导体材料，广泛用于制造红外光学元件。在某些特殊情况下，出于功能原因，在相关原材料规格或图纸中定义的指定值的电阻率至关重要，应验证其是否符合要求。电阻率是材料的固有特性，有时称为比电阻。使用四探针技术测量厚材料或均质材料（如裸硅片或硅锭、锗锭）的体积电阻率时，其测量单位为欧姆/厘米（Ω/cm）。

更多信息，可参见 11.7 节。

参 考 文 献

Lenntech, "Glass," http://www.lenntech.com/glass.htm#ixzz2ESVZhB7P.

Corning Museum of Glass, "What is Glass?" http://www.cmog.org/article/what-is-glass#.UMMkMuRg-CQ (Dec. 2, 2011).

Crystal Art USA, "Types of Glass," http://www.crystalartusa.com/typesofglass.aspx.

Ohara, "Low Softening Temperature Optical Glass," http://www.oharacorp.com/lows.html.

Hoya, "Preforms for precision moldings," http://www.hoya-opticalworld.com/english/products/preform_01.html.

Ohara, "Glass catalog/technical information," http://ohara-gmbh.com/e/katalog/tinfo_2_4.html.

Ohara, "Optical glass technical information," http://www.ohara-gmbh.com/e/katalog/downloads/techinfo_e.pdf.

Ohara, "Glass catalog," http://ohara-gmbh.com/e/katalog/tinfo_3_3.html.

Schott, "Optical Glass - Description of properties – pocket catalogue."

R. D. Rawlings, J. P. Wu, and A. R. Boccaccini, "Glass-ceramics: Their production from wastes—A Review," *J. Mater. Sci.* **41**(3), 733–761 (2006).

J. Deegan, "Precision Glass Molding Technical Brief," Rochester Precision Optics, http://www.rpoptics.com/Portals/0/docs/Precision%20Glass%20Molding%20Technical%20Brief_2%281%29.pdf (March 2007).

T. Kishi et al., "Material Characteristics of CLEARCERAM®-Z HS for Use in Large Diameter Mirror Blanks," Ohara, http://www.oharacorp.com/pdf/CLEARCERAM-Z-characteristics-06-27-10.pdf.

Hoya, "Optical Glass," http://www.hoyaoptics.com/pdf/OpticalGlass.pdf.

Schott publications

"TIE-25: Striae in optical glass"
"TIE-26: Homogeneity of optical glass"
"TIE-27: Stress in optical glass"
"TIE-28: Bubbles and inclusions in optical glass"
"TIE-29: Refractive index and dispersion"
"TIE-30: Chemical properties of optical glass"
"TIE-31: Mechanical and thermal properties of optical glass"
"TIE-35: Transmittance of optical glass"
"TIE-40: Optical glass for precision molding"
"TIE-43: Optical properties of ZERODUR®"

第4章 光学材料制造工艺

4.1 简　　介

本书在3.3节中将制造光学元件用的原材料分为五大类：

（1）玻璃（包括光学滤镜）；

（2）晶体（各向同性和各向异性）；

（3）塑料；

（4）金属（只针对反射镜）；

（5）特殊材料（硫化物、多晶材料）；

本章主要介绍玻璃材料、晶体材料、塑料和铝金属材料的加工工艺以及化学气相沉积工艺。

4.2　玻璃制造工艺

玻璃是一种熔融物冷却、凝固的非结晶无机物质。它的基本成分是二氧化硅（来自沙子，其熔点超过2000℃）、一氧化钙（产自石灰岩）和一氧化钠（来自苏打粉或碳酸钠，并可将二氧化硅的熔点降低至大约1000℃）。除了基本原料外，还使用少量的长石和芒硝来生产钠钙硅玻璃。长石是金属氧化物的来源，并阻止了玻璃的失透，而盐饼通过吸收"浮渣"而在熔炉中充当"海绵"。

某些类型的玻璃使用其他成分，如铝铅和硼的氧化物。在玻璃制造过程中始终包含的材料是碎玻璃，其出现的原因有生产过程废品、裁剪修整和其他内部报废的玻璃。碎玻璃有助于熔化过程，因为它比未经处理的原材料具有更低的液化温度，从而提供有助于将热量传递给其他材料的熔化环境。为了确保玻璃的成分和纯度，制造商通常更喜欢使用其内部生产的碎玻璃，而不是购买的碎玻璃。

将上述成分以及其他成分（如硼、氧化镧、铁和一系列色料）按一定比例混合在一起，以形成"批料"。将批料放入带有碎玻璃的熔炉中，使其熔化进而制造玻璃制品。

制造玻璃的工序涉及以下主要操作（可参见图4.1）。

（1）开采砂石和石灰石。

（2）生产纯碱。

（3）原材料处理和批料准备。

（4）在炉中熔化和精炼原料。将批料和碎玻璃在炉中加热至约1500℃，通过使用不同形式的能源来实现高温，如天然气、燃油和电力（或三者结合）。液态玻璃在炉子的不同区域流动，以便在进行下一步之前将杂质和气泡除去，并将熔融玻璃冷却至1100℃。本步工序是生产高质量玻璃的关键，可持续长达50h。若生产不同种类的玻璃产品，则需要在此阶段将相应的成分混合到液态玻璃中。

（5）产品成型（采用压制法、压延法、浮法或浇注法）。

（6）退火。成型工序完成后，通过传送带将毛坯转入退火炉中。在此阶段，毛坯将被重新加热并缓慢冷却，以减少因成型过程中玻璃不均匀冷却而导致的内部应力。根据不同玻璃的性质，将毛坯加热到550～700℃，然后以可控的速率重新冷却。光学玻璃中的应力可能会导致双折射的发生，影响玻璃性能，而且应力释放可能会在产品生产过程中造成破坏。

（7）检验。在玻璃产品商业化生产的每个工序里，都会用激光自动检验，确保可以及时在生产加工过程中采取措施弥补瑕疵，或者切割时避开该区域。

（8）切割。在这一阶段，商业浮法成型的玻璃将被金刚石砂轮切割机切割成所需的尺寸。

（9）包装。

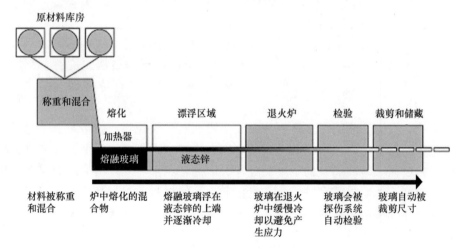

图4.1 商业浮法玻璃成型工艺

（图片由 Tangram Technology Ltd. 转载，版权所有）

光学玻璃比起商用玻璃有更高的要求，具体包含光学属性（如折射率、色散系数和内部透射率)、良好的内部质量（如条纹、气泡和夹杂物）以及应力双折射和折射率均匀性。要实现这些特性，必须对所有工艺参数进行适当的控制，并需增加额外步骤及延长时间。图4.2所示为"TIE-41：大型光学玻璃坯件"技术文档的转载，描述了生产大型光学玻璃毛坯所需的步骤和时间。图4.3所示为Schott F2玻璃的退火速率和温度曲线。图4.4所示为典型熔化和退火过程示例，图4.5所示为玻璃毛坯件，每件平均重约1000磅（1磅≈0.45kg）。

工序步骤	用时/周
① 大型模具生产	16
② 熔化、精炼、浇注	1
③ 粗退火，第一次检验	6
④ 精退火	17
⑤ 检验前预加工	2
⑥ 产品内部质量检测	1
⑦ 用斐索干涉仪进行均匀性检测	1
⑧ 再次精退火	17
⑨ 加工至要求的坯料尺寸以及外形尺寸检测	2
合计	63

图4.2 大型光学玻璃坯件生产周期

（转载自 Schott "TIE-41：大型光学玻璃坯件"技术文档）

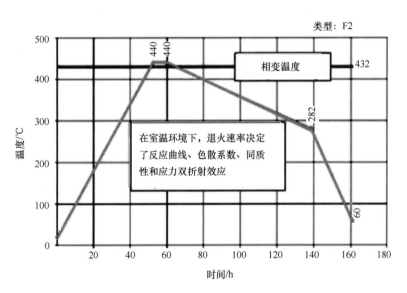

图4.3 Schott F2玻璃的退火速率和温度曲线

（转载自 Schott，版权所有）

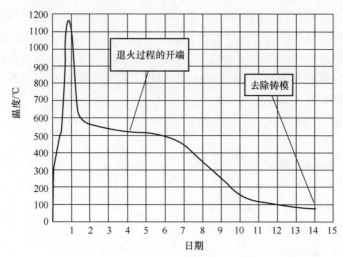

图 4.4 典型熔化和退火过程示例（退火速率从 0.002℃/min 开始并缓慢增加）

图 4.5 玻璃毛坯件

4.3 晶　　体

晶体或结晶固体是一种固体材料，其组成的原子、分子或离子有序排列分布在所有 3 个空间维度上。科学上对"晶体"的定义是基于其内部原子的微观排列，即晶体结构，晶体中的原子呈周期性排列。

以下材料是晶体，并且广泛用于制造光学元件，即氟化钡（BaF_2）、氟化钙（CaF_2）、锗（Ge）、氟化镁（MgF_2）、蓝宝石（Al_2O_3）、硅（Si）、硒化锌（ZnSe）和硫化锌（ZnS）。

4.3.1　蓝宝石制造方法

人造蓝宝石（刚玉或 Al_2O_3）由于其出色的化学稳定性、力学性能和透光性而受到高度认可，它经常用于需要可靠性、光传输和强腐蚀性的极端环境中。人造蓝宝石的硬度仅次于金刚石，并在高温下仍可保持高强度。该物质是各向异性的六方晶体，其性质取决于结晶方向。

制造蓝宝石的方法有以下几种：

（1）熔焰法（1904 年发明）；

（2）提拉法（1916 年发明）；

（3）助熔剂提拉法（1926 年发明）；

（4）导模法（EFG，由 Harold LaBelle 于 1966 年前后在马萨诸塞州沃尔瑟姆的泰科实验室首次发明）；

（5）Stepanov 方法（A. V. Stepanov 于 1965 年发明）；

（6）水平定向结晶法（HDC，1975 年发明）；

（7）热交换法（HEM，由 Fred Schmid 和 Dennis Viechnicki 于 1967 年在马萨诸塞州沃特敦的陆军材料研究实验室发明）；

（8）梯度凝固法（GSM，由 Rotem Industries 的 J. Makovsky 于 20 世纪 70 年代发明）；

（9）温度梯度法（TGT）。

每种方法都有其优点和缺点，这里仅描述提拉法和梯度凝固法。

4.3.2　梯度凝固法

开发梯度凝固法（GSM）用以生产高质量、近终形、穹顶形蓝宝石。如图 4.6 所示，将氧化铝装入半球形钼坩埚中，在坩埚的底部放置蓝宝石籽晶。在真空中加热坩埚以产生梯度温度，顶部为最高温。当晶种部分熔化时，精确地控制温度降低，从而使籽晶开始结晶生长。图 4.7 所示为正在生长的半球穹顶形蓝宝石和实心半球形蓝宝石，图 4.8 和图 4.9 显示了蓝宝石晶锭。

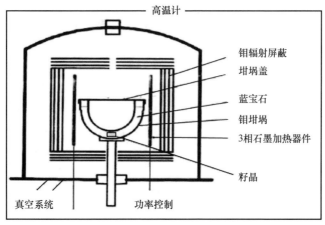

图 4.6　梯度凝固法（GSM）制造蓝宝石的示意图

（转载自 D. C. Harris 等，版权所有）

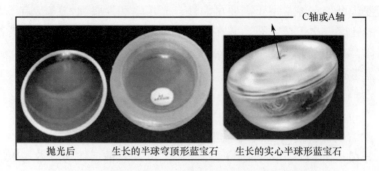

C轴或A轴

抛光后　　　生长的半球穹顶形蓝宝石　　　生长的实心半球形蓝宝石

图 4.7　Rotem Industries 利用 GSM 法制造的经过抛光的穹顶形蓝宝石（抛光前后）
（转载自 D. C. Harris 等，版权所有）

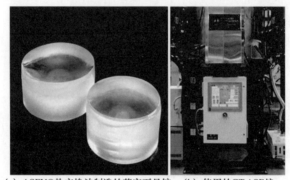

(a) ASFV®热交换法制造的蓝宝石晶锭　　(b) 使用的GT ASF炉

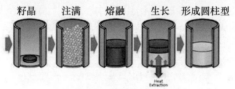

籽晶　　注满　　熔融　　生长　　形成圆柱型

Heat Extraction

(c) 先进的蓝宝石晶体生长过程

图 4.8　蓝宝石外观及其生长过程
（转载自 Jennifer Stone-Sundberg，"蓝宝石系列第 2 部分：下一代蓝宝石晶体生长技术"，
GT Advanced Technologies，版权所有）

4.3.3　提拉法

提拉法（图 4.10）可以用来制造不同类型的晶体，如蓝宝石、硅、锗等，主要由以下几步组成。

（1）在特制的生长室内放入钼坩埚（也可以是铂坩埚、铱坩埚、石墨坩埚或陶瓷坩埚），将精确称量的籽晶放入坩埚，并将生长室内的所有气体排空。向生长室中充入惰性气体，防止空气气体混入正在生长的晶体中。将生长室内的装料熔化，蓝宝石籽晶放置在杆上，保证其方向公差，杆在旋转和下降，使晶体几

乎不接触熔融物。然后以 1~100mm/h 的受控速率缓慢拉出籽晶。籽晶拉出后，它从熔化物中拉出的物质会冷却并固化。在拉出过程中，籽晶和坩埚沿相反的方向旋转，旋转可使熔体的温度均匀分布。

图 4.9 Rubicon Technology 公司制造的蓝宝石晶锭（图中晶锭质量分别有 3kg、31kg、83kg 和 200kg

（转载自 Rubicon Technology，. 2014 John Nienhuis 拍摄，版权所有）

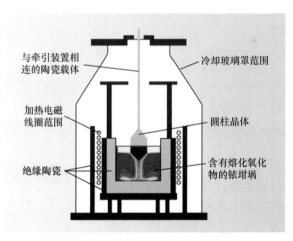

图 4.10 提拉法示意图

（转载自 Scientific Materials Corp.，，版权所有）

（2）晶锭的直径由籽晶从熔体中抽出的速率控制。

（3）重力决定了最大尺寸，因为每个连续的晶体层都会使生长的晶锭增加相应的重量。在长达 8 周的过程中，需要持续不断地供电和监控。

（4）温度梯度会造成生长中的晶体内产生内应力，内应力可通过退火热处理来减小。提拉法可制造直径最大 8 英寸（150mm）、长度最大 10 英寸（250mm）的高质量蓝宝石晶体坯件。

4.4　化学气相沉积

化学气相沉积（CVD）是用于生产高纯度、高性能固体材料的化学过程。在典型的 CVD 工艺中，晶圆（基片）暴露在挥发性化学反应前端中。室温下，在加热的基片表面发生反应或分解（从化合物分解为更简单的化合物或元素），生成所需的沉积物。基片的温度至关重要，将会影响到化学反应是否发生。CVD过程通常还会产生挥发性副产物，这些副产物会被通过反应室的气流除去。

硫化锌（ZnS）是由锌蒸气和硫化氢气体合成的（CVD 工艺），硫化锌作为产物在石墨基片上形成薄片。CVD 硫化锌工艺中使用的前驱体是熔融锌金属蒸气（Zn）和气态硫化氢（H_2S），它们在很宽的温度、压力范围内发生反应，但是高质量硫化锌的生成在非常窄的温度和压力范围中，因此必须将其严格控制。

4.4.1　几种 CVD 工艺

（1）大气压化学气相沉积（APCVD）。

（2）低压化学气相沉积（LPCVD）。

（3）金属有机化学气相沉积（MOCVD）。

（4）等离子体辅助（或等离子体增强）化学气相沉积（分别为 PACVD 或PECVD）。

（5）激光化学气相沉积（LCVD）。

（6）光化学气相沉积（PCVD）。

（7）化学气相渗透（CVI）。

（8）化学束外延（CBE）。

4.4.2　CVD 工艺的基本步骤

（1）以一定的流速将反应气体和稀释剂（惰性气体）的预定混合物引入反应室。

（2）气体混合物通过（流过）基片。

（3）反应物被吸附在基片的表面。

（4）反应物与基片发生化学反应以形成膜。

（5）将反应副产物气体解吸，并从反应室中抽出。

4.4.3　CVD 系统

CVD 系统由以下基本部件组成：

（1）气体输送系统，提供反应室中前期化学反应所需的气体；

（2）反应室，用于沉积过程的发生；

（3）基片承载机构，用于放入和移除基片（或芯棒）等；

（4）能源系统，用于提供初期化学反应/分解所需的能量/热量；

（5）真空系统（图4.11），用于除去反应/沉积所需的气体以外的其他气体；

（6）排气系统，用于去除反应室中的挥发性副产物；

（7）废气处理系统，用于处理不能直接排放到大气中的废气，将其转化为安全、无害的化合物；

（8）过程控制设备，如仪表、控件等，用于监视过程参数，如压力、温度和时间（警报和安全设备也包括在此类中）。

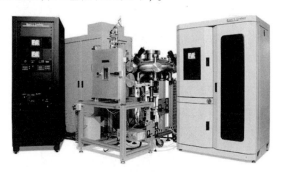

图4.11　CVD真空系统

（转载自 Kurt J. Lesker Co.，版权所有）

4.4.4　热等静压工艺

经过热等静压（HIP）工艺处理过的硫化锌，是无色透明且具有极小散射和高透射性能（0.4 ~12μm）的材料，因为高温高压消除了材料晶格内的缺陷。

经过热等静压工艺处理的硫化锌通常称为 ZnS Cleartran™（Cleartran 是 CVD Incorporated 的注册商标），也称为 ZnS Waterclear（无色透明硫化氢）、多光谱硫化氢或透明级硫化氢。在图4.12和图4.13中可以看到材料的变化：黄色变澄清，透射波长急剧增加。透射波长的变化如图4.14所示。

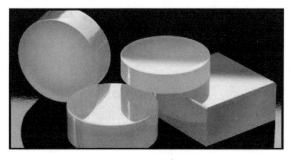

图4.12　硫化氢玻璃

（转载自 Schott AG，版权所有）

图 4.13 ZnS Cleartran™玻璃
（转载自 Zygo Corp. ，版权所有）

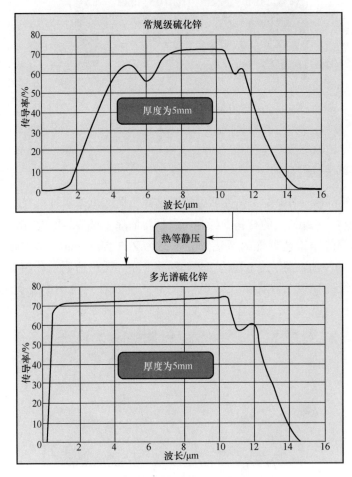

图 4.14 硫化锌和透明级硫化锌的透射波长
（转载自 VITRON Spezialwerkstoffe GmbH，版权所有）

4.5 塑　料

塑料是具有可塑性的合成或半合成有机固体，通常是高分子量的有机聚合物，但其普遍含有其他物质。塑料一般是合成的，通常产自石油化学产品，也有许多是近乎天然的。

聚合物是由通过聚合过程产生的重复结构单元组成的化学化合物或化合物的混合物。聚合物一词源自古希腊语（poly（很多）和 mer（部件）），是指一种由多个重复单元组成的分子，具有较高的相对分子质量。组成聚合物的单元（概念上和实际上）都来自相对分子量较低的分子。

塑料的制造工艺大致可分为以下几步：

（1）原料和单体的制备；

（2）合成基础聚合物；

（3）将聚合物混入最终的聚合物树脂中；

（4）制成成品。

在光学行业中，有很多种塑料材料可用于生产镜片、棱镜等。CR39 是广泛使用的塑料材料之一。

4.5.1　CR-39

CR-39 又称聚碳酸烯丙二乙二醇酯（ADC），是一种聚合物塑料，通常用于制造眼镜镜片、光学镜片等。CR-39 这个缩写代表"Columbia Resin #39"，因为它是 1940 年由 Columbia Resins 项目开发的热固性塑料的第 39 个分子式（由 PPG Industries-Columbia Southern Chemical Company 持有）。

CR-39 是在过氧二碳酸二异丙酯（IPP）的催化下，通过乙二醇二烯丙基碳酸二乙二醇酯聚合制得的。这些基团的存在使聚合物形成交联，生成一种热固性树脂。其单体结构如图 4.15 所示。

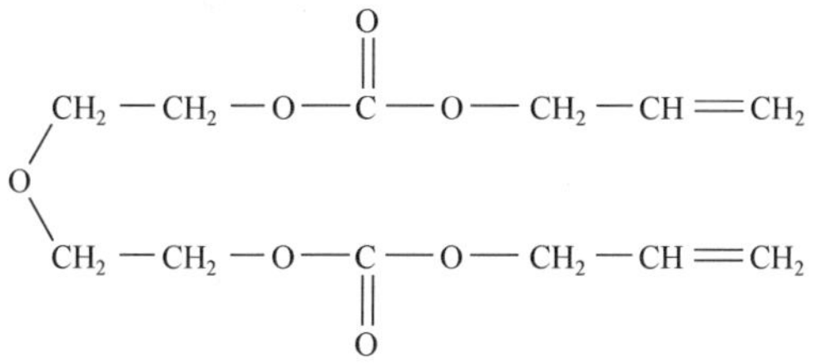

图 4.15　CR-39 分子模型

4.5.2　相关概念

一般而言，合成是指形成新物质的两个或多个实体的组合，或指通过人工手段产生的物质。

自由基引发剂是可在温和条件下产生自由基物质并促进自由基反应的物质。这些物质通常具有弱键，即键解离能较小的键。自由基引发剂用于聚合物合成等工业生产中。

热固性聚合物，也称为热固性材料，是不可逆固化的聚合物材料。可以通过加热（通常高于200℃）、化学反应（如双组分环氧树脂）或辐射（如电子束工艺）进行固化。热固性材料一般在固化之前呈液态或可延展的，可以作为胶黏剂，也可以模制成最终形状。热固性树脂一旦固化后将无法重新加热熔化回液态。

单体是可以与其他分子通过化学反应结合形成聚合物的分子。

交联是将一个聚合物链连接到另一个聚合物链的键，它们可以是共价键或离子键。"聚合物链"可以指合成聚合物或天然聚合物。术语"交联"用于合成聚合物领域，是指使用交联促进聚合物物理性质的差异。

4.6　铝

铝（Al）是一种金属材料，是地壳中含量第三高的元素，占地球土壤和岩石的8%。

在自然界中，仅在包含其他元素（如硫、硅和氧）的化合物中发现了铝。纯金属铝只能从氧化铝矿中加工提炼。

金属铝具有许多特性并有广泛的应用。它重量轻、强度高、无磁性且无毒，可以传导热和电，并可反射热和光。金属铝在极端寒冷下仍能保持强度，且不会变脆。铝的表面通常会迅速氧化形成肉眼看不见的防腐蚀层。此外，铝还可以经济地回收加工成新产品。图4.16所示为铝的加工工艺。

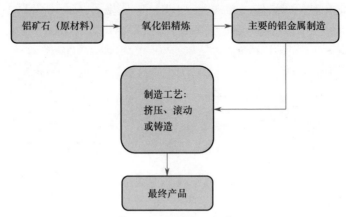

图4.16　铝的加工工艺

铝在光学反射镜中被广泛使用，6061铝合金便是比较常用的（图4.17、图4.18）。6061铝合金是一种沉淀硬化（析出强化）铝合金，镁和硅是主要合金元素，于 1935 年被开发，最初称为"合金 61S"。6061 铝合金具有良好的力学性能和良好的焊接性，也是最常见的合金之一。对于光学反射镜，最常用的是回火铝合金，如 6061-T6（固溶和人工时效）和 6061-T651（固溶、去应力、拉伸和人工时效）。

图 4.17　铝基片反射镜
（转载自 Edmund Optics，版权所有）

图 4.18　不同类型的铝基片反射镜
（转载自 Temmek Optics，版权所有）

4.6.1　相关概念

沉淀硬化，也称为时效硬化和析出强化，是一种用于增加可延展材料屈服强度的热处理技术。

回火是用于增加材料韧性的热处理工艺。回火通常在淬火后进行，以减少一些多余的硬度；通过将金属加热到一定温度（比淬火温度低得多）来进行。回火温度决定了去除的硬度，取决于合金的组成成分及产品所需的性能。

热处理（固溶）是一系列的金属加工过程，用于改变材料的物理（有时是化学）特性，通常在冶金行业中应用。热处理涉及运用加热或冷却，通常加热到极限温度，以达到所需的结果，如材料的硬化或软化。热处理技术包括退火、表面硬化、沉淀强化、回火和淬火。

可延展性是材料在压缩应力下变形的能力，通常以材料通过锤击或滚压形成薄板的能力为表征。这两个力学性能都是可塑性的体现，即固体材料可塑性变形而不破坏的程度。

参 考 文 献

Schott, "Technical Information - TIE-41 Large Optical Glass Blanks," http://fp.optics.arizona.edu/optomech/references/glass/Schott/tie-41_large_optical_glass_blanks_us.pdf.

Schott, "Process Capabilities," http://www.schott.com/advanced_optics/english/about-ao/competencies/process-capabilities.html.

Tangram Technology Ltd., "The basic commercial float glass process," http://www.tangram.co.uk/TI-Glazing-Float%20Glass.html.

A. K. Saxena, A. Vagiswari, and M. Manjula, "Optical glass, its manufacture in India: a historical perspective," *Indian J. History Sci.* **26**(2), 219–231 (1991).

Break Glass Technology, "Modern Glass Making Techniques," http://www.breakglass.org/Glass_making.html.

Pilkington, "Step-by-step Manufacturing of Float Glass," http://www.pilkington.com/pilkington-information/about+pilkington/education/float+process/step+by+step.htm.

P. Mehta, "Glass," http://www.slideshare.net/prashantmehta371/glass-9219937 (Sept. 12, 2011).

Corning, "Manufacturing Techniques," http://googledevadmin.corning.com/ophthalmic/products-applications/visitors/manutech.aspx.

M. Szanto and I. Gilad, "Optimization of Sapphire Growth Process using Numerical Simulation," 17th Israel Symposium on Computational Mechanics (ISCM-17), Beer-Sheva, Israel (Oct. 14, 2004).

V. N. Kurlov, "Sapphire: Properties, Growth and Applications," in the *Encyclopedia of Materials: Science and Technology*, K. H. J. Buschow, Ed., pp. 8259–8265, Elsevier, Amsterdam (2001).

D. C. Harris, "A Century of Sapphire Crystal Growth," U.S. Naval Air Systems Command, China Lake, CA (May 17, 2004).

D. C. Harris, "A century of sapphire crystal growth: Origin of the EFG method," *Proc. SPIE* **7425**, 74250P (2009) [doi: 10.1117/12.824452].

D. Kopeliovich, "Synthetic Sapphire," http://www.substech.com/dokuwiki/ doku.php?id=synthetic_sapphire.

S&D Materials, LLC, "Crystal Growth Technology," http://www.sdmaterials. com/crystal_growth_technologies.html.

Cradley Crystals, "Methods of Growth," http://www.cradley-crystals.com/ CCinit.php?id=technologyam_4.

C. Carson, "How Lab-Created Sapphires Are Formed," eHow, http://www. ehow.com/how-does_5027031_labcreated-sapphires-formed.html.

SiliconFarEast.com, "Chemical Vapor Deposition (CVD)," http://www. siliconfareast.com/cvd.htm.

AZO Materials, "Chemical Vapor Deposition (CVD) - An Introduction," http://www.azom.com/article.aspx?ArticleID=1552.

Zeiss, "Where does the name CR 39 come from?" http://www.zeiss.com/ 4125680f0053a38d/Contents-Frame/a1cc34b9e0d1d3b8412568950032dc51.

A. Margiotta, "Characteristics of CR39," Intercast Europe, http://www.df. unibo.it/macro/intercast/charact.htm (Mar. 26, 1997).

Office of Air Quality Planning and Standards, "Primary Aluminum Production," in Chapter 12 of *Compilation of Air Pollutant Emission Factors, Volume 1: Stationary Point and Area Sources*, 5th ed., U.S. Environmental Protection Agency, Research Triangle Park, NC, http:// www.epa.gov/ttnchie1/ap42/ch12/final/c12s01.pdf (1995).

How Products are Made, "Aluminum production process," http://www. madehow.com/Volume-5/Aluminum.html#b.

D. Bauer and S. Siddhaye, "EBM Roadmap Summary," WTEC, http://www. wtec.org/loyola/ebm/usws/ind_summary.htm (2001).

第 5 章　光学元器件的加工方法

5.1　简　介

生产光学元件有 3 种基本方法。这些方法有一些额外的改进和组合，是由光学元器件厂家发展的（后面会提到）。随着工业标准所要求的质量更高、更快、更便宜，这些技术的发展也提高了光学元器件的制造水平。光学原材料和涂层的制造不再被视为基本光学元件制造的一部分。第 7 章将会描述偶极子、三片式或分束器的黏合。

5.2　常规方法：主轴研磨抛光

在这种古老但很常见的方法中，以下主要步骤（(1)~(3)）是将光学原材胶黏结到主轴支架上。胶黏结玻璃后的主轴依靠外形合适的转盘（球面半径为凹或凸形）旋转，以研磨或抛光所需要的表面（其他的生产方法步骤为 (4)~(9)）。

此传统方法包括以下步骤（参见图 5.1 和图 5.2）。

(1) 准备。加工过程中的每一步工序都需选择合适的设备和工具，用各种蜡或者其他种类胶用力固定住待加工的材料。

(2) 研磨（粗加工和精加工）。

① 粗磨（成形）：在这个过程中，初始坯料被加工完毕后，球面或平面的表面通常会比最终尺寸多出大约几毫米的厚度。在这个阶段，相对较大的研磨粒被用来粗磨玻璃。

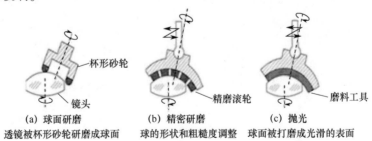

(a) 球面研磨　　　　　(b) 精密研磨　　　　　(c) 抛光
透镜被杯形砂轮研磨成球面　　球的形状和粗糙度调整　　球面被打磨成光滑的表面

图 5.1　凸球面典型生产工艺（研磨和抛光）示意图
（转载自奥林巴斯公司，版权所有）

② 精磨（研磨）：精磨是指为了提高球面或者平面的表面精度（在先前的步骤后）而对其进行研磨的过程。通过这一过程，表面（球面或平面）近乎成为最终的形状。在此步骤中，玻璃的厚度大约被去除 0.1mm。

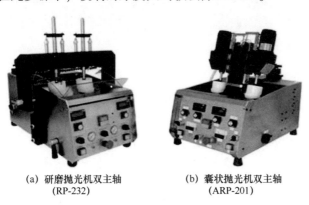

(a) 研磨抛光机双主轴　　　　　(b) 囊状抛光机双主轴
(RP-232)　　　　　　　　　　(ARP-201)

图 5.2　两种类型的研磨和抛光机器
（图片由劳森设备设计提供，版权所有）

（3）抛光。在符合规范的前提下，通过提高其精度，最终确定镜头或平面镜的外观和性能（曲率或平面度）。同时，该工艺降低了前一步研磨所产生的微粗糙度。用特殊的研磨剂抛光玻璃。

（4）清洗。用于抛光的剩余材料（在第（3）步中）将被移除，作为下一步的准备。应按照清洁程序进行清洁，以免损坏抛光表面。

（5）检查。在此阶段，被检查项目须符合制造过程的完成特性。这一阶段检查的主要特征是"表面精度"（主要是测试板）、透镜的曲率半径和中心厚度，或窗口的厚度和平行度。

（6）定心。该过程确保光轴（曲率中心和透镜平面之间的连线）与机械轴（物理上的）重合，机械轴由其外形尺寸所决定。透镜的外圆被研磨成完整的圆形后，进入下一步生产工序。

（7）检查。此阶段验证集中定心过程是否符合定心要求。

（8）磨边。通过磨削倒角来斜切拐角的过程，以保护边缘并去除小碎片。在某些情况下，斜角也有工艺上的用途。

（9）最后清洗。

完成上述所有步骤后，元器件将被清洗并准备好用于下一步（涂层、黏合/胶合、喷漆和装配）。

5.3　金刚石车削

金刚石车削（或单点金刚石车削，简称 SPDT）是一种使用数控机床和单晶金刚石刀具（图 5.3）生产高质量光学表面（以及非光学应用表面）的过程。

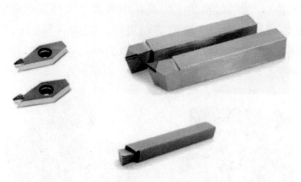

图 5.3　各种金刚石车削工具的示例

图 5.4 所示为一台小框架金刚石车床，其设计目的是在金刚石车削、铣削和磨削光学透镜、模具镶块、镜子和精密机械部件时提高生产率和易用性。该机床可以配置 2~4 轴，以生产直径高达 440mm 的球面、非球面、自由表面。

图 5.4　小框架金刚石车床（纳米结构 X）

（图片由美国精密技术公司提供，版权所有）

　　然而，金刚石车削过程会产生微粗糙度。即使"最好的"金刚石车削机床加工的表面质量，依然比不上传统抛光技术加工的表面质量（图 5.5）。在比可见光波长更长的红外区域，光学性能对表面光洁度的敏感度较低，加工过程中产生的粗糙度有时可忽略不计。

　　金刚石车削最常用于制造红外非球面光学器件，因为非球面极大地提高了光学设计的自由度，同时采用了多个制造工序，包括传统的研磨和抛光步骤。非球面的好处是它们能够校正球面像差，这意味着光学组件中需要使用的透镜会更少。对于多光谱和高精度红外应用，可通过附加方法改善表面形状和粗糙度（见 5.5 节）。此外，通过金刚石车削处理，可以产生用于校正色差的衍射面形（图 5.6）。

图 5.5　可以看到极端情况下由金刚石车削工具加工的表面产生出光折射的颜色

图 5.6　用于校正色差的带衍射槽的硅元件

5.4　精密玻璃成型和精密成型光学

精密玻璃成型（PGM）是一种通过将玻璃模塑为成型工具，并在无需任何额外步骤的情况下制造出成品透镜的过程，该过程允许从玻璃（无需研磨和抛光，金刚石车削工艺或磁流变抛光加工）中生产高精度光学元件，这一过程也被称为超精密玻璃挤压。

与机械透镜生产（研磨和抛光）相比，其主要优势在于可以成本效益（以分钟而不是以小时为单位）生产复杂的透镜几何形状，如非球面。该过程的主要步骤如下。

（1）将玻璃"凝块"装入成型工具。

（2）用氮气（N_2）将工作区内的氧气排出。

（3）用红外线和真空加热模具、压模和玻璃（此时，模具上层和玻璃之间没有接触）。

（4）当达到合适的温度（玻璃的转变点/软化点）时，用可控的移动速度压下玻璃：上模向下或下模向上。

（5）通过可控受力的过程实现元件的最终厚度。

（6）冷却玻璃，并用氮气填充周围环境。

（7）冷却后从模具上取下透镜。

图5.7所示为玻璃成型的基本步骤，图5.8所示为过程中其他必要步骤：设计和定义模制元件的规格、模具设计和制造、控制工艺，必要时进行返修，当然还有最终元件的检查。

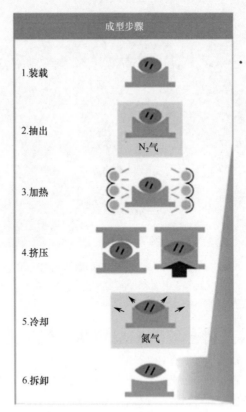

图 5.7 玻璃成型的基本步骤
（图片由弗劳恩霍夫生产技术研究所提供，版权所有）

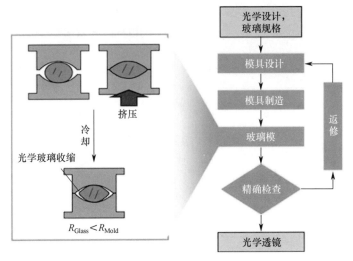

图5.8 玻璃成型的其他必要步骤

(图片由弗劳恩霍夫生产技术研究所提供，版权所有)

这个过程是在一个专门的成型机上进行的，它精确地控制成型过程中的温度、行程和压力。成型过程中使用的工具必须能够承受高温和高压（适合加工成精确的表面轮廓），并且需要抵抗来自玻璃的化学腐蚀。图5.9所示为玻璃成型机的示例。

图5.9 140gpm玻璃成型机的示例

(图片由摩尔纳米技术系统有限责任公司提供，版权所有)

5.5 改进光学元件的附加方法

5.5.1 磁流变抛光

如图5.10所示，磁流变抛光（MRF）工艺可在几分钟内将光学表面抛光至优于$0.1\mu m\ p-v$形状精度，从而获得小于1nm RMS的表面微观粗糙度（圆形或非圆形孔的平面、球面和圆柱光学）。该工艺由纽约罗切斯特的光学制造中心（COM）开发。

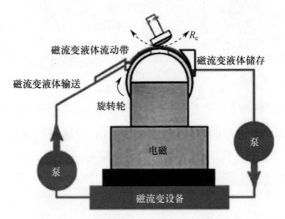

图5.10 磁流变抛光（MRF）循环系统的模式
（图片由光学制造中心提供，版权所有）

磁流变（MR）液体在工业上有着广泛的应用。这两个基本组成部分如下：

（1）氧化铈在磁性羰基铁（CI）粉末的水悬浮液中，氧化铈适用于几乎所有软、硬光学玻璃和低膨胀微晶玻璃；

（2）纳米金刚石粉作为抛光磨料，它更适合于氟化钙、红外玻璃、硅等硬质单晶和超硬多晶陶瓷的抛光。

使用中的一些磁流变液体如下：

（1）C10（氧化铈流体）、D10、D11、D20和C30（由QED技术公司提供）；

（2）MRX-126PD和MRF-132LD（载液：碳氢化合物，由Lord公司Thomas Lord研究中心提供）；

（3）MRF-240BS（载液：水，由Lord公司Thomas Lord研究中心提供）。

图5.11分3个阶段说明了MRF流程的原理：

（1）磁流变液体被排放到旋转轮（左图）；

（2）在磁场的作用下，铁颗粒排列整齐，研磨颗粒集中在液体"带状"的表面（中图）；

（3）将工件浸入带中，开始去除材料（右图）。

64

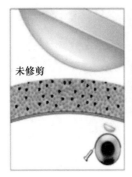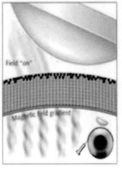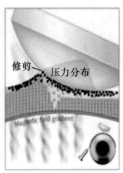

未修剪   Field "on"   修剪   压力分布

- 铁颗粒
- 研磨颗粒

图 5.11 物料回收流程的基本阶段

(图片由 QED 技术国际公司提供，版权所有)

图 5.12 中的干涉图说明了从该过程中取得的效果。

图 5.13 ~ 图 5.16 中的例子显示 SPDT 工艺和 MRF 工艺对光学表面的改善。

在 OPTIPRO SX50 处理   第一次磁流变处理 13.5min 后   第二次磁流变处理 3.8min 后

(a) 0.307μm p-v   (b) 0.044μm p-v   (c) 0.031μm p-v

图 5.12 显示磁流变液体处理后光学表面改善的基本干涉图

(图片由光学制造中心提供，版权所有)

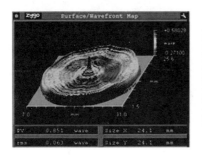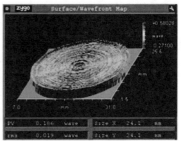

图 5.13 MRF 作用于由 SPDT（硅单晶凸面，直径约 24mm，曲率半径约 22mm）
产生的硅表面的前（左图）后（右图）

(图片由光学制造中心提供，版权所有)

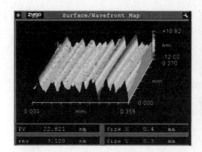

图 5.14　同一项目上，由 SPDT 产生的硅表面 MRF 前（左图）后（右图）的粗糙度
（金刚石车削槽在 SPDT 后表面清晰可见。磁流变液体后，槽被消除）
（图片由光学制造中心提供，版权所有）

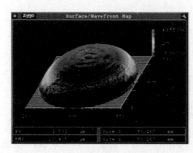

图 5.15　MRF 前（左图）后（右图）的 SPDT CaF2 非球面
（图片由光学制造中心提供，版权所有）

图 5.16　单点金刚石切削加工的硅凹面在磁流变液体前（左图）后（右图）的图像
（从中可以看出消除了由单点金刚石切削工艺引起的色斑）
（图片由光学制造中心提供，版权所有）

5.5.2 混合成型

混合成型法（图5.17）是一种将标准球面镜（单片或双片，如消色差透镜）和表面附着了紫外线固化后薄塑料膜的金刚石非球面磨具相结合，之后在室温下被压制成非球面透镜的方法。该过程的最终产品是一个非球面的透镜，并且该组合产生一个非球面/消色差透镜，该非球面/消色差透镜结合了组成部分的光学特性，即色差和球面像差校正。这种混合成型工艺适用于大量生产具有特殊高精度的产品，但需要考量初始工装的成本。

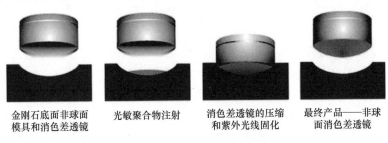

| 金刚石底面非球面模具和消色差透镜 | 光敏聚合物注射 | 消色差透镜的压缩和紫外光线固化 | 最终产品——非球面消色差透镜 |

图5.17 混合成型技术：制造混合透镜的过程示意图

（图片由NewOpto科技公司提供，版权所有）

5.5.3 计算机数控磨削抛光方法

这种方法是由计算机数控（CNC）进行非常精确的操作。一旦透镜经过精密加工，它就会被抛光，以满足所有对表面精度和外观的要求。

抛光可通过使用传统工艺或使用数控抛光机作为该方法的最后一步来进行。决定哪种抛光方法最合适取决于透镜的几何形状以及所生产的数量。

图5.18中的光学加工数控中心有5个可控制轴，即x、y、z、b和c，以及多达5个同时运动的轴。这台机器可以生产400mm（根据几何形状，最大可达450mm）的精密光学元件的原型和产品。这台机器也非常适合生产0.5m级光学元件、大球面和非球面以及抛物面镜。

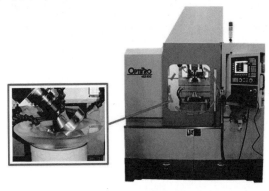

图5.18 光学加工数控中心（图片由OptiPro系统提供）

5.5.4　自由曲面抛光方法

自由曲面（FF）光学抛光是一种能够产生复杂、不规则、不对称或非球面表面的工艺。它一般不能用方程来说明，而是用一系列数字点来描述。该过程有时被称为计算机控制制造（CCF），包括以下步骤：

（1）数控磨削（粗、精、超精）；

（2）数控研磨去除波纹和微裂纹，在不降低图形精度的前提下降低表面粗糙度；

（3）用计算机控制的坐标测量机（CMM）进行轮廓测量；

（4）计算机控制的修正研磨；

（5）数控抛光。

目前，这种透镜的价格远高于传统生产的透镜，但对于成像系统的贡献是显而易见的。通过使用专有软件和数控技术，可以将大量繁复的技术参数快速转变为设计指标，然后输入到高速度和高精度的自由曲面加工设备中。

图 5.19 所示为 FF 抛光机的示例：OptiPro 的 UFF300 子孔径非球面抛光机，用于直径达 300mm 的球面、非球面和自由曲面光学材料。它允许研磨后直接抛光，即无需提前抛光。UFF300 可以加工的材料范围很广，包括光学玻璃、光学陶瓷及不锈钢注塑模具埋件。它的机载激光和非接触式探头自动分离组装和测量，已经进行了搭载应用。

图 5.19　光学加工数控中心
（图片由 OptiPro 系统提供，版权所有）

图 5.20 描述了 FF 机器的另一个例子：由 Atimek® PrimeTek 公司生产的自由曲面 L-5 轴超精密机床。该设备可实现非旋转对称表面的金刚石车削、微铣磨和开槽。另外添加的第三线性轴使用户能够灵活地生产无法用两轴机器实现的FF 表面。

自由曲面 L-5 轴机床具有 y 轴结构，这种结构能够在 x 轴上安装一个独特的辅助主轴安装件。当不需要垂直轴时，主轴壳体可以直接锁定到 x 轴托架顶部，从而产生与两轴车床相媲美的金刚石转动性能。客户现在可以把 L-5 轴机当作不影响性能的三线性轴机器。

图 5.20　三线性轴自由曲面机

（图片由 AMETEK® Precitech, Inc. 提供，版权所有）

5.5.5　离子束精密修型

离子束精密修型（IBF）技术为光学元件的最终精确成型提供了一种高确定性的方法，具有传统方法无法比拟的优点。该过程包括用稳定的加速粒子束轰击部件，如氩离子，选择性地从表面去除材料面。形状修正是通过将固定电流束以适当的时变速度传输到工件上来实现的。见图 5.21 和图 5.22 的示例。

与传统方法不同，离子成型是一种非接触技术，因此可以避免塌边效应、刀具磨损和工件受力等问题。IBF 具有显著的优势：

（1）达到小于 0.25nm RMS 的表面形状（633nm 处的 1/2500）；

（2）对边界条件不敏感；

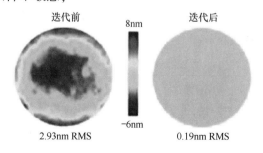

图 5.21　一个 100mm 的平面在离子束成型技术迭代前后

（图片由 Zygo 提供）

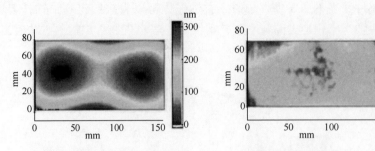

经过常规抛光后的矩形凹面微晶玻璃镜子　　凹面微晶玻璃镜子衬底经过3个迭代
基底拓扑结构，面形数据　　　　　　　　IBF步骤，面形数据

图 5.22　常规抛光和 3 个迭代 IBF 步骤后的表面比较（见"色板"一节）

（转载自 NTG NEUE TECHNOLOGIEN GMBH&CO. KG）

（3）可应用于常规抛光工具无法触及的表面几何形状；

（4）适用于各种材料，包括 Zerodur、ULE、玻璃、陶瓷、硅和二氟化钙；

（5）不刮伤表面。

其他有关可供选择的成型方法，以及用于制造镜面的方法（超声波铣削、激光切割、水射流切割、模压坯），可参见后文。

5.6　其他成型方法和镜面制造方法

（1）超声铣削是一种非传统的加工过程，在这一过程中，以超声波频率振荡的振动刀具借助在工件和刀具之间自由流动的研磨泥浆（刀具从不接触工件），将材料从工件上去除。

（2）激光切割是一种利用激光切割材料，包括光学材料的技术。

（3）水射流切割能够使用非常窄的高压水射流或水和磨料的混合液切割各种材料，包括光学材料。

（4）模压坯是光学材料的"坯料"（或"玻璃片"），在模压透镜时使用。这些毛坯的形状取决于成品元件的所需形状，可以是球形、近球形、平面、平面凸形、平面凹形、双凸形和双凹形。

参 考 文 献

M. Bray, "Grinding and Polishing a Lens," Newport Glass Works, Ltd., http://www.newportglass.com/share.htm.

R. E. Parks, "Optical Fabrication," Chapter 40 in the *Handbook of Optics, Volume 1*, 2nd ed., M. Bass, E. W. Van Stryland, D. R. Williams, and W. L. Wolfe, Eds., McGraw-Hill, New York (1995).

Tamron USA, "Production Process of a Tamron Lens," http://www.tamron-usa.com/lenses/learning_center/Production_Process_Tamron_Lens.pdf.

Strasbaugh, "Polishing and Grinding on Strasbaugh Overarm Machines," http://strasbaugh.com/Library/pdf/Overarm%20Polishing%20and%20Grinding%209.03.pdf.

D. Anderson and J. Burge, "Optical Fabrication," Chapter 28 in the *Handbook of Optical Engineering*, D. Malacara and B. J. Thompson, Eds., Marcel Dekker, New York (2001).

W. J. Smith, "Optics in Practice," Chapter 15 in *Modern Optical Engineering*, 3rd ed., McGraw-Hill, New York (2000).

D. M. Kubaczyk, "Photographic Lens Manufacturing and Production Technology," Thesis, Massachusetts Institute of Technology, Cambridge, MA (2011).

T. Turner and M. Damery, "Aspheric Optics: Ask for What You Want," *Photonics Spectra*, http://www.photonics.com/Article.aspx?AID=48974 (Nov. 2011).

R. L. Rhorer and C. J. Evans, "Fabrication of Optics by Diamond Turning," Chapter 41 in the *Handbook of Optics, Volume 1*, 2nd ed., M. Bass, E. W. Van Stryland, D. R. Williams, and W. L. Wolfe, Eds., McGraw-Hill, New York (1995).

Specialty Components Inc., "Diamond Point Turning/Machining Considerations," http://www.specialtycomponents.com/DiamondPoint TurningMachiningConsiderations.html.

P. Dumas, D. Golini, and M. Tricard, "Improvement of figure and finish of diamond turned surfaces with magneto-rheological finishing (MRF)," *Proc. SPIE* **5786**, 296 (2005) [doi: 10.1117/12.603967].

J. Deegan, "Precision Glass Molding Technical Brief," Rochester Precision Optics, http://www.rpoptics.com/Portals/0/docs/Precision%20Glass%20Molding%20Technical%20Brief_2(1).pdf (March 2007).

G. Cogburn, A. Symmons, and L. Mertus, "Molding Aspheric Lenses for Low-Cost Production Versus Diamond Turned Lenses," LightPath Technologies, http://www.lightpath.com/v2/TechnicalLibrary/Black%20Diamond/Molding%20Aspheric%20lenses%20for%20Low-Cost%20production%20-%20Paper.pdf.

W. Iqbal, "Identifying the Optimum Process Parameters of Precision Glass Molding for Aspherical Lenses," Thesis, Clemson University, Clemson, SC (Dec. 2009).

S. Madapusi, N. Kim, and Y. Tomhe, "Predictive Molding of Precision Glass Optics," *SAE Int. J. Mater. Manf.* **2**(1), 494–501 (2009).

J. Deegan, "Glass Molding Makes Aspheric Lenses a Practical Choice," *Photonics Spectra* (Aug. 2007).

Fraunhofer Institute for Production Technology, "Technology of precision glass molding," http://www.simuglass.com/en/InitialSituation.html.

Toshiba Machine Co. Ltd., "G-3 High-Precision Optical Glass Heating and Molding Technology," http://www.toshiba-machine.co.jp/en/technology/tech_catalog/g3.html.

S. Madapusi, N. Kim, and Y. Tomhe, "Predictive Molding of Precision Glass Optics," *SAE Int. J. Mater. Manf.* **2**(1), 494–501 (2009).

D. C. Harris, "History of magnetorheological finishing," *Proc. SPIE* **8016**, 80160N (2011) [doi: 10.1117/12.882557].

M. Tricard, P. R. Dumas, D. Golini, and J. T. Mooney, "Silicon on Insulator (SOI) wafer polishing using MagnetoRheological Finishing (MRF) Technology," *IMECE2003-42149*, pp. 661–670 (2003).

University of Rochester, "Magnetorheological Finishing (MRF)," http://www.opticsexcellence.org/SJ_TeamSite/RS_mrf.html.

S. Jha and V. K. Jain, "Nano-Finishing Techniques," Chapter 8 in *Micromanufacturing and Nanotechnology*, N. P. Mahalik, Ed., pp. 171–195, Springer, Berlin (2006).

M. Tricard, D. Golini, M. DeMarco, and J. T. Mooney, "Magneto-Rheological Finishing (MRF)," 1st International EUV-L Symposium, Dallas, TX (Oct. 2002).

S. D. Jacobs and A. B. Shorey, "Magnetorheological finishing: new fluids for new materials," Optical Fabrication and Testing 2000, Québec City, Canada (June 2000).

NewOpto Technology Corporation, "Aspheric Lenses (Glass and Hybrid Molded) - Anatomy of an Aspheric Lens," http://www.newopto.com/27464-1035/54484.html.

Laser Focus World, "Hybrid optical components deliver benefits for system design," http://www.laserfocusworld.com/articles/print/volume-47/issue-12/features/optics-hybrid-optical-components-deliver-benefits-for-system-design.html.

Nittoh Kogaku, "Aspherical Hybrid Lenses: Combining characteristics of glass lenses with processing accuracy of plastic lenses," http://www.nittohkogaku.co.jp/english/zoom/molding/asphere-hybrid.php.

A. T. H. Beaucamp, R. Freeman, R. Morton, and D. D. Walker, "Metrology Software Support for Free-Form Optics Manufacturing," Zeeko Ltd., http://www.zeeko.co.uk/papers/Chubu_Metrology_Paper_2007.pdf (2007).

D. D. Walker et al., "Recent development of Precessions polishing for larger components and free-form surfaces," *Proc. SPIE* **5523**, 281 (2004) [doi: 10.1117/12.559531].

M. Thomas and M. Sander, "Improving Optical Free-Form Production," *Photonics Spectra*, http://www.photonics.com/Article.aspx?AID=26649 (Sept. 2006).

T. Franz and T. Hänsel, "Ion Beam Figuring (IBF) plants for the correction of surface errors of high Performance Optics & Mirrors between 5 and 700 mm diameter," NTG, Neue Technologien GmbH & Co., http://www.ntg.de/uploads/media/Abstract_OPTIFAB.pdf.

T. Franz and T. Hänsel, "Ion Beam Figuring (IBF) solutions for the correction of surface errors of small high Performance Optics," NTG, Neue Technologien GmbH & Co., http://www.ntg.de/uploads/media/Abstract_OPTIFAB.pdf.

T. W. Drueding, S. C. Fawcett, S. R. Wilson, and T. G. Bifano, "Ion beam figuring of small optical components," *Opt. Eng.* **34**(12), 3565–3571 (1995).

Zygo, "Extreme Precision Optics Group," http://www.zygo.com/?/opt/epo.

NTGL-Nanotechnologie Leipzig GmbH, "Ion Beam Finishing Technology for High-Precision Optics Production," http://www.ntgl.de/eng/produkte/formgeb/formgeb.htm.

第6章 光 学 薄 膜

6.1 光学薄膜分类

光学薄膜在光学元件和光学组件的功能上具有重要的作用。在大多数情况下，它们能够使元件或组件根据系统的要求表现出所需的性能。薄膜的技术要求要在需要镀膜的光学元件的图纸中进行特别说明，主要说明光谱要求和耐久度要求。光学薄膜可分类如下。

1. 按功能分类

（1）反射膜，包括金属反射膜和介质反射膜。

（2）减反射（AR）膜，包括单层或多层减反射膜、窄带或宽光谱减反射膜。

（3）透明导电膜。

（4）分光膜。

（5）滤光片，包括长波通、短波通和带通滤光片。

（6）类金刚石（DLC）薄膜。

2. 按光谱波长范围分类（图6.1）

（1）紫外谱段，0.2~0.4μm。

（2）可见光谱段，0.40~0.75μm。

（3）近红外谱段，0.75~3μm。

（4）中波红外谱段，3~5μm。

（5）远红外谱段，5~20μm。

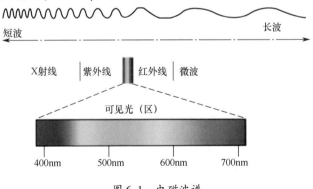

图6.1 电磁波谱

3. 按在基底上的位置分类

（1）前表面膜层。

（2）后表面膜层。

4. 按镀膜工艺分类

（1）传统类型薄膜。

（2）复制薄膜。

5. 按薄膜的材料分类

（1）铝膜。

（2）银膜。

（3）金膜。

（4）铑膜。

（5）铂膜。

6.2　材　　料

薄膜的材料及其相应的工艺参数通常都是有专利的，这些信息一般不会向客户透露。薄膜的制造厂商通过确定薄膜的材料、数量、膜层的顺序、膜层的厚度及其他镀膜工艺参数来实现图纸中对薄膜的技术要求。在某些情况下，客户可能会指定是镀单层膜还是镀多层膜。例如，为了镀反射膜，客户可能会指定反射膜的材料（铝、银、金或其他材料），并且决定是否镀保护层。

6.3　减反射膜

减少光的反射并增强其透射的原理是光的干涉。在可见光谱段，光学玻璃的每个表面会反射大约4%的光强，如果100%的光强进入第一个表面，那么只有大约92%的光强从第二个表面射出。这对光学系统而言是不利的。表6.1中的两个例子显示了如果光学系统中有更多的表面将会发生什么。

表 6.1　不同的折射率 n 及表面数量所产生的能量损耗的两个例子

n	表面数量和能量损失分数/%							
	1	2	4	6	8	10	12	14
1.5	4.00	7.84	15.07	21.72	27.86	33.52	38.73	43.53
1.7	6.72	12.99	24.29	34.13	42.69	50.13	56.61	62.25

单个表面的光的反射率（图6.2）的计算公式为

$$R = \frac{(N' - N)^2}{(N' + N)^2} \tag{6.1}$$

式中：N' 为第一个介质的折射率；N 为第二个介质的折射率。当第一个介质是空气（$N'=1$）时，未镀膜表面的反射率可表示为

$$R = 1 - T = \frac{(N-1)^2}{(N+1)^2} \tag{6.2}$$

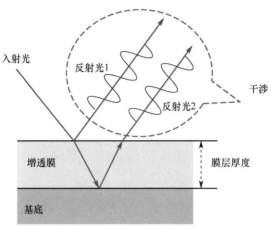

图 6.2 单层膜的干涉效应

对于正入射的光（垂直于表面），反射率可通过下式来计算，即

$$R = 1 - \left(1 - \left\{\frac{n-1}{n+1}\right\}^2\right)^{m'} \tag{6.3}$$

式中：m' 为表面的数量；n 为介质（材料）的折射率。但是干涉现象是如何产生的呢？

一层 1/4 光学厚度的薄膜会产生半波长的相位延迟（光线两次通过 1/4 光学厚度薄膜）。这一半波长的延迟使两束反射光相互抵消，也就意味着几乎没有反射（图 6.3）。

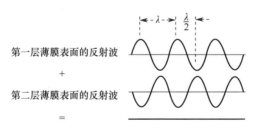

图 6.3 两束光的相消叠加（干涉现象）

添加相同的膜层到基底的第二个表面会产生相同的现象，能够减少反射并能够透过更多的光强。如果更多的膜层添加在基底上，则可以提高透过率（图 6.4）。

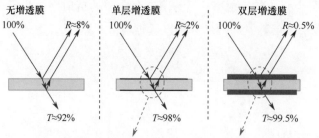

在每一层（两侧）都发生相同的干涉，从而增加了透射率，降低了反射率。
在给定的样品中，折射率（n）为约1.5。

图6.4 光学薄膜对反射和透射的影响

6.4 反 射 膜

另一种重要的薄膜是用于产生反射效果的反射膜，镀制在透明光学材料的前表面或后表面，或者镀制在金属基底的前表面（图6.5）。这种薄膜能够反射大部分光强（在可见光范围），这是非常重要的应用。和减反射膜一样，反射膜也会被设计以应用在不同的谱段。铝是最常见的金属反射膜材料。表6.2列出了不同薄膜材料在不同波长处的反射率。

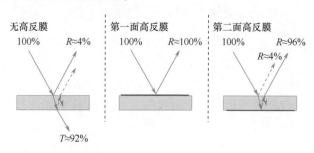

图6.5 在没有减反射膜情况下反射膜的反射原理

表6.2 不同薄膜材料的反射率

波长 $\lambda/\mu m$	Al	Ag	Au	Cu	Rh
0.220	91.5	28.0	27.5	40.4	57.8
0.315	92.4	5.5	37.3	35.5	75.0
0.400	92.4	95.6	38.7	47.5	77.4
0.650	90.5	98.8	95.5	96.6	81.1
0.900	89.1	99.3	98.4	98.4	83.6
3.0	98.0	99.4	98.6	98.6	95.0
8.0	98.7	99.5	98.8	98.8	97.2

另一种用于反射的光学薄膜是介质反射膜。它是由不同折射率的透明介质材料（如氟化镁或氟化钙）和各种金属氧化物镀制在基底上来实现反射的。

6.5　光学薄膜淀积技术

镀膜过程是在真空室内进行的，该真空室具备满足特定需求的控制系统。典型系统如图6.6所示。给光学元件镀膜有几种基本的技术。每种技术都有它的优、缺点，适用于不同的光学薄膜。根据光学薄膜的光谱和耐久度要求来选择采用哪种技术的镀膜机。下面的内容阐述各种沉积技术。

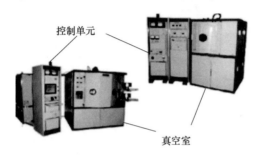

图6.6　光学镀膜的典型系统

（转载自 Vecor，版权所有）

6.5.1　热蒸发（淀积）技术

热蒸发是一种常见的薄膜沉积方法。在去除所有的杂质后，镀膜材料在真空室内被加热蒸发。真空环境会让蒸汽颗粒直接到达目标物体（待镀基底），在那里蒸汽颗粒凝结成固态。

热蒸发包括两个过程（图6.7），即热源材料的蒸发和在基底上的凝结（类似于液态水聚集在沸腾的锅盖上）。然而，气体环境和热的原材料是不一样的。在高真空环境下，蒸发的颗粒可以直接行进到沉积目标而不与背景气体碰撞（相比之下，在沸锅的例子中，水蒸气在到达锅盖之前是推动空气将其排出锅中）。

任何蒸发系统都包含一个真空泵，也包括一个蒸发源用以蒸发材料来进行沉积。根据不同的原理有许多种蒸发源存在。

（1）电阻加热蒸发法：金属丝被放置在被称为“舟”的加热陶瓷中。在舟中生成了一堆熔化的金属，它们被蒸发源所蒸发。

另一种方法是，将材料置于坩埚中，坩埚由电阻丝加热。

（2）电子束蒸发法：材料由单坩埚或多坩埚的电子枪进行加热，能量高达15kW。多坩埚电子枪可以沉积4种或更多种材料的多层膜。石英晶体控制仪用于对多层膜进行编程，同时也用于自动控制每一层膜的厚度和沉积速率。系统通

77

常会配备具有合适抽速的涡轮分子泵，使真空室达到高真空甚至超高真空。电子束蒸发系统可以选择配备附加的离子束源，用于在沉积期间轰击基底，即离子束辅助沉积（IBAD）或离子辅助沉积（IAD）。在这项技术中，薄膜材料被大功率的电子束所蒸发。光学元件处于材料蒸气之中，材料的分子或原子凝结并黏附在基底的表面以形成薄膜。同时，高能离子（100~2000eV）轰击着光学元件表面。光学元件放置在蒸发的材料和离子束的交汇处。

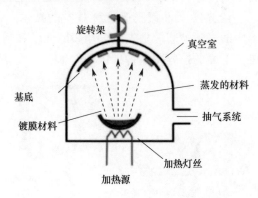

图 6.7　镀膜机构造示意图

（3）闪蒸法：将材料制成细线，持续地放置在热陶瓷棒上，并在接触时蒸发。

（4）电阻蒸发法：该方法是利用大电流通过装有待沉积材料的电阻丝或箔来完成的。加热元件通常被称为"蒸发源"。

一些系统会将待镀的光学元件放置在平面行星机构中。该机构使基底围绕两个轴旋转，用以减少阴影并增加膜层的均匀性。

6.5.2　溅射沉积方法

溅射沉积是用于镀膜的一种物理气相沉积工艺。"溅射"是指从靶材中喷射出材料并将其沉积在基底上。靶材就是镀膜材料。基底放置于真空室中并使真空室内压强达到工艺规定的数值。二次溅射是指在沉积过程中通过离子或原子轰击重新发射出沉积的材料。从靶材中发射出的原子具有广泛的能量分布。溅射出的离子以直线的方式从目标中飞出，并对衬底或真空室产生能量冲击（导致重新溅射）。溅射出的离子以直线的方式从靶材中飞出，并对衬底或真空室产生能量冲击（导致二次溅射）。另外，在较高的气体压力下，离子与充当慢化剂的气体原子相互碰撞，并且扩散性地移动，在到达基板或真空室并在随机移动之后开始冷凝。溅射用的气体通常是惰性气体，如氩气。反应性气体一般用来溅射化合物。根据工艺参数的不同，可以在靶材表面、溅射过程中或基底上形成化合物。诸多控制参数的调整使溅射沉积工艺变得很复杂，但这也使专家可以对薄膜的生长过程和微观结构进行全方位控制。

（1）离子束溅射，也称为 IBS 沉积（图 6.8），是一种靶材位于离子源外部的溅射方法。离子通过栅网中的电场加速射向靶材。当离子从离子源中射出时，它们被放置在离子源外部的灯丝所发射的电子中和。IBS 的优点是离子的能量和流量可以单独控制。因为轰击靶的粒子包括中性原子，所以可以溅射绝缘或导电靶。离子源和样品室之间的压力梯度是通过在离子源附近放置充气口，并通过一根管子引入样品室而产生的。

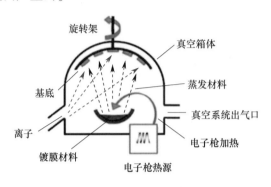

图 6.8　离子束溅射沉积

（2）磁控溅射沉积采用磁控管，该磁控管利用强电场和磁场将带电的等离子体限制在靠近靶材的表面（靶材即为镀膜材料）。基底放置于真空室中，并使真空室内压强达到工艺规定的数值。溅射开始时会对目标材料施加负电荷，引起等离子体或辉光放电。在等离子体中产生带正电的气体（如氩气），离子以非常高的速度被吸引到负偏压靶材上。这种碰撞会产生动量转移，并从靶材中喷射出原子尺寸的粒子。溅射用的气体通常是惰性气体，如氩气。由于这些碰撞而产生的额外氩离子会导致更快的沉积速率。

6.5.3　先进等离子体反应溅射

APRS 通过使用磁控管从靶材的表面射出大量的原子微粒。该技术可以在沉积过程中以较高的水平去控制速率和能量，同时也增强薄膜的结构特性。在这种控制水准下，APRS 系统能够沉积超过 200 层的精密光学薄膜。

用不同的名称去定义相同的方法可能会让人引起混淆。基础理论的发展使得产生了许多种镀膜方法。对客户而言，镀膜的具体工艺并不重要。光学薄膜的具体要求指的是光谱和耐久度等指标，而不是具体的方法。

6.6　指　标　要　求

光学薄膜的要求会在光学元件的图纸中或薄膜规范中说明，这些要求的提出是基于元件的功能和所使用的环境。图纸或规范中可能包含以下要求：

1. 光学指标

（1）入射角。

（2）特定波长的透过率。

（3）指定波段的平均或绝对透过率。

（4）特定波长的反射率。

（5）指定波段的平均或绝对反射率。

（6）特定波长的光子传输效率。

（7）薄膜改善的百分比。

2. 耐久度指标

（1）牢固度。

（2）湿度。

（3）磨损度（轻度或重度）。

（4）温度。

（5）湿度。

（6）盐雾。

（7）盐溶性。

（8）水溶性。

（9）灰尘与沙粒度。

（10）雨水侵蚀度。

（11）对雨刷器摩擦耐久度。

（12）耐溶剂性（溶解性和可清洁性）。

（13）耐油性。

（14）霉斑。

（15）抗激光损伤阈值。

3. 安全性指标

某些镀膜材料具有放射性（Th_2F_4），最好的解决办法就是避免使用这样的材料。类似于这样的预防性要求应当写在镀膜规范中。如果由于某种原因允许使用这样的材料，那么应当采取特别的防护措施，即处理危险光学材料的流程。

6.7　典型光谱曲线

下面将举例说明各种薄膜的透过率和反射率曲线，如图 6.9 至图 6.11 所示。更多的光谱曲线在下文中讲解。

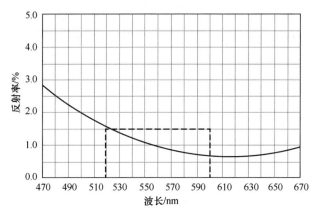

图 6.9　减反射膜在被镀膜表面的反射率曲线
（虚线部分规定 520～600nm 波段，平均反射率不大于 1.5%）

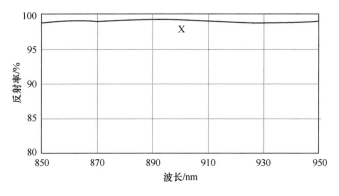

图 6.10　减反射膜在被镀膜表面的反射率曲线
（X 规定在 900nm 处绝对透过率不小于 98%）

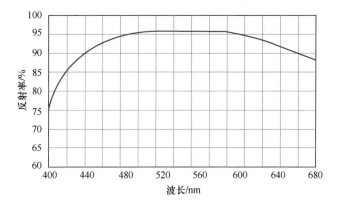

图 6.11　在垂直入射条件下的金属铝反射膜的反射率曲线
（0°，－5 测试表面垂直）

参 考 文 献

Edmund Optics Inc., "Metallic Mirror Coatings," http://www.edmundoptics.com/learning-and-support/technical/learning-center/application-notes/optics/metallic-mirror-coatings.

Optical technology guide, "A short optical coating guide," http://optical-technologies.info/a-short-optical-coating-guide.

Edmund Optics Inc., "An Introduction to Optical Coatings," http://www.edmundoptics.com/learning-and-support/technical/learning-center/application-notes/optics/an-introduction-to-optical-coatings.

Melles Griot, "Optical Coatings," http://www.cvimellesgriot.com/products/Documents/TechnicalGuide/Optical-Coatings.pdf.

D. H. Harrison, "Interference coatings – practical considerations," *Proc. SPIE* **0050**, 1 (1974) [doi: 10.1117/12.954103].

J. G. Clover, "Standards relating to optical coatings," *Proc. SPIE* **0406**, 72–82 (1983) [doi: 10.1117/12.935671].

H. K. Pulker and E. Ritter, "Other Applications of Thin Films," Appendix in *Procedures in Applied Optics*, J. Strong, Ed., Marcel Dekker, New York (1989).

A. Czajkowski, "Optical coating technology and applications: past and present to future," *Laser Photonics* (Nov. 2010).

T. Turner and M. Damery, "THIN-FILM COATINGS: Military laser technologies challenge optical-coating manufacturers," *Laser Focus World*, http://www.laserfocusworld.com/articles/print/volume-47/issue-11/features/military-laser-technologies-challenge-optical-coating-manufacturers.html (Nov. 2011).

M. Jarratt, "History of PVD coatings," *PVD Coatings*, http://www.pvd-coatings.co.uk/history-pvd-coatings (Nov. 2010).

C. Bright, "How to specify and select transparent EC coatings," *Photonics Spectra* (June 1983).

C. Bright, "How to specify and select transparent EC coatings," *Photonics Spectra* (July 1983).

"Magnetron Sputtering Technology - Basic Sputtering Process," Micro Magnetics, Inc. Web: http://www.directvacuum.com/PDF/what_is_sputtering.pdf

"Replica Optics: the Process," a chapter from *The Photonics Design and Applications Handbook*, Laurin Publishing Co. (1998).

H. M. Weisman, "Reflective Replicated Components," *J. Opt. Soc. Am.* **70**, 1055 (1980).

H. W. D. Wahl, "Specification of thin film replication," *Proc. SPIE* **0406**, 87–92 (1983) [doi: 10.1117/12.935673].

H. W. D. Wahl, "Thin film replication – most versatile method of precision mirror fabrication," *Proc. SPIE* **0306**, 13 (1982) [doi: 10.1117/12.932710].

H. M. Weisman, "State of the art in thin film epoxy replication," *Proc. SPIE* **0306**, 25–29 (1982) [doi: 10.1117/12.932713].

第 7 章 光 学 胶 合

7.1 简 介

在光学上黏合剂主要有两个用途：

（1）将光学元件黏结在外壳上；

（2）将光学元件黏结在一起，如透镜和透镜黏结在一起（双胶合或三胶合），或者棱镜和棱镜黏结在一起。

本章指的是后者。在绘制光学元件的零件图时就要确定好胶合面，然后选择合适的黏合剂，以达到最佳效果。

（光学元件与外壳的黏合应按照相关的书面程序进行，该程序还包括检验和试验说明，以验证黏合结果是否符合书面要求。这些要求是由设计人员制定的，不是本指南的一部分。）

UV 固化黏合剂（图 7.1 和图 7.2）是暴露在紫外光下固化的单组分材料。这些 UV 胶黏剂因其易用性和快速固化时间而在黏结光学元件的市场上占据主导地位。本章主要指的是 UV 材质。下面的大部分描述也适用于其他光学胶黏剂（双组分黏合剂）。

图 7.1 诺兰 65 光学胶
（图片由 Norland Products, Inc. 提供）

图 7.2 萨默斯 C – 59 型透镜光学胶
（图片由萨默斯光学公司（EMS 公司的一个部门）提供，版权所有）

1. 物理因素

（1）光学元件是否有倒角。

（2）厚度和曲率半径是多少。

（3）是否需要后胶合加工，即切割或打磨。

（4）要黏合的材料类型。

（5）热膨胀系数。

（6）胶合线位置。

（7）表面面积和胶合剂黏结的关系。

2. 光学因素

（1）光学零件的折射率。

（2）光学元件的透过率。

（3）内反射和吸收的公差。

3. 环境因素

（1）极端工作温度。

（2）机械冲击要求。

（3）耐化学性要求。

（4）胶合前化学与物质的暴露。

根据要求验证胶合件（双胶合、三胶合、棱镜等）牢固度的方法包括样品或实际元件。测试可能包括温度（高和低）、湿度、振动、机械或热冲击、传输以及借助适当的闪电进行目视检查。黏合剂先前状态的任何变化都可能导致项目或批次退货。

7.2 胶 合 失 效

当胶合失效发生时，更有可能是黏合剂类型选择不当、基材材料异常或对制造商说明书的错误解读，而不是黏合剂质量问题。过期的黏合剂或不适当的储存条件（储存在有光的地方、未在原来的容器中存储或没有冷藏）可能会导致黏结失效。也可能由于设计者的不正确要求而导致失败。在这种情况下，如果生产商发现设计师的错误，就有义务通知设计师或客户。

（1）收缩。所有的胶合剂在固化后都会收缩。紫外光固化黏合剂收缩率在 0.2% 左右。为减少应力和胶合长期的稳定，要求胶合剂要有较低的收缩率。在双胶合透镜中，当凸面与凹面结合时，边缘会向外收缩。薄透镜（弯月透镜或双凹透镜）特别容易发生面形改变。收缩会发生在样件或实际产品中。

（2）偏心。在透镜（图 7.3 所示的双胶合透镜或三胶合透镜）中，元件在固化期间或之后会偏离光学轴或/和机械轴。当用烤箱来固化黏合剂或者在室温下用两种黏合剂时，这种偏心现象很快就会产生。由于缺少定心程序，用紫外光黏合剂也会出现偏心的现象。

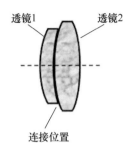

图 7.3　用 VIS 来黏合透镜制造消色差透镜（用于纠正光学元件的色差）

（3）固化不足或固化时间过长。固化与未固化的黏合剂会一起出现，包括紫外光黏合剂，这在胶合元件中经常出现。常见的紫外光固化剂对温度、基材透过率、波长、光源强度、光源与基材的距离等都很敏感。

（4）起雾或变色。在固化期间或固化后立即发生的变色或起雾几乎都可以归结为胶合剂受污染这一原因。对于紫外光胶合剂，主要原因可能是未清洁黏合表面。抛光粉或指纹，如果不立即清洗，会留下非常顽固的污染物并产生起雾或变色。

（5）胶合楔角。如果胶合面的中心位置不好，透镜（双胶合或三胶合）中就会形成楔角。在立方棱镜中（图 7.4），胶合元件表面如果测量错误，也会导致楔角的产生。这种楔角会使胶合面倾斜。

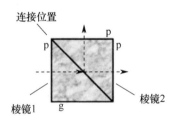

图 7.4　黏结棱镜用以制造一个分束镜

（6）胶合剂与黏结面之间的分离。由于表面清洗不良（清洗材料或过程不充分或不恰当），可能导致分离。

（7）内含物。当黏结面没有清洁干净时，污染颗粒会出现在胶合剂中。

（8）气泡。气泡是指包裹在胶合剂中的空气。气泡可能发生的原因是混合不完全的两种黏合剂或准备工作未做好的黏合过程。

图 7.5 说明了紫外光固化的 3 种情况。在图 7.5（a）中，黏结边缘没有得到光照，并没有与透镜的其他部分同时固化，将会产生内应力，导致黏结失效。

图 7.5（b）和图 7.5（c）说明了如何通过仅对黏结接头进行预固化或以低角度照射紫外光来防止这种应力。图 7.6 描述了正确组装的双胶合透镜。

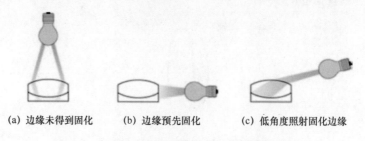

(a) 边缘未得到固化　　(b) 边缘预先固化　　(c) 低角度照射固化边缘

图 7.5　内用力产生的胶合失效和正确的解决方法

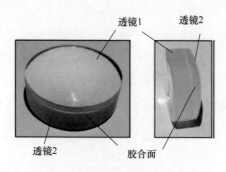

图 7.6　真实的双胶合透镜

7.3　失效识别

如前所述，黏结的质量或对书面要求的符合性可以通过样品或实物进行测试——除了环境耐久性要求外，还包括对黏结的物品进行目测。

环境耐久性测试可以见证黏合表面之间的分离，通常从黏合样品的边缘或从实际物品的边缘开始分离。在反射光中可以看到一个闪亮的区域位于分离位置中。可以通过牛顿环或彩色条纹来识别它的存在。

对黏合件进行目视检查可以识别边缘上的颗粒物、气泡或边缘的分离。在环境耐久性试验中也会出现分离现象。如果存在内应力，则可以通过蕨类空洞来识别，也被称为羽状，通常出现在镜头边缘，有时也在内部。

参 考 文 献

Summers Optical, "Summers Optical Technical Data and 'Problem Solving,'" http://www.optical-cement.com/cements/products.html.
Norland Products Inc., "Preventing Lens Separations with Norland Optical Adhesives," http://www.norlandprod.com/techrpts/preventsep.html.

Summers Optical, "The Bonding of Optical Elements Techniques and Troubleshooting," https://www.optical-cement.com/cements/manual/manual. html.

Summers Optical, "Bond Failures - Causes and Remedies," https://www. optical-cement.com/cements/manual/manual.html.

A. Clements, "Selection of Optical Adhesives," FiberRep, http://www. fiberopticcleaners.net/articles/category/Epoxy,_Adhesives,_Curing/Selection_ of_Optical_Adhesives.htm (December 14, 2006).

第8章 光学标准和通用技术规范

8.1 引　　言

本章介绍最重要的标准和规范，涉及图纸规定要求或光学设备规范领域和光学元素检测检验领域。这些标准和规范由公认的组织编写，目的是给需要或感兴趣的人使用。这些公认的组织如下：

(1) 美国国防部（DOD），与军事手册（MIL-HDBK）相联系，军用标准（MIL-STD）以及军用规范（军品规格）；

(2) 国际标准化组织（ISO）；

(3) 美国国家标准协会（ANSI）；

(4) 美国材料与试验协会（ASTM）；

(5) 美国机械工程师学会（ASME）；

(6) 德国标准化协会（DIN）。

8.2 标准和规范的重要性和有效性

这些与光学有关的标准和规范是里程碑——光学组件、系统需求定义和检测的基本原理。图纸中清晰的定义和需求以及相关规范（根据公认机构的标准和规范，对所有使用者都是通用的）对所需元件的生产以及对它进行的测试都是必不可少的。这些要求包括原材料、几何特性和表面质量、涂层要求（波长、投射和反射、光子传输、激光阈值限制、阻塞传输、图层的环境耐久性等）、MTF、MRT、BORESIGHT、BLUR 和其他性能。

因为这些标准和规范在计划、检查和测试期间对所有使用者都是国际化的（包括美国国防部的哪些）和通用化的，所以当光学元素和系统的要求被定义清楚、正确时，依靠这些标准和规范可以方便地工作。当实施这些要求（制造）或测试它们的一致性时（制造中，在源头或者收益检查中），这些知悉确切需求的专业人员的术语将在任何地方都能被恰当地理解。

需求规范（元素图纸、原材料规范、图层规范和光学性能规范）通常由产品策划者（光学设计师）编写，在大多数情况下，需求状态的定义以公认机构（如 DOD、ANSI、ISO）的标准和规范为基础，这使加工人员在实施要求、检查和测试产品一致性上可更加容易地了解需求。

8.3 定 义 标 准

电子与电气工程师协会指出，标准指的是：

一个由公认的标准制定机构编制的文件，这个文件规定安全使用的方法、材料和特殊技术的一致性能，通常来说是一个经有关各方协商一致制定的步骤。

或者，该标准为：

一个建立规范和程序的公开文件，旨在确保材料、产品、方法和/或人们每天使用服务的可靠性。标准涉及一系列问题，包括但不仅限于各种有助于确保产品功能和兼容性、促进互操作性、支持消费者安全和公众健康的协议。

标准通过建立可被普遍理解和采用的一致性协议，形成了产品开发的基本构件。这有助于增强兼容性和互操作性，简化产品开发并加快上市时间。标准还使人们更容易理解和比较竞争产品。由于标准在全球许多市场得到采用和应用，它们也推动了国际贸易。

国际标准政策咨询委员会定义的标准是：

一套规则、条件或者相关术语的定义要求的规定；部件的分类；材料、性能或操作的规范；程序说明；或者描述材料、产品、系统、服务或实践的数量及质量测量。

8.4 定 义 规 范

巴伦商务辞典中定义规范为："通常被缩写为 spec，是一个对材料、产品或服务有明确要求的文件"。此外，它还是一个：

与产品计划或采购订单一起提供的说明或详细介绍。规范可规定所用材料的类型、特殊施工技术、尺寸、颜色或者一个产品的质量和特性列表。

当材料、产品或者服务不能满足一个或多个规范中规定的适用要求时，可能会被认为是不**符合规范的**。当有些东西比规定的要求更坏或更好时，则分别使用术语**低于规范**或**高于规范**，尽管通常使用术语"符合规范"或者"不符合规范"来代替"更好"或"更坏"。在有些情况下，规范（如军品规范）是一种技术标准。

一个规范可能由公认的标准组织或各类组织发起和提出。对一个组织来说，参考其他组织的标准或规范是常见的。

从这些**标准和规范**的定义中可以看出，尽管标准和规范由被人熟知的组织编写，如 ISO 或者 ANSI，但是它们的不同点却不明显。当规范（不是标准）由私人机构编写并且被指定为内部的以及分包商用途时，这些不同点才有意义。

美国军用标准或规范（军事手册、军事规范及军品规格）可从 EverySpec 网站（www.EverySpec.com）免费获得，而那些民间组织可以从他们各自的出版商那里购买。

重要的是，主要标准和规范将提供给执行光学系统检查和测试的人员以及确定产品要求的光学设计师。在很多情况下，这些文件（公认机构的标准和/或者规范）是部件和系统的参考文件，部件和系统必须在生产过程中实施并在生产期间和/或生产结束时测试是否符合要求。

8.5 军事手册、军用标准和军事规范

（1）《光学元件和系统图纸的绘制：通用要求》（MIL-STD-34）（1960）。本标准描述了光学元件、部件和系统图纸编制中使用的特殊绘图方法（在1995年3月28日取消，替换为ASME-Y14.18）。

（2）《光学设计》（MIL-HDBK-141）（1962）。本文件为工程人员提供光学理论的介绍、光学设计的基本原理以及原理的高级讨论。期望的是，本文件中提出的设计和计算方法的广泛分发使军用光学要求更有效和更精确（1986年7月29日取消，没有替代品）。

（3）《光学术语和定义》（MIL-STD-1241）（1967）。本标准规定了通用光学领域特有的词语、术语和表达式的定义。

（4）《消防仪表用光学元件 制造、装配和检验的通用规范》（MIL-O-13830A / MIL-PRF-13830B）（1963/1967）。本规范涵盖了成品光学部件的制造、装配和检验，如镜头、棱镜、镜子、分划板、窗户和消防仪器用楔子（MIL-PRF-13830B代替了MIL-O-13830A）。

（5）《玻璃光学》（MIL-G-174B）（1986）。本规范规定了用于制造光学元件的光学玻璃的要求。

（6）《玻璃光学元件的镀膜》（MIL-C-675）（1980）本规范规定了用作光学AR涂层的氟化镁干涉膜的最低光学和耐久性要求。

（7）《镜面、前表面镀铝：用于光学元件》（MIL-M-13508）（1973）。本规范涵盖一种镜面涂层，其包括涂覆有透明介电保护膜的沉积反射膜，应用于光学元件的前表面。

（8）《用于仪表盖玻璃和照明楔的减反射涂层》（MIL-C-14806）（1969）。本规范说明了应用于折射率在1.47~1.55范围内的基底材料的减反射涂层，用作仪表盖玻璃和照明楔，这里称为光学元件。

（9）《涂层，单层或多层，干扰，耐久性要求》（MIL-C-48497）（1980）。本规范规定了主要用于密封光学系统保护范围内的单层和多层干扰涂层的最低质量和耐久性要求。

（10）《红外干扰滤光片（涂层）：通用规范》（MIL-F-48616）（1977）。本

规范规定了光谱范围为 0.7~50.0μm 的镀膜光学元件的通用性能和耐久性要求。它包括下列内容：

① MIL-F-48616/100，"涂层，低反射率，通用要求"；

② MIL-F-48616/101，"涂层，锗 8.0~11.5μm 的低反射率，高耐久性，特殊要求"；

③ MIL-F-48616/102，"涂层，锗 7.5~12.3μm 额低反射率，特殊要求"；

④ MIL-F-48616/200，"涂层，高反射率，第一表面，通用要求"；

⑤ MIL-F-48616/301，"过滤器，宽波带，7.7~11.7μm，特殊要求"；

⑥ MIL-F-48616/500，"涂层，长波带过滤器，通用要求"；

⑦ MIL-F-48616/600，"涂层，短波带过滤器，通用要求"。

（11） 《环境工程注意事项和实验室试验》 （MIL-STD- 810G）（CHG-1）（2014）。本标准涉及装备采办项目规划和工程指导，以考虑环境压力对装备使用寿命各个阶段的影响。需要注意的是，本文件并未强制规定设计或测试规范；相反，它描述了基于装备系统性能需求的实际装备设计和测试方法的环境剪裁过程。

（12）《光学元件：包装》（MIL-O-16898B）（1967）。本规范包括清洗、干燥、保存、包裹、包装、光学元件的包装和标记，如透镜、棱镜、镜子和十字线。

（13）《擦除工具，用于测试涂层光学元件的橡胶浮石》 （MIL-E-12397）（1954）。本规范涵盖了用于测试玻璃光学元件反射还原膜耐磨性的一级擦除工具（2012 年 11 月 23 日取消）。

（14）《粗棉布，漂白的和未漂白的》（CCC-C-271）（1960）。（已被取消，由 CCC-C-440 代替）。

（15）《布、棉、粗棉布》（CCC-C-440E）（1976）。本规范包括三种结构，每种结构有两个等级，即未漂白的和漂白的。这两种结构在商用上都被称为"无触角运动"质量。

（16）《纸、牛皮纸、包装纸》（UU-P-268G）（1973）。本规范涵盖了适用于通用包装用途的未漂白牛皮纸（有或者没有光学标准）和通用技术规范 109 防火处理的要求（由 A-A-203 和 A-A-1894 代替）。

（17）《纸、牛皮纸，未经处理的》（A-A-203C）（2004）。本商业规范适用于通用包装用牛皮纸。

（18）《商用项目描述，纸，透镜》（A-A-50177B）（2007）。本商用项目描述包括以下非磨损透镜纸的类型和等级。

① 类型Ⅰ，清洁纸：

（i） 等级 1，轻质纸；

（ii） 等级 2，中质纸；

（iii） 等级 3，重级纸，硅胶处理；

（iv） 等级 4，重级纸，湿强度；

（v）等级5，轻质纸，湿强度。

②类型Ⅱ，包裹或覆盖有涂层的光学表面。

8.6　国际标准化组织

《光学与光电学：光学元件和系统的图纸绘制》（ISO 10110）规定用于制造和检验的技术图纸中光学元件和系统的设计及功能要求。它由以下部分组成，在总标题下。

（1）第1部分：总则（2009）。本部分规定了绘图特征的表现，特别是光学元件和系统的公差。

（2）第2部分：材料缺陷——应力双折射（2006）。本部分规定了在用于制造和检查的技术图纸中的光学元件和系统的设计和功能性要求的表现，以及由各向同性材料制成的光学元件中的允许应力双折射指示。

（3）第3部分：材料缺陷——泡沫和包含物（2006）。本部分规定了光学元件中的气泡和其他包含物的可接受程度的指示。

（4）第4部分：材料缺陷——不均匀性和条纹（2007）。本部分规定了光学元件中允许的不均匀性和条纹的指示规则。

（5）第5部分：表面形状公差（2015）。本部分规定了表示表面形状公差的规则，适用于球面和非球面形状的表面。

（6）第6部分：中心公差（2015）。本部分给出了用于制造和检验技术图纸中的光学元件、部件、组件的中心公差的指示规则。

（7）第7部分：表面缺陷公差（2008）。本部分适用于成品光学元件的透射和反射表面，无论是否有涂层，均适用于光学组件。需要承认的是，它允许的不完善可以根据部件或光学组件中的不完善所影响的区域加以具体化。

（8）第8部分：表面结构（2010）。本部分规定了光学元件表面结构的指示规则。表面结构是可以用统计方法有效描述的表面特征。通常，表面结构与高空间频率误差（粗糙度）和中间频率误差（波纹度）相关。

（9）第9部分：表面处理和涂层（2015）。本部分给出了知识用于功能和/或保护目的的光学表面处理和涂层的规则。

（10）第10部分：光学元件和胶结组件数据表（2004）。本部分规定了指示尺寸、允许偏差的格式，以及作为制造和检验用技术图纸中光学元件、系统设计和功能要求说明规范的一部分，用表格形式表示的光学元件和胶结组件的材料缺陷。

（11）第11部分：非公差数据（2015）。本部分规定了未明确指出这些因素时的允许偏差和材料缺陷。

（12）第12部分：非球面（2007）。本部分规定了非球面光学有效表面的表示、尺寸和公差的规则。它不适用于不连续表面，如 Fresnel 表面或光栅，也不规定测试是否符合规范的方法。

（13）第 14 部分：波前变形公差（2007）。本部分给出了允许的波前传输变形，或者在反射光学的情况下，从光学元件或者组件的反射。波前的变形是指它偏离了理想的形状。波前相对于给定参考面的倾斜不在 ISO 10110-14：2007 范围内。

（14）第 17 部分：激光辐照损伤阈值（2014）。本部分规定了激光辐照阈值的指示规则，在该阈值范围内，光学元件表面不得出现任何损伤，按照 ISO 11254-1 的定义，作为制造和检验技术用技术图纸中光学元件和系统的设计和功能要求的一部分。

（15）第 19 部分：表面和部件的一般说明（2015）。本部分给出了描述表面和部件的一种通用方法。它适用于连续和不连续表面（包括球面或旋转对称表面），但不适用于衍射表面、Fresnel 表面、眼科的玻璃或微光学表面。

以下是其他重要的 ISO 标准。

（1）《光学和光学仪器——参考波长》（ISO 7944：1998），本标准规定了用于表征光学材料、光学系统和仪器的两种参考波长以及眼科镜片。它定义了相关的主折射率和主色散，以及与这些参考波长和主色散有关的阿贝数。

（2）《光学和光学仪器——光学涂层（第 1 部分：定义）》（ISO 9211-1：2010），本标准定义光学涂层相关的术语。这些术语分为 4 类，即基本定义、涂层的功能定义、常见涂层缺陷的定义和其他定义。

（3）《光学和光学仪器——光学涂层（第 2 部分：光学性质）》（ISO 9211-2：2010），本标准说明了如何规定涂层的光学性质并以图形方式表示其特殊性质。

（4）《光学和光学仪器——光学涂层（第 3 部分：环境耐久性）》（ISO 9211-3：2008），本标准规定了光学涂层的使用类别，并确定了证明涂层符合要求规范所需的环境试验。

（5）《光学和光学仪器——光学涂层（第 4 部分：具体试验方法）》（ISO 9211-4：2012），本标准描述了 ISO 9211-3 中规定但未在其他规范性参考中说明的涂层环境耐久性试验的具体程序。它们通常与其他环境耐久性试验顺序进行，如 SO 9211-3：2008，附件 A 所示。

（6）《光学和光子学——环境试验方法（第 1 部分：定义、试验范围）》（ISO 9022-1：2012），ISO 9022 的这部分定义了术语，这些术语与光学仪器、光学组件及光学元件的环境试验有关，并规定了试验的基本特性。

（7）《光学和光子学——环境试验方法（第 2 部分：冷，热和湿度）》（ISO 9022-2：2012），ISO 9022 的这部分规定了光学仪器和含有光学元件仪器的试验方法，在同等条件下，抵抗温度和空气湿度的能力。测试的目的是研究温度和/或湿度对样本的光学、热、机械、化学和电气性能的影响程度。

（8）《光学和光子学——环境试验方法（第 3 部分：机械压力）》（ISO 9022-3：1998），ISO 9022 的这部分规定了光学仪器和含有光学元件仪器的试验方法，在同等条件下，抵抗机械压力的能力。测试的目的是研究机械压力对样本的光学、热、机械、化学和电气性能的影响程度。

（9）《光学和光子学——环境试验方法（第 4 部分：盐雾）》（ISO 9022-4：2002），ISO 9022 的这部分规定了光学仪器和含有光学元件仪器的试验方法，在同等条件下，抵抗盐雾的能力。暴露在盐雾中主要导致金属腐蚀；也可能由于移动部分的堵塞或黏结而产生影响。测试的目的是尽早评估仪器的能力，特别是仪器的表面和保护涂层，以抵抗盐雾环境的影响。通常，代表性的样品或完整的小单元被用于试验。完整的大型仪器或组件仅在特殊情况下按照 ISO 9022 的本部分规定进行试验。

（10）《光学和光子学——光学系统质量评价——失真度的测定》（ISO 9039：2008），本标准规定了用于质量评估的光学系统失真度的测定方法。它适用于光谱范围在 $100 \sim 15000\,\mu m$ 的光学成像系统，其设计目标是对称的图像几何。它适用于光电成像系统，前提是图像具有足够的旋转对称性，因此不适用于变形和光纤系统。

（11）《光学和光子学——光学传输函数——测量原理和程序》（ISO 9335：2012），本标准对成像系统光学传递函数（OTF）测量设备的构造和使用提供了通用指导。它规定了影响 OTF 测量的重要因素，给出了设备性能要求和环境控制的通用规则。它规定了应采取的重要预防措施，以确保对收集的数据应用准确的测量和修正系数。

（12）《未加工的光学玻璃——双折射的测定》（ISO 11455：1995），本标准描述了测定玻璃中双折射的压力光学方法，特别是散装和预成型的未加工光学玻璃。该方法同样适用于成像弹性，也适用于玻璃的简单几何形状。

（13）《未加工的光学玻璃——词汇》（ISO 9802：1996），本标准定义可与未加工光学玻璃和相关制造工艺有关的术语。它包括光学玻璃的类型、工艺和材料、光学特性、非光学特性和玻璃缺陷。

（14）《光学与光子学——未加工的光学玻璃规范》（ISO 12123：2010），本标准给出了未加工玻璃规范的规则。它是对 ISO 10110 的补充，ISO 10110 提供了指定成品光学元件的规则。由于未加工的光学玻璃在形状和尺寸上可能与光学元件大不相同，因此其规范也与光学元件的规范不同。ISO 12123：2010 为未加工光学玻璃的基本规范特性提供了指南，以改善玻璃供应商和光学元件制造商之间的沟通。对于特定应用（如激光、红外光谱范围），必须补充基于国际标准的规范。

（15）《光学与光子学——环境试验要求》（ISO 10109：2015），本标准是光学与光子学中处理环境试验要求的一系列标准。

（16）《光学和光学元件——光学元件表面缺陷试验方法》（ISO 14997：2011），本标准规定了测量表面缺陷方法的物理原理和使用方法。此方法评估被缺陷遮蔽或影响的表面积。

8.7 美国国家标准协会、美国材料与试验协会、美国机械工程师学会

（1）《盐雾试验的标准方法》（ANSI/ASTM B 117）（1979）。

（2）《乙酸盐雾试验》（ANSI/ASTM B 287）。

（3）《光学传递函数和报告的指南》（ANSI PH3.571978）（R1989）。

（4）《光学元件和组件外观缺陷的定义、试验方法和规范》（ANSI PH3.6171980），（R1991）。

（5）《光学零件》（ANSI/ASME Y14.18M1986），本标准规定了光学零件图纸上图形表示和规范定义的实施规程。

（6）《光学元件和组件——外观缺陷》（ANSI/OEOSC OP1.002—2009），本标准规定了说明、解释和检查透视和反射光学元件和组件表面缺陷的统一规程。本标准提供了两种指定表面缺陷的替代符号。数学符号表示在特定观察条件下表面缺陷的允许可见性。字母符号表示表面缺陷的允许尺寸。选择使用哪种符号是光学工程师的责任。本标准不涉及缺陷对元件或系统性能的影响。

（7）《光学玻璃》（ANSI/OEOSC OP3.001—2001）（R2008），本标准规定了用于制造透镜和其他光学元件（如棱镜、窗、光管等）的光学玻璃的规范、公差和功能要求的统一实施规程，这些光学元件用于光学组件、系统、仪器和其他相关用途。

8.8 德国标准化协会

《光学元件，绘图表示图形，铭文和材料》（DIN 3140：1978），ISO 10110的德国标准和基础。

8.9 技术制图通用标准

（1）《尺寸和公差》（ANSI Y14.5M：2009），本标准被认为是几何尺寸和公差（GD&T）设计语言的权威指南。它建立了统一的规范，用于说明和解释GD&T和工程图纸以及相关文件中使用的相关要求。

（2）ISO 128（12部分）。这一系列标准包含了1996～2003年间开始实施的12部分。它首先概述了技术图纸的一般执行规则，并介绍了结构的演示。此外，

它还描述了线、视图、截面和剖面以及不同类型工程图的基本约定。它适用于手工和计算机绘图，但不适用于三维 CAD 模型。

（3）《技术图纸——尺寸和公差的指示》（ISO 129：2004）。

① 第 1 部分：通用原则。ISO 129 的这一部分规定了适用于所有类型技术图纸的尺寸标注的通用原则。

② 第 2 部分：机械工程。ISO 129 的这一部分规定了机械工程图纸的尺寸。

（4）《几何公差——形状、方向、位置和跳动》（ISO 1101：2012），本标准包含基本信息，并给出了工件几何公差的要求。它代表了初始基础，并定义了几何公差的基本原理。

（5）《技术图纸——几何公差——几何公差的基准和基准系统》（ISO 5459：2011），本标准规定了技术产品文件中用于指示和理解数据和数据系统的术语、规则和方法。它还提供解释，帮助用户理解所涉及的概念。

（6）《表面结构：轮廓方法——术语、定义和表面结构参数》（ISO 4287：1997），本标准规定了用打样方法测定表面机构（粗糙度、波纹度和主要轮廓）的术语、定义和参数。

（7）《技术产品文件中表面结构的指示》（ISO 1302：2002），本标准规定了技术产品文件（如图纸、规范、合同、报告）中用图形符号和文字指示表示表面结构的规则。它适用于通过轮廓参数指示表面要求，根据 ISO 4287，与 R-轮廓（粗糙度参数）、W-轮廓（波纹度参数）和 P-轮廓（结构参数）相关，与 motif 参数相关，根据 ISO 12085，包括与粗糙度和波纹度参数相关的 motif 参数，以及符合 ISO 13565-2 和 ISO 13565-3 的材料比曲线相关的参数。

（8）《表面结构符号》（ANSI Y14.36M：1996），本标准规定了制定固定材料表面结构控制的方法。它包括控制粗糙度、波纹度的方法，并通过提供一组用于图纸、规范或其他文件的符号来进行放置。本标准未规定表面结构的制作或测量方法。

重要提示

本章中提到的标准会不断更新，有时会被取消，因此请注意任何更新和更改。

"没有标准，就没有做出决定或采取行动的逻辑依据。"

约瑟夫·M. 朱兰

第9章 计量学：测量理论

9.1 定 义

计量学是计量和测量的科学。它包括所有测量的理论和实践。计量学的定义是由国际度量衡局（简称 BIPM，根据该组织的法语名称，国际公共事业局（Bureau International des Poids et Mesure））提出，作为"测量科学，包括实验和科学领域中任何不确定度程度的理论测定和技术。它可以分为 3 个基本子领域，尽管有相当多的重叠：

（1）定义国际公认的测量单位（由国家和私人用户认可）。

（2）在实践中实现这些测量单位（理解和在不同领域实施科学、商业和工业）。

（3）将实际测量的可追溯性各个环节作为参考标准（可追溯性是验证文件所记录的以往事件、地点和应用的能力）。"测量可追溯性"指相关仪器测量和已知标准仪器测量在连续数据链的比对。

计量学也有 3 个基本子领域，它们利用 3 个基本的活动：

（1）科学或基础计量学；

（2）应用、技术或工业计量；

（3）法制计量学。

9.2 科学或基础计量学

科学（或基础）计量学涉及建立数量系统、单位系统和测量单位（SI 单位制）；开发新的测量方法，实现测量标准；以及将这些标准的可追溯性传递给实际用户。BIPM 维护着世界各地不同机构的计量校准和测量能力的资料库。这些机构的活动经过同行评审，为计量可追溯性提供顶级参考。

国际单位制（SI）是系统公制——世界上最广泛用于日常商业和科学测量的系统，由 7 个基本单位和两个补充单位（表 9.1）、许多派生单位和一组前缀作为十进制倍数。

9.3 应用、技术与工业计量学

应用计量学、技术计量学和工业计量学涉及测量科学在制造和其他过程中的应用，以及它们在研究、工业和商业以及社会中的使用，以确保测量仪器的适用性、测量的校准和测量的质量控制。虽然这一计量领域强调测量本身，但测量设备校准的可追溯性是确保测量的可信度所必需的条件。

9.4 法制计量学

法制计量学是将法律（法定）要求应用于由主管机构和所需机构执行的测量和测量工具、测量单位和测量方法。这些法律/法定要求可能源于保护健康、公共安全、环境、赋权征税、保护消费者和公平贸易等方面的需要。

表 9.1 国际单位

基 本 单 位		
参数	单位	符号
长度	米	m
质量	千克	kg
时间	秒	s
电流	安培	A
温度	开尔文	K
亮度	坎德拉	Cd
物质量	摩尔	mol
追 加 单 位		
平面角	弧度	rad
立体角	球面度	Sr

9.5 几何尺寸与误差

用于部件或组件的工程图纸是通用的国际语言，用于通过使用符号技术指标值和公差来准确地定义和描述几何要求，如尺寸、形式、方向和位置。这种语言允许设计者、制造者和检查员有效地沟通和理解符号（工具）背后要求的含义。有几个全球通用标准，描述符号并定义几何尺寸和公差（GD&T）中使用的规则，如 ASME Y14.5 和 ISO 1101。

下面有一些必须遵守的基本规则。

（1）所有尺寸必须有公差。每个元件上每个特征可能有所变化，因此，必须指定变化范围。

（2）尺寸和公差要求必须标注几何尺寸和允许变化范围。

（3）工程图纸要求显示完整的部件。

（4）每个特征尺寸需要尺寸标注，按规定排列以表示特征功能。此外，尺寸不应该有不止一种解释。

（5）应避免对制造方法的描述。几何图形应该在没有明确定义制造方法的情况下进行描述。

（6）尺寸和公差用来描述特征的全长、宽度和深度，包括形状变化。

表9.2 显示了 ASMEY14.5M——1994 标准中规定的描述特征偏差的几何特征符号。图9.1 所示为其中一些符号应用的示例。

表 9.2 基本描述特征偏差的几何特征符号

符　　号	特　　征	类　　型
——	直线度	形状
▱	平面度	
○	圆度	
⌀	圆柱度	
⌒	线轮廓	轮廓
⌓	面轮廓	
∠	角度	方向
⊥	垂直度	
∥	平行度	
⊕	位置度	位置
◎	同心度	
═	对称度	
↗	圆跳度	跳动
↗↗	总跳度	
www.enggwave.com		

图9.1 为用表9.2中一些标准参数表示光学元件的切面示例。计量和 GD&T 的描述也应用到光学领域，但由于其额外的和特殊的要求，需要建立额外的标准和规范，即图纸、符号、测试和检查。有关光学标准和规范的详细列表可参阅第8章。

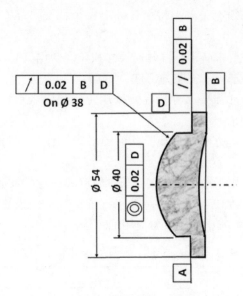

图 9.1　表 9.2 中一些标准参数表示光学元件的切面示例

9.6　测量工具的通用法则

以下"通用法则"是从没有任何正式或科学依据的经验或实践中得出的选择合适测量工具的指导方针。

（1）规则 10（10∶1）："经验法则（对于 10∶1）是选择比要测量的总公差精确 10 倍的测量工具，或者该工具可以辨别到总零件公差的 1/10"（Griith，2003）。例如，如果镜头直径的公差为 ±0.02mm，则测量检查工具（如千分尺）的分辨率应小至 0.02/10mm（0.002mm）。

（2）规则 4（4∶1）：类似于规则 10，但公差除以 4。例如，如果凹面光学表面的矢量公差为 0.015，则测量检查工具（如表盘读数）的分辨率应小至 0.015/4mm（0.00375mm）。

应该注意，在许多情况下量具按上述规则不可用，但为了测量目的，这些经验规则将公差与（测量和结果的）不确定度连接起来。由于测量结果必须是确定的，所以始终使用分辨率高于规定公差要求的测量工具！

参 考 文 献

efunda, "Design Standards," http://www.efunda.com/designstandards/design_home.cfm, "GDT: Three-Dimensional," http://www.efunda.com/designstandards/gdt/3d_datums.cfm.

British Standards Institution, BS ISO 1101:1983, "Technical Drawings -

Geometrical Tolerancing - Tolerancing of form, orientation, location and run-out - Generalities, definitions, symbols, indications on drawings" (1983).

British Standards Institution, BS ISO 5459:1981, "Technical Drawings - Geometrical Tolerancing - Datums and datum-systems for geometrical tolerances" (1981).

American Society of Mechanical Engineers, ASME Y14.5-2009, "Dimensioning and Tolerancing" (2009).

U.S. Department of Defence, MIL-STD-2077A (NAVY-1987), "General Requirements Test Program Sets," Paragraph 4.2 (1987). (This standard was canceled in 1995.)

U.S. Department of Defence, MIL-STD-120, "Military Standard – Gage Inspection," Paragraphs 1 and 23.3 (1950). (This standard was canceled in 1996.)

American National Standards Institute, ANSI/ASTM STD B89.7.3.1-2001, "Guidelines for Decision Rules: 'Considering measurement Uncertainty in Determining Conformance to Specifications'" (2001).

第2部分　方法和工具

第10章　光学元件的测试与检测

10.1　导　　言

客户检验和测试光学元件，使其符合规定的要求（无论是制造后的现场检验还是从供应商接受产品后的验收检验），对其下一步或者最终的功能是至关重要的。

组织购买物料项目（或组件）的方式主要有以下3类。

（1）构建打印（BTP），即承包商（生产者）根据客户给出的明确技术条件生产产品。

（2）构建规范（BTS），即承包商（生产者）按自己的技术条件并通过客户批准后生产产品。

（3）货架产品（或现成的产品），即已根据军用或商业标准和技术条件开发和生产的产品，可随时从工业企业交付，甚至可以无需更改即可满足买方的要求。在收到订单之前，这些物品有时会被放在货架上储存着以备满足潜在客户的需要；它们由生产者公布在产品技术目录中。

这些类别很重要，它们会影响所执行的检查/测试的种类和规模。如本章后面所详述的那样，光学元件的检查和测试与获得良好产品有关的所有功能部门人员都直接相关。

（1）设计人员：负责设计和确定图纸和产品规范技术要求。

（2）采购部门：负责寻找合适的供应商/制造商。

（3）供应商/制造商：负责提供或制造完全符合图纸和技术条件所述的产品并核查其符合性。

（4）客户检查人员：负责审查和评估所购元件是否符合要求。

客户方面其他重要活动也包括分析发现和决定是否需要采取纠正措施等。

10.2 生产要求文件概述

生产参数要求需要在文件中加以说明，这些文件是采购订单或合同的一部分，其内容对于检验和测试是重要的。这些文件包括原材料名称和技术条件（可在图纸或单独文件中说明）、用于生产的原始图纸、镀膜技术条件或在图纸中的镀膜要求、采购订单以及附加质量保证（QA）和技术要求。

基于以下方面，了解需求非常重要：

（1）熟悉供应商/生产商所需的所有文件；

（2）验证检查者是否理解这些要求；

（3）知道应该使用哪些程序、工具和设备进行检查和测试；

（4）能够将生产者的生产和检验记录与客户的要求进行比较；

（5）能够识别指定需求中的错误，并执行纠正措施请求（CAR）。

10.3 产品质量及检验记录

生产者或供应商应提供给客户检查员或代表的生产和检查记录包括：

● 客户图纸、技术条件和其他文件中的全部要求是否都得到了满足；

● 结果是否符合客户的规格和要求。

通常的记录包括以下内容：

（1）工艺报告（例如，用于制作反射镜的铝的热处理报告，镀膜-光谱特性和耐久性，要求的喷涂，镜头的黏合、分束器的黏合等以及装配过程）；

（2）检验报告（IR），或验收测试记录（ATR），或检验单（IS）；

（3）原材料证书（或认证和熔炼数据）；

（4）程序图（或工艺流程卡（RC））；

（5）商家或权威机构出具的合格证明（COC）、测试证书（COT）和分析证书（COA）。

10.3.1 进程报告

光学元件开始生产时，是将订单连同所有相关的生产文件发送给生产者，以批准和交付到下一站作为结束。它涉及不同种类的处理过程，每个处理结果产生一份报告，其中包括有关过程的信息和测量结果，以及根据规定的要求执行过程的签署声明。

通常的进程及其结果的报告如下：

（1）原材料证明书（见10.3.3小节）；

（2）程序卡/图表（见10.3.4小节）；

（3）检验报告：机械参数的一般检验报告（见10.3.2小节）；表面不规则、用POWER表示的离焦值或平面度的干涉图（图10.4）；单点金刚石车削非球面的扫描图片（见15.1节）；衍射狭缝表面的参数（见15.2节）；以及图纸或规范中规定的其他要求；

（4）涂层报告，包括光谱反射率图，如果有要求，也要提供带有温度和湿度图的涂层耐久性报告；

（5）反射镜铝基板的热处理、老化（图10.1）和应力释放证书及图表。

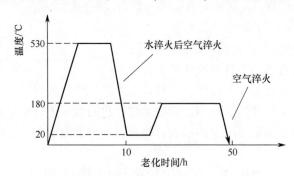

图10.1　AA6013铝基板老化处理程序原理

10.3.2　检验报告

检验报告（IR），如验收测试记录（ATR）或检验单（IS），是描述生产文件（图纸和技术条件）中所述的所有参数的报告，并验证它们是否符合规定的要求。结果可以显示准确的测试值。如果结果符合要求，也可只需用标记（V或O.K.）签名即可。获得结果的方法应由客户或生产者的测试和检查光学部件程序清楚地概述和明确。图10.2显示了生产者的ATR报告的例子，镜头原材料是SF11。图10.3显示了一个客户空白的IR的例子。

IR报告包括识别信息和用于检查每个参数的采样方法。如果报告是由生产者创建的，检查员应核实所有信息是否符合要求。检验报告应包括所有的过程报告，并附有生产过程每个特定阶段的实测结果。如果IR是由客户的检查人员完成的，则结果也应该与要求和生产者的结果进行比较。IR没有标准格式，它是由每个组织自行设置的。除了常见的IR外，附加数据也可以包括在内，如镀膜前和/或镀膜后的表面干涉图（图10.4）。

验收测试记录

		材料 ：		
产品说明 ：		订单号 ：	商品编号 ：03#	
产品编号 ：	版本号：	批量数 ：	熔炼编号 ：	
货 号：	版本号：			

序号	要求	容差范围	序号					
			样本数		100 %			
	抛光和磨边后（客户要求）							
1	表面质量	80 - 50 (CA R1 Ø9, R2 Ø7.6)	100%	—	Pass	—		
2	R1 +9.53 ±0.02	9.51 - 9.55 mm	100%	9.53	9.54	9.52	9.53	9.53
3	R1 Irregularity	≤ 1 F @ 630nm	100%	0.59	0.52	0.45	0.58	0.66
4	R2 -14.19 ±0.03	14.16 - 14.22 mm	100%	14.19	14.19	14.18	14.19	14.20
5	R2 Irregularity	≤ 1 F @ 630nm	100%	0.47	0.48	0.56	0.42	0.50
6	Center thickness 2.15 ±0.1	2.05 - 2.25 mm	100%	2.21	2.21	2.18	2.19	2.20
7	Diameter 10.60 +0.7/-0.05	10.55 - 10.60 mm	100%	10.57	10.58	10.57	10.57	10.56
8	Opening 8.6 ±0.1	8.4 - 8.8 mm	100%	8.64	8.62	8.60	8.57	8.60
9	Runout on Ø 10.60	≤0.02 mm (Datum on R1 +9.53)	100%	0.010	0.010	0.009	0.008	0.015
10	T.I.R on R2 @ Ø8	≤0.025 mm (Datum on R1 +9.53)	100%	0.020	0.020	0.020	0.010	0.010
11	Runout of R2 Flat	≤0.03 mm (Datum on R1 +9.53)	100%	0.02	0.02	0.02	0.01	0.01
12	Chamfer on R2	0.2 - 0.3 mm x 45°	100%	0.2 x 45°	0.2 x 45°	0.2 x 45°	0.2 x 45°	0.2 x 45°
13	Chips	> 0.5 mm must be stoned. Do not encroach CA.	100%	—	Pass	—		
	镀膜后（双面）							
14	表面质量	80 - 50 (CA R1 Ø9, R2 Ø7.6)	100%	—	Pass	—		
15	AR Coating on R1 & R2	MaxR < 1% & MinT > 98.5% @ 900nm , AOI 0° - 10°	Every Run	14093-11 & 14095-11				
16	R1 +9.53 ±0.02	9.51 - 9.55 mm	100%	9.54	9.54	9.94	9.35	9.54
17	R1 Irregularity	≤ 1 F @ 630nm	100%	0.853	0.779	0.930	0.858	0.901
18	R2 -14.19 ±0.03	14.16 - 14.22 mm	100%	14.22	14.21	14.17	14.19	14.20
19	R2 Irregularity	≤ 1 F @ 630nm	100%	0.345	0.350	0.340	0.370	0.395
	耐用性试验 (MIL-C-48497A)							
20	Adhesion	No peeling/Flaking	Every Run Actual / Witness	(27/7 - 28/7/15)				
21	Humidity Test	24hrs @ 48.9°C, 95-100% RH	Every Run Actual / Witness	Pass				
22	Moderate abrasion (within 1hr after humidity test)	50 strokes - Cheesecloth (No scratches)	Every Run Actual / Witness					
23	Temperature test	-55°C for ½ hrs, +150°C for ½ hrs Stabilized at 15°C to 30°C	Every Run Actual / Witness	✓ (28/7 - 29/7)				
24	Packing	Every component shall be wrapped individually with optical component soft wrapping paper & packed in a stiff package. A sticker, label Qty, customer part No. & shipment date shall be post individually onto the wrapper	Every Shipment					

SGCA
13-Nov-2015
ITAR ☐
EAR ☐
OTHERS ☑

Originator : Chow KH   15-Feb-12

检验 ：   批准 ：   日期 ：30/7/15

QA ACCEPTED

第1页/共2页   Qioptiq Sensitive

图 10.2 制造商检验报告示例
（图片由 QIOPT IQ 提供，版权所有）

客户组织的标识

检验报告　(IR)

No. _____

制造商或供应商名称：	订单号：

物品名称：	物品编号：	图纸编号：	版本：
物品数量：		材料批次号或熔炼编号：	

取样方法	ANSI/ASQ Z1.4	AQL:	0	0.65	2.5	6.5	取样数量
	Zero defects - Squeglia	ASSOC AQLS:	0	0.65	2.5	6.5	取样数量
	Other:						取样数量

其他取样方法的解释说明：

#	技术要求	取样数量	使用工具测量		测量结果				
			名称	编号	1	2	3	4	5
1									
2									
3									
4									
5									
6									
7									
8									
9									
10									
11									
12									
13									
14									
15									
16									

备注

结论

可用性	按原样使用	返修	返工	拒收

检验：	签字：	日期：
批准：	签字：	日期：

图 10.3　空白检验报告

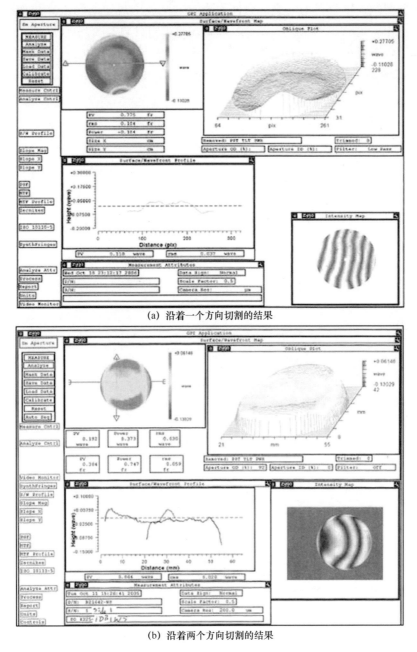

(a) 沿着一个方向切割的结果

(b) 沿着两个方向切割的结果

图 10.4　由 Zygo 干涉仪制作的两个典型的表面干涉图

10.3.3　原材料证书（或证书和熔炼数据）

验证原材料是否符合规定要求的重要性是基于其对成品质量的影响，以及可能对整个生产批次的影响。在最后的装配步骤中，不合格可能会导致整个批次的报废，并严重损害公司的资金、时间和声誉。试验中规定的测量参数如图 10.5 所示。图 10.5 表示熔炼编号 126050111，并应该符合肖特公司 SF11 材料数据表中规定的标准参数。

原材料测试证书　　SCHOTT

04/01/2005

玻璃牌号	SF11		
熔炼编号	126050III	LK 60010	
n_d	1.78425	v_d	25.75
n_e	1.79143	v_e	25.54
$n_F - n_c$	0.03045		
$n_d - n_c$	0.00873	Part No :	
$n_F - n_d$	0.02172	Invoice No :	
$n_r - n_e$	0.01454	Measuring Report No :	
$n_g - n_F$	0.01872		
$n_F - n_c$	0.03098		
$n_{F'} - n_e$	0.01643		

兹证明上述购买清单中的所有的光学材料和组成已经被生产，并满足订单中所有技术要求和图纸要求。

所有的玻璃都符合标准规范 *MIL-G-174B* 第 3.1.3 章节的要求，并且不含钍及其他放射性元素，符合联邦法规第 10 章第 40 节规定的重量不超过 0.05%，以及没有其他多余的放射性成分。

肖特玻璃厂

图 10.5　原材料测试证书（肖特公司 SF11 材料）（包括符合 MIL-G-174B 和
联邦法规的钍含量的声明）
（转载自肖特，版权所有）

108

图 10.6 是熔炼数据表。给出了下列 S-BSL7 参数的测量结果：

（1）S-BSL7 的熔炼编号 0490Q200816-70；

（2）C、d、F 和 g 谱线的折射指数 n；

（3）d 谱线的色散（Abbe）数 v；

（4）退火号（E044），是指应力释放过程；

（5）形式，如细退火带；

（6）测量时的温度。

这些参数表示了熔炼编号以及其应该符合奥哈拉公司 S-BSL7 材料数据表中规定的标准参数。如果原料有特殊要求，并在订单中提到，它们也应该写在熔炼数据表中，如气泡级别、均匀性、应力双折射或纹状体等参数。

——— 奥哈拉 公司

熔化数据

Ohara Corporation
23141 Arroyo Vista
Rancho Santa Margarita, CA 92688
Tel: (949) 858-5700
Fax: (949) 858-5455

时间 5/7/2013

奥哈拉库存编号：J2121045S

玻璃牌号：S-BSL7		n_C	1.51399 / 13	v_d	64.2 / 1
形式 FSTP		n_d	1.51646 / 13		
熔化编号 0490Q200816-70		n_F	1.52204 / 13	**重量**	110.60 **磅**
退火编号 E044		n_g	1.52634 / 13	**数量**	8 **件**

测量温度：25℃

图 10.6　S-BSL7 的熔化数据

（图片由奥哈拉公司提供，版权所有）

图 10.7 示出熔炼数据，包括所提供原材料的所有参数。给定的参数将用于与规定的图纸要求进行比较，也要与玻璃制造商在其技术目录中规定的标准参数进行比较。

熔化数据证书

客户订单	备用		实验室参考编号:	54-624
玻璃牌号:	SF11 (785-258)		联合镜头公司熔化编号:	V-865
			材料生产厂商:	Schott
等级:	B		生产厂家熔化:	THA28420
气泡:	符合标准 MIL-G-174B		折射率:	1.78472 +/- 0.00100
退火:	好		色散系数:	25.76 +/- 0.21
			来源国家:	

n_d	1.78450	n_i	1.67422	$n_F - n_C$	0.03051
V_d	25.72	n_s	1.74417	$n_d - n_C$	0.00835
n_e	1.79125	n_t	1.77099	$n_e - n_d$	0.00675
V_e	25.32	n_C	1.77615	$n_F - n_e$	0.01541
		$n_{C'}$	1.77754	$n_g - n_F$	0.02245
		n_{HeNe}	1.77878	$n_P - n_{C'}$	0.03125
		n_D	1.78421	$n_{F'} - n_e$	0.01754
		n_r	1.80666		
		n_P	1.80879		
		n_g	1.82910		
		n_h	1.85067		

备注: 此证书有签字才能生效

上表中的折射率和色散值来自于样品状态良好或者是经过了精密退火,数值精确到±0.00003,V值是通过它们计算出来的,因此,精度不会更高。

此证书证明了包含在订单中得到特运的所有的材料和组成都已经完成制造,满足订单中技术指标、规范和图纸要求。以及满足标准MIL-G-174A修正条款2或者MIL-G-174B的要求。

图 10.7 由肖特公司(原材料生产商)为 SF11 材料提供的供应商认证和熔炼数据
(转载自联合镜头公司,版权所有)

10.3.4 工艺流程

工艺流程卡(RC),也称为作业卡,是一种文档,它给出了在生产中要执行的主要生产步骤的详细信息(图 10.8)。该 RC 由客户或产品制造者使用。作为辅助手段,按照给定的顺序,从一个工作中心到下一个工作中心,从工艺角度导引生产步骤。它包含可用于控制生产过程的重要信息。RC 被附加到每个项目(或批次),从生产开始直到生产结束,并在每一站完成后,由被授权人签署。

工作卡的内容和格式因公司而异。一般而言,它们会包含以下内容:

(1)客户的姓名和采购订单号;

(2)要生产的部件或产品(名称、部件号和图纸号);

(3)生产数量;

(4)进程名称;

(5)加工制造商;

(6)检查证明(名称和日期);

(7)客户或生产部门可能需要的附加说明。

RC 报告可以是图纸的一部分,也可以是一个单独的文件。

改善流程公司

工艺卡

1. 一般信息

用户: _____   订单号: _____
零件名称: _____   零件代号: _____
图纸号: _____   版本: _____

2. 生产流程

工作单号: _____   订货数量: _____
材料: _____   材料批次号: _____

待生产数量: _____
生产开始日期: _____

序号	进程名称	备注	数量	日期	名字和签字
1	原材料确认和证明				
2	研磨				
3	抛光				
4	修圆				
5	定心				
6	检查				
7	镀膜				
8	检查				
9	最终检查				
10	清洁和包装				
11	完工				

备注:
_____
_____
_____

批准: _____
职务: _____
签字: _____
日期: _____

图 10.8   通常的镜头制作工艺卡

10.3.5   COC、COT 和 COA

第三方证书/合格证明（COC）是由权威部门宣布和证明的生产商或供应商提供的文件，声明所提供的货物或服务符合技术条件要求。在大多数情况下，本文件的格式由生产者或供应商决定。可以添加到送货单中，也可以作为独立文件。其内容应该包含如客户名称和采购订单编号、零件编号、图纸编号以及修订版本、部件名称和批号、装运零件的数量、原始材料熔炉批次号、镀膜实施编号和其他重要信息。

此外，COC还可以包括其他一些信息。例如，"兹证明上述零件是严格按照合适的图纸、技术条件和订单中规定的要求制造的"；或者"兹证明上述描述中的所有材料/部件/元件符合或超过客户采购订单的技术条件，所有材料均可追溯到原材料制造商/供应商"或其他类似的声明"（见图10.9和图10.10中的例子）"。

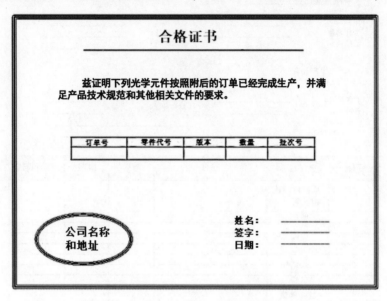

图 10.9 空白的合格证明

另外，COC还可以包括"在用于制造部件（感兴趣的光学元件）的任何材料中含有（或不含）钍的声明"。

测试证书（COT）是生产者或供应商提供文件，提供所需参数的测量值信息，以证明符合规定的要求或标准。这个文件可以涉及原材料（见10.3.3小节）或生产过程的其他步骤。

分析证书（COA）是一种报告，通常由生产商随货物一起提供给客户，其中包含与质量有关的信息，并且通常包含检验报告之外的信息。可以用它代替检验报告，其中包含通常在检验报告中的所有规定要求，以及根据客户的要求提供的额外信息。这些信息包括对产品进行的测试及其结果。

通常包含球面和/或平面的常见项目（透镜、窗口、棱镜）没有COA报告。客户可以就非球面/或衍射表面等特殊项目或装配过程提出COA请求。对于后者，COA可以包括图纸和技术条件中规定的所有共同要求，如衍射半径及高度、衍射/或非球面轮廓面形分析、非球面的粗糙度分析和结果以及其他客户提出的要求。对于装配（包括光学和机械元件），COA可以包括有效焦距（EFL）、后焦距（BFL）、光学透过率、畸变、场中间波前干涉测试结果、调制传递函数（MTF）、点扩展函数（PSF）、光学性能和视轴。

Qioptiq Singapore Pte Ltd | 8 Tractor Road | Singapore 627969

Qioptiq Singapore Pte Ltd
8 Tractor Road
Singapore 627969
Tel : +65 64 99 77 66
Fax : +65 62 65 14 79
www.qioptiq.com

Co. Registration No: 200516976W

合 格 证 书

用户　　　　　　：

订单号　　　　　：＿＿＿＿＿＿＿　更改单编号　：＿＿＿＿＿＿

零件代号　　　　：＿＿＿＿＿＿＿　版本　　　　：＿＿＿＿＿＿

产品说明　　　　：＿＿＿＿＿＿＿＿＿＿

批次号　　　　　：＿＿＿＿＿＿＿　数量　　　　：＿＿＿＿＿＿

序列号　　　　　：＿＿＿＿＿＿＿＿＿＿＿＿＿＿＿＿＿＿＿

MELT NO.	
COATING RUN NO.	

先生：

兹证明上述零件是严格按照合适的图纸、技术条件和订单中规定的要求制造的。

备注：　　　　　　　　　　批准　　：＿＿＿＿＿＿＿＿

　　　　　　　　　　　　　职务　　：＿＿＿＿＿＿＿＿

　　　　　　　　　　　　　日期　　：＿＿＿＿＿＿＿＿

-- Qioptiq Sensitive--

图 10.10　空白的合格证明
（图片由 QIOPT IQ 提供）

注　意

COC、COT 和 COA 可合并在同一报告/文件中

第11章 原材料检验及测试

原材料的重要参数会在项目图纸或原材料技术条件中说明。参数取决于工程和功能需要,因之可获得生产所需的材料。参数可以由客户或生产者确定,这取决于使用的项目类型(BTP、BTS 或货架产品)。

要实施的测试和检查项目事先被加以规定,并取决于检查地点(生产商或客户的工厂)、材料的来源(已知或新的生产商/供应商)、检查/测试工具的可用性以及材料的种类(可见的或不透明的)。

11.1 折 射 率

折射率是指当光线从一种介质进入另一种介质时,光线偏折程度的测量值。它被定义为在真空中给定波长的光的速度 c 与其在物质中的速度 v 的比率,即

$$n = \frac{c}{v} \tag{11.1}$$

在图11.1中,如果 α 是入射光线在真空/空气中的入射角(即入射光线与法线夹角,法线是垂直于介质表面的线), β 是折射角(介质中光线与上述法线的夹角),折射率 n 定义为入射角的正弦与折射角的正弦之比,即

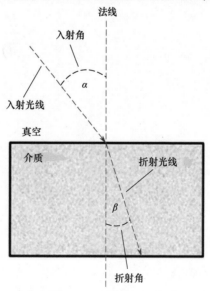

图 11.1　光通过介质的行为

$$n = \frac{\sin\alpha}{\sin\beta} \tag{11.2}$$

光学材料的折射率都是由设计者选择的，作为整体设计的一部分，是被选择材料的一个特征。由于材料的折射率随波长的变化而变化，所以选择包括常用的光谱线。表 11.1 列出了在可见光中最常用来指示光学材料折射率的光谱线。

表 11.1　用于指定光学材料折射率的两条最常用的谱线

名　称	波长/nm	使用的谱线	元　素
D	589.2938	黄色纳线（双线中心）	Na
d	587.5618	黄色氦线	He

范例：

表 11.2 中出现的编号是根据标准 MIL-G-174B 中关于光学玻璃通用代码（类型编号）指定准则确定的结果。尽管在标准 MIL-G-174B 中规定使用 D 谱线来确定编号，但光学材料生产公司打算使用 d 谱线来命名编号。

表 11.2　不同谱线下的折射率范例（D 和 d）

材料名称	生产厂家	n_D	n_d	代　号
N-BK7	Schott	1.51673	1.51680	517642
N-SFII	Schott	1.78446	1.78472	785257
FC5	Hoya	1.48743	1.48749	487704
TAC4	Hoya	1.73387	1.73400	734511
S-NSL5	Ohara	1.52242	1.52249	522598
S-TIM2	Ohara	1.61989	1.62004	620363

根据示例，对于肖特公司的 N-BK7 玻璃，$n_d = 1.51680 \rightarrow 517$ 和 $v_d = 64.17 \rightarrow 642$，命名编号的方法是：指定编号将为 517642。$v_d$ 代表阿贝数（色散的度量值），在这种情况下，对于 d 谱线有 $v_d = (n_d - 1) / (n_f - n_c)$。

在 MIL-STD 标准中，以前需要在 n_d 和 v_d 两个数字之间有短横线（－）。但是在标准 174B 中取消了，编号现在被写成没有短横线的形式（如 517-642 变成 517642）。

需注意以下几点。

（1）肖特公司的玻璃代码（指定号码）中也包括玻璃的密度。例如，材料 N-BK7 的代码为 517642.251，其中 251 代表密度 r 在单位为 g/cm³ 时数值是 2.51。

（2）即使有来自不同生产者的光学材料可以作为替代品（可交换），这些材料的某些关键性能之间仍可能存在显著差异。如果在相关文件中（图纸或技术条件）说明了可以使用某种等效材料，供应商必须向买方提出建议，买方将与设计师联系并申请获得批准。在这种情况下，光学检查员应根据 COC 文件检查可替代材料的特性和变化的影响。

大多数情况下，折射率（和阿贝值）是不测量的，而是在原材料生产者的原材料证书中规定的，光学检查员将之与生产者目录中的值进行比较。然而，折射率可以用一种叫作折射计的装置来测量。折射计有 3 种基本类型：

① 阿贝折射计，基于测量临界角度（Pulfrich 折射计）；
② V 棱镜折射率测试仪（Hilger-Chance 折射计）；
③ Goniometer-spectrometer（应用最小偏差方法的折射计）。

阿贝折射计是一种经典的光学仪器，用于测量液体或固体（透明和半透明材料）的折射率。该仪器的测量原理是内部全反射。

实验中，在样本的临界角创建的"阴影边界"被用来确定折射率。在波长为 589nm 的黄色的钠 D 谱线上，用经过过滤的白色光源来测量折射率指数 n_D。

用于测量 d 谱线（或其他谱线）的折射率可采用折射计（通过改变干涉滤波片），因此它们可以测量阿贝数 v_d 和 v_e。（如多波长阿贝折光计 D R-M2 由 ATA-GO 有限公司生产）。用折射计测得的折射率 n_d 的典型和最大测量范围为 1.300 ~ 1.700。有两种不同的测量临界角的方法（图 11.2）：

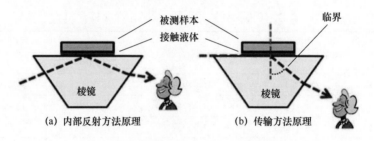

图 11.2　内部反射原理和传输方法原理

（1）通过透射传输（光通过测试样品传输）；
（2）通过内部反射（光从测试样品和折射计棱镜之间的边界反射）。

大多数折射计是基于临界角效应的（图 11.3），为了测量折射率，阿贝折射计也是如此（图 11.4 和图 11.5），图中所示是一款最流行的产品。当调整和观察折射计目镜时，可以看到像图中所示的刻度（图 11.6）。需注意，Pulfrich 折射计的测量是基于临界角的，阿贝折射计也一样。

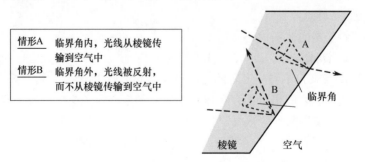

图 11.3　光和临界角的原理示意图

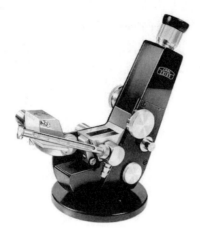

图 11.4 阿贝折射仪

(图片由卡尔蔡司公司提供, 版权所有)

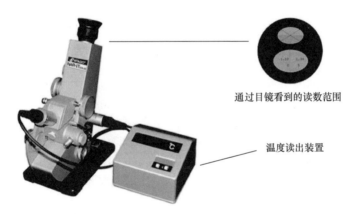

通过目镜看到的读数范围

温度读出装置

图 11.5 阿贝折射仪

(图片由 ATAGO 有限公司提供, 版权所有)

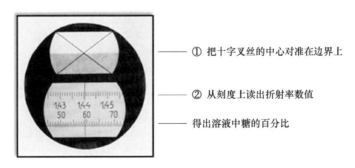

① 把十字叉丝的中心对准在边界上

② 从刻度上读出折射率数值

得出溶液中糖的百分比

图 11.6 阿贝折射计的读数刻度

(图片由卡尔蔡司公司提供, 版权所有)

V 棱镜折射率测试仪包括 90°V 形精确几何形状的玻璃，已知其折射率、光源和望远镜如图 11.7 所示。(Hilger-Chance 折射计（图 11.8）是基于与 V 棱镜折射率测试仪相同的原理)。一个 90°（直角）样品放置在 90°V 形玻璃上，两者接触面之间有薄的油层。光线垂直进入并通过 V 玻璃块的一侧，并从另一侧射出后，被折射两次后从 90°V 形表面射出，光线射出的角度是折射率的函数，这样样品的折射率可以很容易地被计算出来。试件折射率的不确定度不会优于 V 棱镜折射率的不确定度。这种测量方法是大多数合格的计量实验室最常用的标准方法。

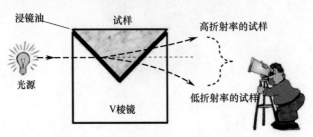

图 11.7　V 棱镜折射率测试仪原理

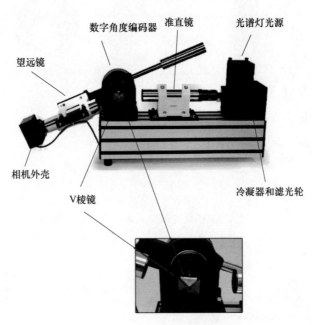

图 11.8　Hilger-Chance 数字折射计
（图片由佛蒙特光子技术公司提供，版权所有）

测角光谱仪采用最小偏差法。这种方法是由夫琅禾费在 19 世纪初实现的。它的原理是通过一个光学材料制成的精确棱镜来研究光线的折射。来自准直器的单色准直光进入棱镜的一个表面，当它离开第二个表面时以一定角度 β 折射出去。偏差角是波长 λ 的函数，可以用附在测角仪台面上的望远镜测量。由两个棱镜面围成的角一般称为棱镜的顶角 α。光线穿过棱镜的偏离角度取决于其折射率、棱镜的顶点角和入射角。

当光线进入棱镜的入射角 γ 发生变化时，偏差角 δ 也会发生变化。可以看到，光束离开第二个表面的角度 $\beta = \gamma$，此时，偏差角 δ 变得最小。这个情况就是最小偏差条件。在这种情况下，棱镜材料的折射率 n 可以根据图 11.9 和以下等式进行计算，即

$$n = \frac{\sin[0.5(\delta_{min} + \alpha)]}{\sin(0.5\alpha)} \qquad (11.3)$$

使用光谱灯和滑入式滤波器（图 11.10）可以选择单个谱线，并确定折射率是波长的函数。图 11.11 给出了属于 GoniometerII 型测角光谱仪（可见光谱段）和 Goniometer-SpectrometerII 型（紫外 – 可见 – 红外谱段）测角光谱仪接收机光谱响应情况。后者用于测量角度和 25 ~ 2325nm 光谱范围内折射率。

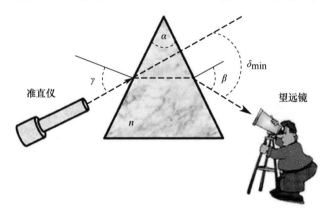

图 11.9　使用测角光谱仪采用最小偏差法测量折射率的原理
α—棱镜的角度（顶点）；δmin—最小的偏转角度（偏差）；
γ—入射角；β—折射角；n—棱镜的折射率。

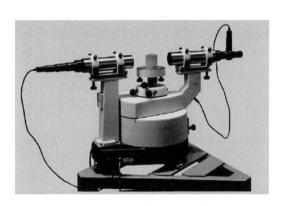

图 11.10　测角光谱仪
（转载自佛蒙特光子技术公司和莫勒 – 韦德尔光学有限公司，版权所有）

119

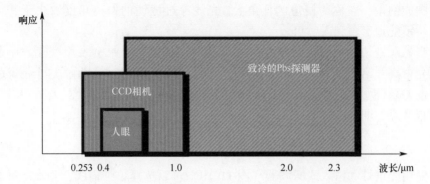

图 11.11 概述了属于 MOLLER-WEDEL Optical GmbH 公司的型号为 GoniometerII（V IS）
和 Goniometer-SpectrometerII UV-VIS-IR 的接收机的光谱响应
（照片转载自 Vermont Photonics Technologies Corp.，版权所有）

11.2 均 匀 性

　　光学玻璃中的均匀性（或不均匀性）是指光学材料折射率的变化。当光学材料制造者制备大的光学坯材时，他们根据目录中指定的等级（或类别）从同一熔体中选择不同的等级。折射率均匀性的重要性是其会对通过一个成品光学元件的波阵面造成影响，从而影响整个系统的光学质量。向顾客提供的材料应符合设计者的图纸或技术条件中的要求。

　　一般而言，生坯折射率变化的主要原因是熔化过程（包括退火过程产生的应力）和由热力不平衡引起的密度变化。折射率变化有两种类型：

　　（1）整个坯体的均匀性，被称为连续（长距离）变化；

　　（2）被称为条纹的局部（短程）现象（见 11.4 节）。

　　均匀性等级（或类别）是由光学材料生产者确定的，也可以按照标准《材料缺陷–不均匀性和条纹》（ISO 10110-4）来确定。标准《玻璃，光学》（MIL-G-174B）不涉及折射率的均匀性。表 11.3 至表 11.6 列出了各公司的不均匀性等级。

表 11.3　ISO 10110-4 标准规定的不均匀性等级

等　　　级	一个元件上允许的折射率最大变化量/10^{-6}
0	±50
1	±20
2	±5
3	±2
4	±1
5	±0.5

表 11.4　肖特公司规定的不均匀性等级

等　级	允许的折射率最大变化量
S0	$\pm 50 \times 10^{-6}$
S1	$\pm 20 \times 10^{-6}$
H1	$\pm 20 \times 10^{-6}$
H2	$\pm 5 \times 10^{-6}$
H3	$\pm 2 \times 10^{-6}$
H4	$\pm 1 \times 10^{-6}$
H5	$\pm 0.5 \times 10^{-6}$

表 11.5　Hoya 公司确定的不均匀性等级

等　级	折射率（n_d）的变化量
H1	$\pm 2 \times 10^{-5}$
H2	$\pm 5 \times 10^{-6}$
H3	$\pm 2 \times 10^{-6}$
H4	$\pm 1 \times 10^{-6}$

表 11.6　Ohara 公司确定的不均匀性等级

等　级	均匀性（Δn）的变化量
Grade special A 0.5	$\pm 0.5 \times 10^{-6}$
Grade special A 1	$\pm 1 \times 10^{-6}$
Grade special A 2	$\pm 2 \times 10^{-6}$
Grade special A 5	$\pm 5 \times 10^{-6}$
Grade special A 20	$\pm 20 \times 10^{-6}$

均匀性测量方法如下。

现有的测量光学材料中不均匀性的方法都涉及使用干涉仪（相位均匀性测量）。参考文献中可以找到各种解释，或者由干涉仪生产商提供。在几乎所有情况下，一致性测量都是由玻璃生产商进行的，很少是由用户的检查员进行的。

有两种基本的测量玻璃不均匀性的方法，即油对板夹芯法和抛光样品法。

此设置中的波前模式如图 11.12 所示，包含了表面不规则对波前的影响。因此，为了消除表面的影响，样品应该是放置在两个板之间，接触表面之间有油层。另一种方法是测量样品每个表面（抛光良好）的偏差并计算实际均匀性。

油对板夹芯法包括两个步骤：首先（图 11.13），测量由一对经抛光的相对接的平板传输后的波前，它们之间有一层薄薄的油层（记录）；其次（图 11.14），测量放置在以上一对平板之间的带有粗糙表面样品的透射波前，接触面之间有薄薄的油层。由干涉仪测试出两个干涉图的差别可以表征样品的不均匀性。

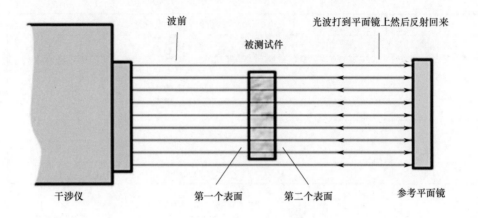

图 11.12　相位均匀性测量

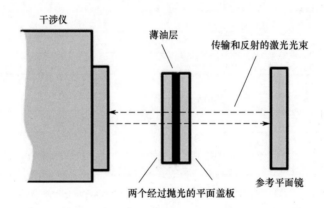

图 11.13　油对板夹心法方法的第一步

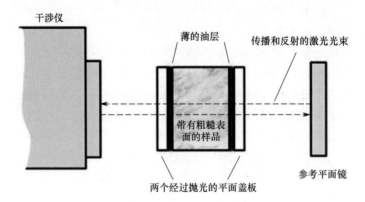

图 11.14　油对板夹心方法的第二步

在抛光样品方法中（图 11.15 和图 11.16），对样品的两个表面都进行抛光，以提高光学质量。此外，两个表面不是平行的，两者之间存在一个小的角度（正面或背面），测量分4个独立的步骤进行。

步骤1：测量通过空腔，并从平面参考镜反射回来的波前。

步骤2：测量前表面的反射。

步骤3：测量后表面的反射。

步骤4：测量通过样品后从平面参考镜反射的波前。

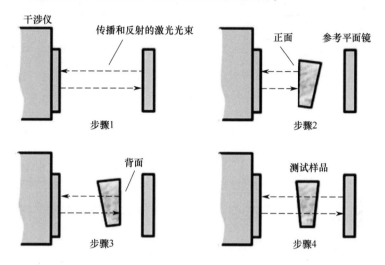

图 11.15 抛光样品方法的 4 个步骤

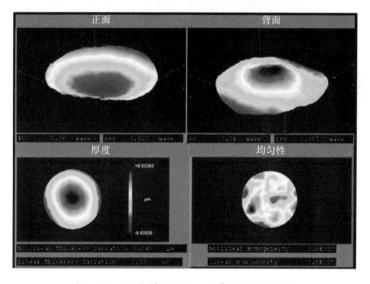

图 11.16 抛光样品方法4个步骤的测量结果

（图片由 Zygo 公司提供，版权所有）

这4个步骤的结合能够评估测试样本的均匀性（图 11.17 和图 11.18）。

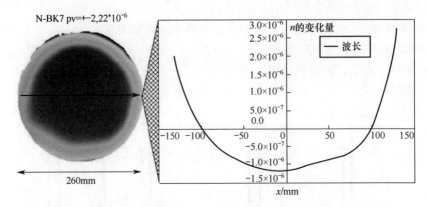

图 11.17　二维典型的均匀性分布颜色图和一个沿箭头方向一维"高度"
剖面的颜色图（由蔡司公司 DIRECT100 型菲索干涉仪获得的均匀性测量结果）
（图片由肖特股份有限公司提供，版权所有）

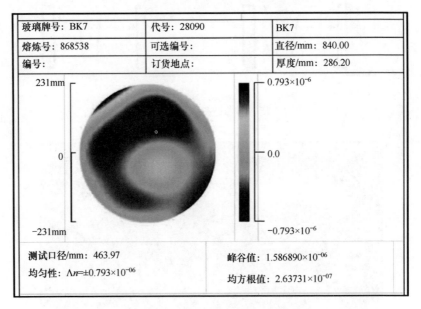

图 11.18　直径为 840mm 有效口径 464mm N-BK7 材料的圆盘的
均匀性分布颜色图（质量等级 H4）（详见"色板"部分）
（图片由肖特股份有限公司提供，版权所有）

> 不透明（IR）材料的均匀性可以用同样的方法测量，需要使用在 3.39mm
> 或 10.6mm 波长下工作的红外干涉仪。

11.2.1　在生产档案中规定所需的均匀性要求

如果需要明确均匀性要求，则应该在单独的原材料技术条件中指定（包括附加要求，如条纹、应力、气泡和夹杂物、化学性质等）或者在光学元件的设计图中标明。例如，"坯料折射率的均匀性应优于 10^{-4}" 或 "折射率均匀性按照标准 ANSI/OEOSCOP3.001-2001 应为 HG3 级（$\pm 2.010^{-6}$）"。

11.2.2　根据标准 ISO 10110-4 的均匀性命名

根据标准 ISO 10110-4，均匀性的命名由以下几部分组成：一个代码号、一个斜杠和一个纹状体类别号。例如，代码号为 2，均匀性的命名表示为 2/A；B（A 是不均匀的类别号（表 11.3）；B 是条纹的类别号（表 11.8））。

如果不需要说明不均匀性情况，则用短横线替换 A。如果不需要明确条纹的规格，则用短横线代替 B。均匀性指标可能出现在绘图底部的表格中（图 11.19）或靠近技术指标栏的某个位置（图 11.20）。因此，最大允许的不均匀性（代码编号为 2）的原材料为 2 级，折射率的变化小于 $\pm 5 \times 10^{-6}$（表 11.3）。

表面1	材料规格	表面2
	- - - - - - 2/2;- - - -	

图 11.19　按照标准 ISO10110-4 的不均匀性表示（情况 1）

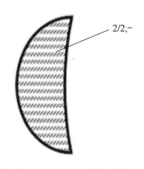

图 11.20　按照标准 ISO10110-4 的不均匀性表示（情况 2）

11.3　气泡和夹杂物

关于气泡和夹杂物的详细检查内容见本书第 13 章。

11.4 条　纹

根据标准（MIL-STD-1241A）的《光学术语和定义》，条纹是"玻璃的内部缺陷，表现为波纹状变形"，是存在于光学玻璃中的筋状或层状的光学不均匀部分。

按照标准（ISO10110-4）的《材料缺陷—不均匀性和条纹》，它们是"具有较小空间范围的不均匀性。注：条纹可以确定的带状区域的形式出现，尤其是当玻璃是用黏土锅熔化过程制成的时候。对于光学玻璃的生产来说，今天更常见的是箱体熔化过程，它可以导致带状条纹结构。"

表 11.7 至表 11.11 列出了各公司设立的条纹等级。

根据标准 MIL-G-174B，那些采用标准规范并涉及材料条纹的公司，对玻璃的观察是定性的，并通过视觉检查以及按照标准 MIL-G-174B 使用方法 1，或采用任何其他确保结果可靠的方法进行测试。方法 1 可用于光学玻璃的抛光样品的测试。

标准 MIL-G-174B 中描述的方法 2 将被测的玻璃样品放置在充满液体的小腔中，当样品没有足够好的抛光表面时，这种方法是更可取的。它主要被原材料生产者使用而不是采购方，详见标准 MIL-G-174B。

对条纹的要求由该项目的设计者确定，并在相关图纸或技术条件中加以规定。如果需要条纹的数字量，则应采用可以获得定量值的装置或方法进行测试。当用光源照射抛光玻璃进行观察时，可以直接观察到明显的条纹。

表 11.7　按标准 MIL-G-174B 划分的条纹等级

等　　级	玻璃条纹等级要求
A 级	没有肉眼可见的条纹
B 级	只有轻微的和分散的条纹，且当沿着最大可见方向去看时才能看到
C 级	有明显的条纹，且当沿着最大可见方向去看时，条纹与平板表面平行
D 级	有比 C 级更多和更重的条纹，当测试时，条纹与平板表面平行

表 11.8　按标准 ISO10110-4 划分的条纹等级

等　　级	引起光程至少 30nm 变化的条纹的密度/%
1	≤10
2	≤5
3	≤2
4	≤1
5	条纹形状是自由的，对于影响超过 30nm 的条纹，在图纸说明中提出要求

表 11.9 肖特公司制定的条纹等级（基于标准（ISO12123）《光学和光子学 – 光学玻璃原材料规范》）

条 纹 等 级	每 50mm 光程条纹的波前公差/nm	一般适用于
标准	<30	毛坯玻璃
VS1/VS2	不可见	切割后的玻璃

表 11.10 Ohara 公司制定的条纹等级（通过标准 MIL-G-174B 进行鉴定）

条 纹 等 级	条纹仪观察到的条纹情况
A	观察不到条纹
B	有轻微和分散的条纹
C	有比等级 B 严重的条纹

表 11.11 Hoya 公司与标准 MIL-G-174B 的条纹等级的对比情况

Hoya 条纹等级	MIL-G-174B 条纹等级
1	A
2	B
3	B
—	C, D

观察和测量条纹的方法和系统如图 11.21 至图 11.31 所示。因为条纹呈现不同的折射率，使波前产生畸变和延迟，这可以用干涉仪进行诊断和测量。这种方法（图 11.24）要求测试样品具有高质量的表面，以消除其对波前的影响。

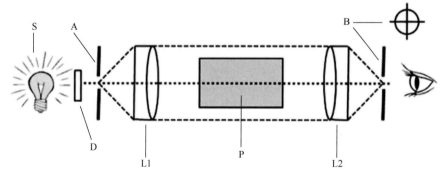

图 11.21 基于标准 MIL-G-174B 的条纹检测系统（方法 1）（侧视图）
A—针孔光阑；B—可移动的十字狭缝；D—漫射片；L1—准直消色差透镜；
L2—物镜；P—光学玻璃样品；S—光源。

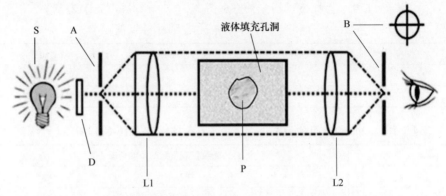

图 11.22　基于标准 MIL-G-174B 的条纹检测系统（方法 2）（侧视图）

A—针孔光阑；B—可移动的十字狭缝；D—漫射片；L1—准直消色差透镜；

L2—物镜；P—光学玻璃样品；S—光源。

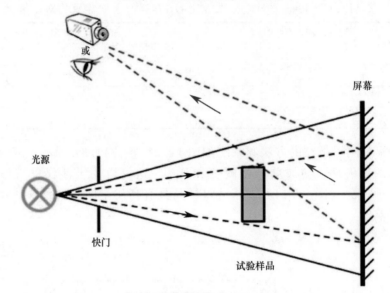

图 11.23　阴影图条纹检测方法

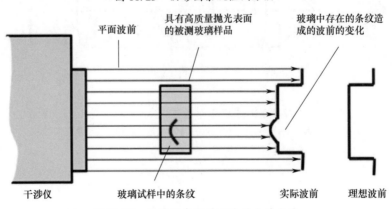

图 11.24　干涉仪条纹检测法的主要方法

128

图 11.25　LSC-5000B 型条纹测试仪

（转载自 Luceo 有限公司，版权所有）

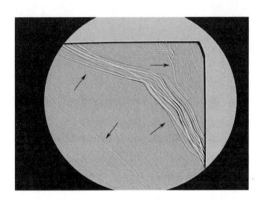

图 11.26　LSC-5000B 型条纹测试仪中观察到的玻璃中的条纹（如黑色箭头所示）

（图片由 Luceo 有限公司提供，版权所有）

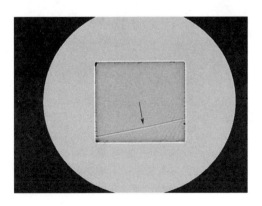

图 11.27　LSC-5000B 型条纹测试仪中观察到的玻璃中的条纹（如黑色箭头所示）

（图片由 Luceo 有限公司提供）

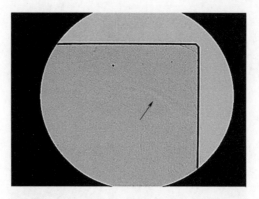

图 11.28　LSC-5000B 型条纹测试仪中观察到的玻璃中的条纹（如黑色箭头所示）
（图片由 Luceo 有限公司提供）

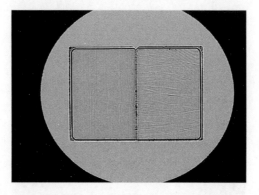

图 11.29　LSC-5000B 型条纹测试仪中观察到的玻璃中的条纹
（右窗显示水平纹线，左窗显示垂直纹线）
（图片由 Luceo 有限公司提供，版权所有）

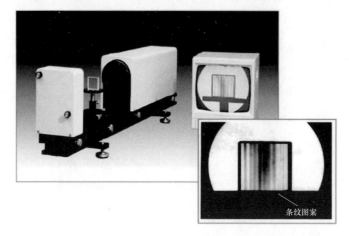

图 11.30　镜头条纹测试系统（型号 LSC-80）用于条纹的可见谱段的测量
（图片由纽瓦克公司提供，版权所有）

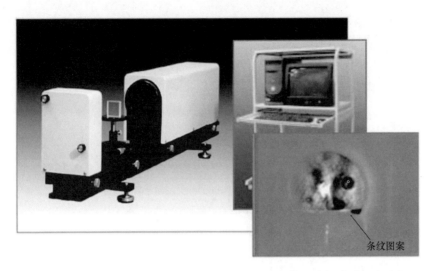

条纹图案

图 11.31 镜头条纹测试系统（型号 LSC-80）用于条纹的红外谱段的测量
（图片由纽瓦克公司提供，版权所有）

11.4.1 在生产档案中指定条纹要求

如果需要指定条纹要求，则可以在单独的原材料技术条件中指定（包括额外要求，如均匀性、折射率一致性、应力、气泡、成分和化学性质等），或者作为项目图纸中的一段描述。根据标准 ISO 10110-4，材料均匀性和条纹由相同的代码号给出。代码是 2，级别指示为 2/A；B（A 是不均匀性的类别号，B 是条纹的类别号，如表 10.8 所列）。

如前所述，如果不需要不均匀性规范，则用短横线替换 A，如果不需要条纹的规范，则用短横线替换 B。指示的标志可能会出现接近技术指标栏的位置（图 11.32）或在图纸底部的表格中（图 11.33）。

图 11.32 和图 11.33 中的名称"2/－；4"意味着原材料条纹最大允许的级别为 4（代码编号 2），即条纹密度的变化不大于 1%，导致的光程差变化至少为 30nm（表 11.8）。

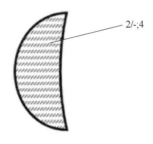

2/-;4

图 11.32 按照标准 ISO 10110-4 的条纹标识（可能的情况 1）

表面1	材料规格	表面2
	- - - - - - 2/-;4 - - -	

图 11.33　按照标准 ISO 10110 – 4 的条纹标识（可能的情况 2）

11.5　应变（应力）

光学元件的应变主要是由以下原因引起：

（1）不适当的退火或熔化时化学成分的变化引起的，这会产生内部应力；

（2）不适当的组装（或设计有问题，或者不合适的装配程序造成）会产生外部应力。

光学元件中的异常应力可能造成以下伤害。

（1）在光学元件的制造（研磨和切割）过程中，原材料中的应力很可能被释放，从而造成开裂或材料破坏。

（2）在组装过程中，产生应力可能在未来某一时刻会发生开裂或断裂；此外，它还会产生双重折射（双折射），这可能导致图像质量差，并对项目或系统造成功能性损伤。

（3）退火过程或熔炼时化学成分变化引起的应变会产生双重折射（双折射），这可能导致产生质量差的图像，从而影响项目或系统的功能。

退火是一种缓慢冷却玻璃以消除生产过程产生的内应力的过程。光学上，退火过程主要是针对玻璃，因为它们的内部结构不同于如晶体等其他光学材料。双重折射（双折射）是一种现象，在这种现象中，材料（光学）在不同方向具有不同的折射率（图 11.34 和表 11.12）。在某些材料（主要是晶体）中，有双折射是自然的，但在另一些材料（玻璃）中，像上面提到的那样，双折射是由于生产过程中某种"破坏"引起的。根据标准 ISO 10110-2 确定并列于表 11.13 中的光学玻璃应力双折射的要求是指导性的（不是明确规定的）。光学玻璃生产商根据自己的目录，确定所生产玻璃中的应力双折射的等级如表 11.14 至表 11.16 所列。

表 11.12　590nm 下一些双重折射（双折射）材料

光 学 材 料	寻常光的折射率 n_o	非常光的折射率 n_e	Δn
Quartz（SiO_2）	1.5443	1.5534	+0.009
Sapphire（Al_2O_3）	1.768	1.760	-0.008
Magnesium fluoride（MgF_2）	1.380	1.385	+0.006

表 11.13　标准 ISO 10110-2 应力双折射的分类

每厘米玻璃厚度容许的光程差（OPD）	典 型 应 用
<2 nm/cm	偏振或干涉仪器
5 nm/cm	精密或天文光学
10 nm/cm	摄影和显微光学
20 nm/cm	放大镜和取景器
无要求	照明光学

表 11.14　Ohara 公司应力双折射的分类

等　级	1（精密）	2（好）	3（粗糙）	4（非常粗糙）
双折射/（nm/cm）	<5	≥5÷<10	≥10÷<20	≥20

表 11.15　Hoya 公司应力双折射的分类

等　级		应力双折射/（nm/cm）
1	≤4	精密退火
2	5~9	良好退火
3	10~19	普通退火
4	≥20	粗退火

表 11.16　肖特应力双折射的分类

尺　寸	应力双折射/（nm/cm）		
	良好退火	特殊退火（SK）	精密退火（SSK）
ϕ≤300 mm，d≥60 mm	≤10	≤6	≤4
ϕ≥300~600 mm，d>60~80 mm	≤12	≤6	≤4

注：SK 代表"重冠"玻璃；SSK 代表"最重冠"玻璃

　　需要重点指出的是，随着原材料生产技术的改进，玻璃中的应力数值逐渐变小；生产商目录中应力双折射的大小也在变化，在过去的几年里，根据标准（MIL-G-174B）《玻璃光学》部分，所需的应力参考值小于 10nm/cm 是足够指导使用的，但此时，如果需要明确特定的双折射要求，则必须在图纸或技术条件中对原材料提出确定的要求。

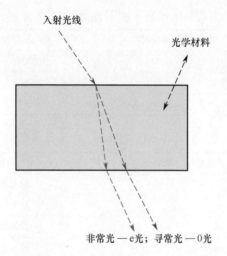

入射光线

光学材料

非常光—e光；寻常光—0光

图 11.34　双重折射（双折射）现象

　　如果在客户的图纸或技术条件中说明了所需的应力双折射，则原材料证书应清楚地说明材料中的应力是否符合要求。在大多数情况下，当部件的原材料由已知和认可的制造商（Hoya、Ohara、肖特等）制成时，核对原材料证明书及核实所述参数对要求的符合性就足够了。然而，如果需要测量应力双折射，则需要使用特殊设备。

　　玻璃中的应力可以被测量出来，基于玻璃在应力下的双折射，通过测量经过材料光束的极性变化，这些测量被称为偏光测量，用于观察或测量透明材料中的应力情况的是偏光仪和偏光计。

　　偏光仪（又称平面偏光仪，用于定性测试）是用偏振光或用于在偏振光下观察目标的仪器，特别是用于检测透明材料的应变。标准（MIL-STD-1241A）《光学术语和定义》将偏光仪描述为"起偏器和检偏器"的组合，用于检测放置在两者之间材料中的双折射，或者用来检测放置在它们之间的材料引起的极性平面的旋转量。

　　偏光计（又称为定性或定量圆偏光器）用来探测或测量平面偏振光通过一个试样时的偏转。通过其偏转量可以计算出材料中的应力。可以输入测试试样的参数进行计算，当使用连接计算机的偏光计时，可以自动计算出结果。标准（MIL-STD-1241A）《光学条目和定义》中定义偏光计是这样一种设备：带有一个半影装置和一个带角度刻度的检偏器，通过在其中间放入材料的方法来测量平面偏振光的旋光量。

　　在检测或测量应力时，偏光仪和偏光计通常被称为同一个名称或相同的另一个名称。在美国材料与试验协会标准 ASTM F218-12 中作了描述了偏光计的原理和结构说明："测量玻璃中光学延迟和应力分析的标准的测试方法"。

　　如果偏振滤光片（起偏器和检偏器）是相互垂直放置的，则没有光线被传递给观察者，其所看到的图案是黑色的。在这种情况下，当一个没有任何应力的样品放置在两个滤波器之间时，由于没有光通过，观察到的图案仍将保持黑色。如果放入的是含有应力的原材料样品，则会产生双折射现象，这将改变光的路径，从而改变光波的方向。偏转的光线使观察区出现白色（亮）区域。通过旋转分析仪，可以测量出旋转的角度（旋转后，亮（白色）变化直到再次出现同样的暗（黑色）色图案），从而可计算出样品中的应力。图11.35和图11.36说明了平面和圆形偏光仪是如何工作的，图11.37至图11.40展示了各种机器及其如何显示。

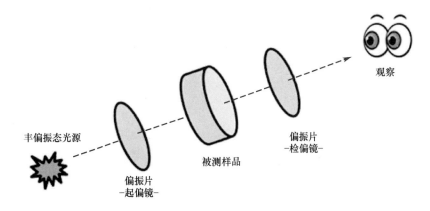

图 11.35　平面偏光仪

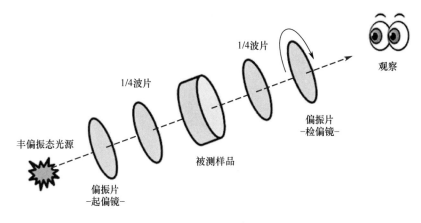

图 11.36　圆偏光仪

当使用手动偏光计时，需要计算被测样本中的应力，公式为

$$\Delta n = n_\perp - n_{/\!/} = \frac{\alpha\lambda}{180d} \qquad (11.4)$$

式中：Δn 为由此产生的应力双折射（两个折射率的光程长度的延迟）（nm/cm）；α 为分析器旋转的角度，在测量点产生黑暗景象；λ 为纳米所用光的波长；d 为被测样品的厚度（长程）（cm）。

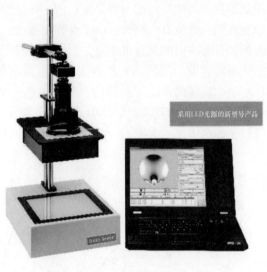

图 11.37　偏光计 LSM-4100LE
（转载自 Luceo 有限公司，版权所有）

图 11.38　偏光计 LSM-7000LE
（转载自 Luceo 有限公司，版权所有）

图 11.39　自动计算机偏振计：（左）型号为 StrainMatic M4/120，（右）型号为 S4/100C。
（图片由 ilis gmbh 提供，版权所有）

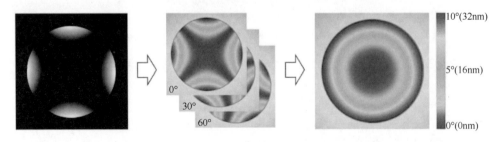

图 11.40　由自动计算机偏光计生成的测试样本应变测量结果模式（见彩色圆盘部分）
（图片由 ilis gmbh 提供，版权所有）

范例：

测试一个 0.9cm 厚的样品，一个光学元件的原材料，测量出的检偏器旋转角度为 6°。测试的波长为 0.6mm（600nm）。

根据式（11.3），有

$$\Delta n = (6 \times 600)/(180 \times 0.9) = 22nm/cm$$

由此产生的应力为

$$\Delta n = (0.9 \times 22)/1 = 19.8nm/cm$$

如果图纸或应力技术条件中要求为不大于 10nm/cm，则根据标准 MIL-G-174B，19.8nm/cm 的结果偏离要求，材料应被拒收。

11.5.1　在生产文件中规定所需的应力双折射

如果需要规定应力双折射，则可以在单独的原材料技术条件中指定，包括额外要求，如均匀性、折射率一致性、条纹、气泡和夹杂物、化学性质等；或者用图纸中的一段文字，或在技术指标栏中明确以上要求。

按照标准 ISO 10110-2 可以给出应力双折射的公差。通过一个代码和数值来规定单位路径长度的最大允许光程差（OPD）。代码为 0，用 0/A 表示（A 是最大允许的应力双折射的 OPD，单位是 nm/cm），这意味着该项目原材料中的最大允许应力双折射为 20nm/cm。其标识出现在靠近物料的位置（图 11.41）或出现在图纸底部的表格中（图 11.42）。

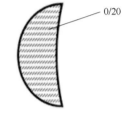

图 11.41　按照标准 ISO 10110-4 标识应力双折射（可能性 1）

表面1	材料规格	表面2
	- - - - - - 0/20 - - -	

图 11.42　按照标准 ISO 10110-4 标识应力双折射（可能性 2）

11.6 透射/透过率

光学上，透射是指衬底（如光学原材料）传输电磁辐射的物理（光学）特性。透射率是指给定波长下发射电磁辐射的数学量比值。原材料样品的透过率是按照相对于1或百分比给出的。

光学原材料的内部透过率是光学本体的一种性质，是指通过原材料（不包括反射面）传输可见光、红外和紫外光谱范围的能力，不考虑表面反射损失和散射损失。每种光学原材料都有一个透射光谱范围，这取决于其折射率（它直接决定了来自光学表面的反射量）、材料成分和分子结构（引起局部或扩展吸收带）和纯度（气泡和夹杂物）。

图11.43显示了通过衬底（光学原材料）所涉及电磁辐射的组成部分。这些成分包括：1——入射辐射（100%）；2和4——来自两个表面（正面和背面）的反射辐射；3——来自表面和来自介质（衬底）的散射辐射；5——介质内的吸收损耗；6——透过的辐射（离开后表面）。

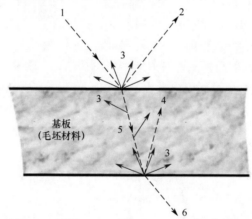

入射光（1）=反射光（2+4）+散射光（3）+被吸收部分（5）+透射光（6）

透射光（6）=入射光（1）－反射光（2+4）－散射光（3）－被吸收部分（5）

图11.43 电磁辐射通过基板（光学原材料）

对于给定波长 λ 的透射率为 Γ_λ，有

$$\Gamma_\lambda = \frac{I}{I_0} \qquad (11.5)$$

式中：I 为离开原料样品的辐射强度；I_0 为入射辐射的强度。

给定波长 λ 的内部透过率为 $\tilde{\iota}_i(\lambda)$（或 $\Gamma_i(\lambda)$）

$$\Gamma_i = e^{-at} \qquad (11.6)$$

式中：a 为吸收系数（cm）；t 为样品厚度（cm）。

光学材料给定波长下的透射率 Γ_λ 可以用光谱光度计（分光光度计，见图 11.44）来测量。而给定波长的内部透过率 $\tilde{\iota}_i$ 由原材料制造商在数据表中提供，或者可以用以下方程通过计算折射损耗来获得。

图 11.44　型号为 UV-3600UV-VIS-NIR 的分光光度计（具有研究级的紫外 – 可见或紫外 – 可见 – 近红外光学性能，可以方便和简单地进行 PC 操作）
（转载自岛津制作所公司（the Shimadzu Corp.，版权所有）

当考虑到表面的反射损失时，对于具有良好抛光平面平板样品（即散射损失可以忽略），下面给出了一个很好的近似计算 Γ_λ 公式，即

$$\Gamma_\lambda = \frac{(1-R)^2 \times e^{-at}}{(1-2R^2\,e^{-2at})} \tag{11.7}$$

式中：R 为两个表面的反射损耗，它是折射率 n 的函数，即

$$R = \frac{(n-1)^2}{(n+1)^2} \tag{11.8}$$

举例如下。

（1）10mm 厚的样品，材料是 N-BK7（肖特公司）或 BSC7（Hoya 公司），对于波长 500nm（0.5mm），其内部透射率 $\tilde{\iota}_i = 0.998$。

（2）10mm 厚的样品，λ 为 420nm（0.42mm），材料为 N-LAF34（肖特公司）时，其内部透射率 $\tilde{\iota}_i = 0.988$；当材料为 S-LAH66（Ohara）时，其值为 0.987。

（3）对于 3mm 厚的样品，材料为 OG570（由肖特公司设计的长通滤波材料），λ 为 700nm（0.7μm），其内部透过率为 0.98，λ 为 3200nm（3.2μm），其内部透过率为 0.25。

因此，用分光度计测量原材料透过率的适当样品是具有良好抛光表面和已知厚度的平行平板（图 11.45）。分光光度计的工作范围（波长）应与被测平板（样品）的波长相匹配。当测量任何原材料的透过率时，其结果应与制造商的数据表所述的一致。

为了增加光学材料（部件）的传输性能，其表面可涂上一层抗反射（AR）涂层，由于干涉现象可减少两个表面的反射，从而获得更高的传输性能（见第6 章）。

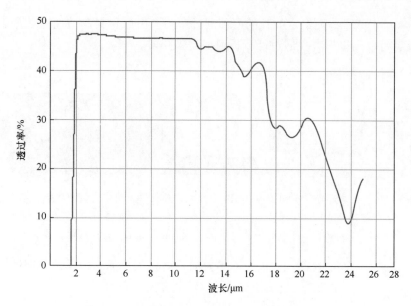

图 11.45　光学级锗的传输特性（2mm 样品厚度）
（转载自 TYDEX，版权所有）

11.7　硅或锗的电阻率

电阻率（也称为阻抗）是一种内在的性质，用它可以量化材料阻碍电流流动的能力（电导率与电阻率互补，是材料传导电流能力的测量值）。

电阻率的国际单位是 Ω，还使用了其他单位，如 $\Omega \cdot$ cm。电阻率 ρ 的定义为

$$\rho = \frac{R \cdot A}{I} \tag{11.9}$$

式中：R 为材料的标准试样的电阻（以 Ω 计）；I 为材料的长度（m）；A 为试样材料的横截面积（m^2）。

因为是一种固有的性质，所以用这样的方式来定义电阻率，而与电阻有所不同，电阻是系统或材料本身的属性（如半导体硅和锗）。电阻率与材料的数量和形式无关，内在性质主要取决于材料的化学成分或结构。

四探针法是一种常用的测量半导体材料电阻率的技术。开尔文于 1861 年发明了开尔文桥，使用 4 个通道的传感器测量非常低的电阻，后来它也被称为开尔文检测法。在这种技术中（图 11.46）布置两个探头，通过电流穿过试样，以确定试样的电阻率，另外两个电探针测量电流引起的电位下降。

电阻率测量主要由原材料制造商、研究实验室或半导体制造商进行，以验证原材料是否满足指定的电阻率要求。

Veeco 公司生产的 FPP-5000 型四探针仪（图 11.47）是一种自动电阻率计，用于测量电阻率，计算样品的薄层电阻，并确定半导体的类型（N 或 P）。

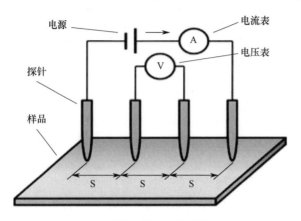

图 11.46　四探针法

图 11.47　Veeco FPP-5 000 四探针仪
（图片由米勒设计和设备公司提供，版权所有）

参 考 文 献

Refractive index

C. Pitot, "ABBE Zeiss Refractometer," Louisiana State University, http://macro.lsu.edu/HowTo/Abbe_refractometer.pdf.

Newport Glass, "How the Generic Optical Glass Code Works," http://www.newportglass.com/GeneCd.htm.

Refractometer, "Overview," owned and maintained by www.ChemBuddy.com, http://www.refractometer.pl.

Shimadzu Corp., "Contact Liquid (Refractive Liquid)," http://www.shimadzu. com/products/opt/se/oh80jt0000001o4h.html.

J. Hanson, "Refractometry," University of Puget Sound, http://www2.ups. edu/faculty/hanson/labtechniques/refractometry/theory.htm.

C. Pastorek, "Refractometry," course notes, Department of Chemistry, Oregon State University, http://chemistry.oregonstate.edu/courses/ch361-464/ch362/refract02.htm.

I. R. Kenyon, "The Light Fantastic: A Modern Introduction to Classical and Quantum Optics," Oxford University Press, Oxford (2008).

J. B. Yadav, *Advanced Practical Physical Chemisty*, Krishna Prakashan Media, Meerut, India (1981).

A. Goel, *Surface Chemistry*, Discovery Pub. House, New Dehli (2006).

C. G. Raj, *Advanced Physical Chemistry*, Krishna Prakashan Media, Meerut, India (1978).

R. K. Brow, "Chapter 10: Optical Properties," course notes, University of Missouri, http://web.mst.edu/~brow/PDF_optical.pdf.

J. Rheims, J. Köser, and T. Wriedt, "Refractive-index measurements in the near-IR using an Abbe refractometer," *Meas. Sci. Technol.* **8**, 601–605 (1997).

R. S. Estey, *The Use of the AO Spencer Spectrometer*, American Optical Company, Instrument Division, Buffalo, NY, http://www.physics.umd. edu/courses/Phys375/Anlage_Fall09/AO%20Spencer%20Spectrometer% 20User%20Manual.pdf (1938).

Trioptics GmbH, "SpectroMaster® - High Precision Automatic Spectrometer-Goniometer," http://www.trioptics.com.

J. M. McCormick, "The Abbe Refractometer," course notes, University of California – Los Angeles, http://www.chem.ucla.edu/~bacher/General/ 30BL/tips/refract.html.

Vermont Photonics Technologies Corp., "Hilger-Chance Digital Refractometer – User Manual," http://www.vermontphotonics.com/index.html.

Z. Nassar and H. Dawoud, "Laboratory Experiments in Optics," Islamic University-Gaza, http://site.iugaza.edu.ps/mhassan/files/2010/02/optics. lab.tex.pdf (2007).

M. V. Leikin, "Refractometry," The Free Dictionary, http://encyclopedia2. thefreedictionary.com/Refractometry.

G. F. H. Smith, "On the method of minimum deviation for the determination of refractive indices [with a diagram (Plate lit)]," http://www.minersoc. org/pages/Archive-MM/Volume_14/14-65-191.pdf (1906).

Möller-Wedel Optical GmbH, "Indispensable for manufacturing of high-precision optics GONIOMETER-SPECTROMETER For precise angle and refractive index measurement," www.moeller-wedel-optical.com.

Möller-Wedel Optical GmbH, "Operation Manual Goniometer-Spectrometer II - Measurement of Prism Angles and Refractive Indices," http://www. vermontphotonics.com/GoniometerSpectrometer.pdf.

ZG Optique, "Automatic Standard of Refraction Index Measurement," http://www.zgoptique.ch/docs/standard.pdf.

Phywe Systeme GmbH, "Spectrometer – Goniometer 35635.02," http://www. phywe.com/index.php/fuseaction/download/lrn_file/bedanl.pdf/35635.02/ e/3563502e.pdf.

Homogeneity

M. Zecchino, "Measuring Homogeneity with the FizCam 2000," 4D Technology, http://www.4dtechnology.com/reflib/Measuring% 20Homogeneity%20with%20the%20FizCam%202000.pdf.

Schott, "Homogeneity of optical glass," TIE-26.

D. Battistoni, "FT Interferometry Measures Homogeneity," *Photonics Spectra*, http://www.photonics.com/Article.aspx?AID=18379 (Mar. 2004).

B. Oreb, A. Leistner, G. Billingsley, W. Kells, and J. Camp, "Interferometric measurement of refractive index inhomogeneity on polished sapphire substrates: application to LIGO-II," *Proc. SPIE* **4451**, 414 (2001) [doi: 10.1117/12.453639].

C. Ai and J. C. Wyant, "Measurement of the inhomogeneity of a window," *Opt. Eng.* **30**(9), 1399–1404 (1991) [doi: 10.1117/12.55928].

M. Zecchino and E. Novak, "Homogeneity Testing Using a Laser Interferometer," Veeco Instruments, Inc., www.veeco.com.

M. Zecchino, "Measuring Homogeneity with the FizCam 2000," 4D Technology Corporation, Tucson, AZ.

F. W. Rosbery, "The Measurement of Homogeneity of Optical Materials in the Visible and Near Infrared," *Appl. Opt.* **5**(6), 961–966 (1966).

Carl A. Zanoni, "Specifying and Measuring Optical Glass Homogeneity," *Electro-Optical System Design* (Feb. 1973).

A. L. Farinola and K.-H. Mader, "The Characterization of Glass Inhomogeneity," *Proc. SPIE* **0147**, 132 (1978) [doi: 10.1117/12.956633].

F. W. Rosbery, "The Performance of Lenses Made from Inhomogeneous Glasses," *Appl. Opt.* **4**(1), 21–24 (1965).

Strain (Stress)

Helios Kiln Glass Studio, "Annealing," Fusedglass.org, http://fusedglass.org/learn/technical_tutorials/glass_firing_schedules/annealing.

Corning Museum of Glass, "Annealing Glass," http://www.cmog.org/article/annealing-glass?id=5726.

M. E. Lockwood, "Strain testing glass," Lockwood Custom Optics, http://www.loptics.com/ATM/mirror_making/strain/strain.html.

M. Lockwood, "Strain in telescope mirrors and mirror blanks," Lockwood Custom Optics, http://www.loptics.com/articles/strain/strain.html.

H. Katte, "Minimization of Annealing Cost by Automatic Measurement of the Residual Stress Distribution," presentation, ilis GmbH, http://www.verreonline.fr/Glassman-2009/ilis-strain-measurement.pdf.

Striae

H. Gross, M. Hofmann, R. Jedamzik, P. Hartmann and S. Sinzingerd, "Measurement and Simulation of Striae in Optical Glass," *Proc. SPIE* **7389**, 73891C-9 (2009) [doi: 10.1117/12.827677].

Ohara, "Optical Glass Catalog," http://www.ohara-gmbh.com/e/katalog/downloads/techinfo_e.pdf (2013).

Hoya, "Optical Glass Catalog," http://www.hoyaoptics.com/pdf/OpticalGlass.pdf.

第12章　光学元件的检验与测试

测试分以下几个阶段进行。

（1）开发：对在开发阶段和原型阶段采购的物品进行检查。此步骤可在生产商工厂（货源检验）或采购工厂（进货检验）执行。

（2）生产：对日常生产阶段采购的物品进行检查。与前面的步骤一样，这可以是源检验或进货检验。

（3）维护：根据维护合同，主要是外部光学元件（窗口玻璃、穹顶透镜和物镜）。此步骤发生在生产者工厂、客户工厂或用户工厂。

根据组织程序、图纸和规范或特殊附加要求，检查可能包括以下几项：几何特征；外观检查（见第13章）；表面形状（见第13章）；镀膜（光学和耐久性特性，见第14章）；高级测试（装配功能）。

验证实际参数是否符合图纸或规范中规定的要求，对于元件的功能和装配阶段以及符合客户最终需求的装配功能都至关重要。即使完成项目检查所需的所有设备可能不具备，但应根据供应商的要求和报告，做出决定，例如批准项目或因信息缺失或偏差而拒绝这些项目。

光学元件的几何特性取决于元件的类型。这里讨论的主要元件涵盖了最常用的几何特征（图12.1），包括单透镜、双胶合透镜、窗口玻璃、棱镜和分划板。

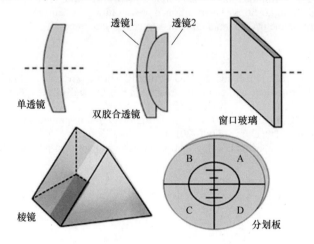

图 12.1　几乎涵盖所有几何特征的基本五要素

必要时，将对所需特征的测量需求、方法和工具进行注释。此外，还将对一些方法或工具的优点和局限性进行注释。没有针对特定工具或制造商的建议，检查员可以选择使用最合适或可用的工具和方法来获得正确的结果。

可用不同的方法来确定所需的特性。其中，有些不同是由于与光学图纸相关的标准或规范不同造成的；有些是由于设计师不了解标准或规范并替换其定义造成的。但无论如何，定义应该是正确和清晰的，以便理解。

（1）单透镜是一种由单一光学材料制成的透镜（光学装置），其材料可以是玻璃（火石或冕牌）、晶体（蓝宝石、氟化钙）、特殊材料（硫化锌）或半导体材料（硅、锗）。

（2）双胶合透镜是由两个单透镜胶合组成的光学器件，用于校正光学像差。这两个单透镜主要通过黏合剂连接在一起，有时通过空气（空气间隔的双面胶）连接在一起，它们由不同的材料制成。

（3）窗口玻璃通常是平面的、平行的，并且由透明（对于一定的波长范围）的光学材料制成，它允许光通过。

（4）棱镜是一种光学透明元件，至少由5个平面组成，其中至少有两个平面是经过抛光处理的。棱镜可以使穿过的光发生折射或胶合形成分束器。

（5）分划板是一种一边有图案的透明窗口，图案可以包括不透明的线条、圆圈、数字、字母、文字或其他标志，用于瞄准具、显微镜、自准直仪和其他设备中进行各种测量。

几何特征是指元素的物理尺寸。这些尺寸可以用不同的工具和方法测量。本章介绍的主要特征包括球面半径、矢高、同心度、定心、圆度、透镜中心厚度、高度、平行度、垂直度、长度、口径、倒角、倾斜度（角度）和角半径。

12.1　球　面　半　径

球面半径可通过以下器具和方法测量：

（1）球径仪；

（2）光学样板；

（3）干涉仪；

（4）显微镜自准直仪和光学工作台；

（5）轮廓仪；

（6）特殊情况下的计算。

1. 球径仪

球径仪是一种用来测量透镜球面半径的仪器，目前最基本的球径仪在精密光学工业中已经很少使用，它是由3个彼此相距120°的固定支腿、第四个支腿（由放置在3个固定支腿中轴的精细垂直螺钉组成）、一个垂直尺和一个细分刻度的水平游标卡尺组成。垂直支腿的位置与被测球面的值成比例，可以在标尺和游标卡尺上读取。该值的实现方法是：首先将所有4个支腿调整到同一个平面高度上归零，然后将3个固定支腿放在测量表面上，再将垂直支腿移动到测量表面上，直到所有支腿都接触到测量表面。此时，零位和当前位置之间的高度差即为3个固定支腿所在的平面与球体相交所形成的切面处的高度。

注意：千万不要在成品光学表面上使用这种球径仪。支腿的锋利边缘可能会损坏光学表面。

基本球径仪如图12.2所示，用精确的机械或数字百分表指示器代替了直尺和游标卡尺。另一种形式的球面仪见图12.3，它用适合不同直径球面表环替换了螺纹装置。由于指标器提供了高度差（测量的垂度），所以还包含了将垂度转换为半径的表格。图12.4描述了由Trioptics GmbH公司生产的基于三点接触的高精度自动球径仪Superspheronic® HR，它可以对测量参数进行数字显示或用计算机软件进行数据分析，其曲率半径的测量精度为0.01%。图12.5是带有附件的同一装置图。

图 12.2　最基本的球径仪

（图片由 Le Compendium／Albert Balasse 提供，2007—2015 年，版权所有）

图 12.3　带数字和机械千分表指示器的表环球径仪

（图片由 Astro – Foren. de 提供，版权所有）

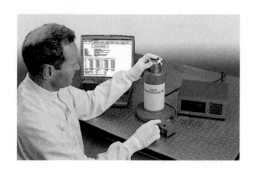

图 12.4　Superspheronic® HR

（图片由 TRIOPTICS GmbH 提供，版权所有）

图 12.5　带附件的 Superspheronic® HR

（图片由 TRIOPTICS GmbH 提供，版权所有）

　　图 12.6 和图 12.7 展示了 OptiPro 的 UltraCURV（计算机化通用半径验证器），这种精密球径仪包括 1 个底座单元、带软件的上网本计算机、保护套、3 组 3 个带 6mm 直径球（碳化物/红宝石）的可移动触点、3 个小型光学测量环和一份完整的使用说明书。

图 12.6　UltraCURV（计算机化通用半径检验仪）球径仪

（图片由 OptiPro Systems, LLC 提供，版权所有）

图 12.7 UltraCURV（计算机化通用半径检测器）球径仪的完整组件

（图片由 OptiPro Systems，LLC 提供，版权所有）

下面介绍三点接触式球径仪的原理（图 12.8）。首先假设被测球面与 x 轴和 y 轴球面相切，而 z 轴球面与被测球面中心相切，如图 12.9 所示。

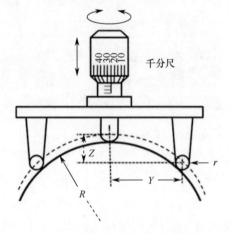

千分尺

图 12.8　主要尺寸

R—待测半径；Y—中央可移动支腿的球中心与固定支腿球
中心之间水平方向的距离；Z—中央可移动支腿的球中心与
固定支腿球中心的高度差；r—固定支腿的球半径。

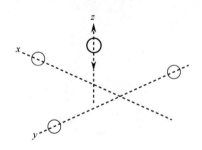

图 12.9　x、y 和 z 轴示意

在 $y - z$ 平面上有

$$Y^2 + (R - Z)^2 = R^2 \qquad (12.1)$$

或

$$R = \frac{Y^2 + Z^2}{2Z} \qquad (12.2)$$

然而，根据式（12.2），求得的 R 实际上是到接触球中心的半径，Y 是每个固定接触球的中心与可移动球中心之间的距离，Z 是测量的弧垂高度。实际半径为

$$R = \frac{Z}{2} + \frac{Y^2}{2Z} \pm r \qquad (12.3)$$

式中：r 为接触球的半径；± 号分别表示凹面和凸面。得到式（12.3）所示的实际半径 R 的过程见图 12.10。

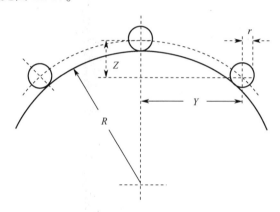

图 12.10　半径 r 计算的参数

以下方程的展开是以凸球面为例，有

$$(R + r)^2 = Y^2 + [(R + r) - Z]^2 \qquad (12.4)$$

假设

$$(R + r) = M \qquad (12.5)$$

因此，有

$$M^2 = Y^2 + (M - Z)^2 \qquad (12.6)$$

$$M^2 = Y^2 + M^2 - 2MZ + Z^2 \qquad (12.7)$$

$$2MZ = Y^2 + Z^2 \qquad (12.8)$$

$$M = \frac{Y^2 + Z^2}{2Z} \qquad (12.9)$$

$$(R + r) = \frac{Y^2 + Z^2}{2Z} \qquad (12.10)$$

其结果见式（12.11），与式（12.3）对于凸面的结果相同，即

$$R = \frac{Y^2 + Z^2}{2Z} - r = \frac{Z}{2} + \frac{Y^2}{2Z} - r \qquad (12.11)$$

对于凹面，式（12.11）中的 $-r$ 替换为 $+r$。

2. 光学样板

样板的测量方法是用单色光源照明，比较待测球面半径与已知精确数值的样板半径之间的一致性，见图12.11。两个球面之间的接触，即样板和被测元件的接触以及两个元件上的照射，会产生牛顿环（干涉条纹）。

知道样板的准确半径和现有干涉条纹的数量，可得出测试球面的准确半径值。通过观察（a）分束器或（b）匹配的表面都可以看到干涉条纹。后一种方法是优选的，因为条纹更清晰、更容易观察和计数。

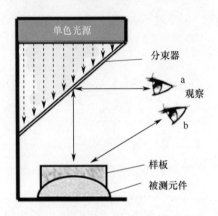

图12.11　使用测试样板和单色光源测量球面的半径

首先，两个表面都应该进行彻底清洁，以免潜在的污染对其造成损害。相互不连接的表面会在它们之间形成一个气隙，增加干涉条纹的数量，会导致半径计算错误。忽略被测表面可能的不规则性，可以看到两种可能的干扰图样：

（1）直线干涉条纹和平行干涉条纹之间的距离相等，表明被测表面的半径等于样板的已知半径（图12.12）；

图12.12　单色光源和匹配对的真实结构（在匹配表面上具有干涉条纹的样板和测试元件）
（转载自麻省理工学院，版权所有）

（2）带光焦度的条纹，表明被测表面的半径与样板的半径不同，其相差值与计数条纹的数量有关。带光焦度的条纹是指当两个匹配表面对中时产生完整环的条纹，或当两个匹配的表面相对倾斜时产生部分环的条纹，见图 12.13 和图 12.14。带光焦度的条纹表明，被测表面与样板相比是凹的还是凸的，并能计算出被测表面的准确半径。

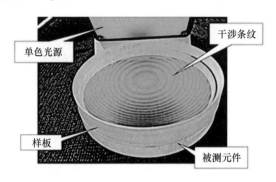

图 12.13　在单色光照射下配对表面之间显示的干涉条纹（环）

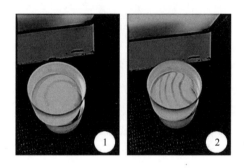

图 12.14　相同设置的干涉条纹（在图 1 中，中心面彼此对中，可看到一个环；
在图 2 中，倾斜面可看到部分环。在这两种情况下，测试半径相同）

对于平面和球面，检测面偏差方向的识别基本相同。方向的意义在于，被测表面的半径是否大于（＋）或小于（－）样板的已知半径。该标识对于确定被测表面的准确半径、确定结果是否符合规定要求以及零件是否需要返工非常重要。

如果被测凸面半径大于测试样板的半径，如图 12.15 所示，则样板与被测表面的接触将在其边缘处，在该边缘处，路径相同但方向相反的两个光束发生相干干涉，从而产生一条明亮的条纹，即一个波峰（顶部）与另一个波峰相交、一个波谷（底部）与另一个波谷相交，这种在接触点上的亮条纹称为零级亮条纹（黑线表示波峰与波谷、波谷与波峰的相消干涉）。

现在，如果稍微压一下测试样板的顶部，环（条纹）会向边缘移动，并且数量会减少。此现象意味着被测表面大于（＋）测试板的已知半径，见图 12.16。

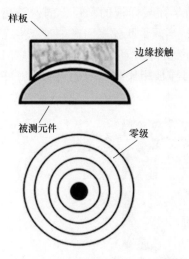

图 12.15　凹测试板表面与凸被测　　　图 12.16　凸（+）被测表面的移动方向
　　　　　表面的边缘接触

　　如果被测凹面半径小于测试样板半径，如图 12.17 所示，则测试样板与被测表面的接触位于中心，在此处产生的明亮条纹也是由相同现象引起的，即路径相同但方向相反的两个光束发生相干干涉：一个波峰（顶部）与另一个波峰相交、一个波谷（底部）与另一个波谷相交，这种在接触点上的亮条纹称为零级暗条纹（黑线表示波峰与波谷、波谷与波峰的相消干涉）。

　　在这种情况下，如果被测半径小于样板的半径，则样板可以卷起被测元件的表面；如图 12.18 所示，在测试样板边缘轻微压动，将使中心接触点 1 和中心接触点 1 处的环（条纹）移动到新的接触点 2。这种现象意味着被测表面小于（-）测试板的已知半径。

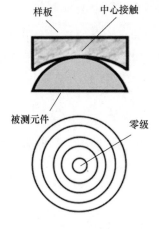

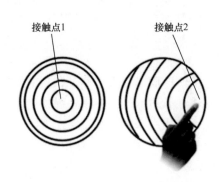

图 12.17　凹测试板表面与凸被测　　　图 12.18　凸（-）被测表面的移动方向
　　　　　表面的中心接触

如果被测表面为凹面，则其效果与凸面相同。可以假设，在这里提供的示例中，样板是被测元件，被测元件是样板。唯一的重要区别是：结果的符号是颠倒的，这意味着：对于中心点接触，被测表面的半径大于（+）样板的半径；对于边缘接触点，被测表面的半径小于（−）样板。

需要注意以下几个要点：

（1）每个半径测试都需要有一个指定的样板。用于球形表面的样板通常成对生产，即凹面和凸面，且半径相同。

（2）匹配两个表面时应特别小心，以免损坏。

（3）匹配表面时，可将样板放在顶部，将测试元件放在其下；反之亦然。具体取决于样板的尺寸和重量、测试元件以及测试的简易性。

（4）"样板"和"测试玻璃"是可互换的术语。

通过一个固定半径，可以将给定的公差转换成相应的干涉条纹，图12.19给出了该场景，式（12.12）～式（12.18）描述了这个过程。A是被测表面的直径（mm），H是矢高（mm），R是被测表面的半径（mm），ΔR是半径的实际公差（mm），ΔH是矢高的实际公差（mm），d是导数，n是光焦度（条纹）的数量，λ是单色光波长。例如，绿色汞光源$\lambda = 546.1\text{nm}$或0.5461mm；其他可用光源为黄色/橙色钠光源，波长（λ）$= 589.3\text{nm}$（0.5893mm）和黄色氦气光源，波长（λ）$= 586.7\text{nm}$（0.5867mm）。

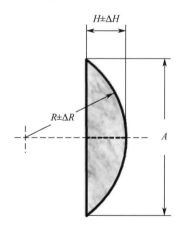

图12.19 确定干涉条纹的半径

$$H = R\left[1 - \sqrt{1 - \left(\frac{A}{2R}\right)^2}\right] \approx \frac{A^2}{8R} \tag{12.12}$$

$$dH = A^2 \times \left(\frac{-dR}{8R^2}\right) = -\left(\frac{dR}{8}\right) \times \left(\frac{A}{R}\right)^2 \tag{12.13}$$

$$|\Delta H| = \frac{|\Delta R|}{8} \times \left[\frac{A}{R}\right]^2 \tag{12.14}$$

对于给定的 ΔR，有

$$\Delta H = n \times \left(\frac{\lambda}{2}\right) \tag{12.15}$$

$$n \times \left(\frac{\lambda}{2}\right) = \frac{|\Delta R|}{8} \times \left[\frac{A}{R}\right]^2 \tag{12.16}$$

例如，对于波长 $\lambda = 546.1\mathrm{nm} \approx 0.55\mu\mathrm{m}$，有

$$n = \frac{\Delta R}{4 \times 0.55 \times 10^{-3}} \times \left[\frac{A}{R}\right]^2 = \frac{1000}{2.2} \times \Delta R \times \left[\frac{A}{R}\right]^2 \tag{12.17}$$

也即

$$n = 454 \times \Delta R \times \left[\frac{A}{R}\right]^2 \tag{12.18}$$

以上方程式中的 ΔR 指的是元件实际半径的给定公差，并将该公差转换为等效数量的光焦度 n。当通过所观察到的光焦度环计算其等效半径公差时，符号 Δr 指的是样板的半径与被测表面半径之间的实际差异，它与表面半径上的允许公差 ΔR 不同。

例 12.1 为元件提供以下参数：

① 直径 $A = 17\mathrm{mm}$（标称值）；

② 半径 $R = 46.5\mathrm{mm}$（标称值）；

③ 观察到的功率环（条纹）n 的数量为 5；

④ 绿色汞光源 $\lambda = 546.1\mathrm{nm}$（$0.5461\mu\mathrm{m}$）$\approx 0.55\mu\mathrm{m}$。

试验玻璃的半径假定为 $46.500\mathrm{mm}$。对于观察到的 5 个环，其相等值是多少（单位 mm）？

解： 首先计算 $1/(4 \times 0.55 \times 10^{-3}) \approx 454$，根据式（12.18），有

$$n = 454 \times \Delta r \times \left[\frac{A}{B}\right]^2$$

则

$$5 = 454 \times \Delta r \times \left[\frac{17}{46.5}\right]^2$$

得出

$$\Delta r = \frac{5}{454 \times \left(\frac{17}{46.5}\right)^2} \approx 0.08(\mathrm{mm})$$

因此，观察到的 5 个环相当于 $0.08\mathrm{mm}$（$80\mu\mathrm{m}$），则测试表面的半径等于 $46.5\mathrm{mm} \pm 0.08\mathrm{mm}$，应与 $46.5\mathrm{mm}$ 半径的规定公差进行比较。如果规定公差大于 $0.08\mathrm{mm}$，则观察到的 5 个环（$0.08\mathrm{mm}$）符合要求。如果规定公差小于 $0.08\mathrm{mm}$，则与所述要求存在偏差。

例 12.2 为元件提供以下参数：

① 直径 $A = 20\mathrm{mm}$（标称值）；

② 半径 $R = 32.27\mathrm{mm}$（标称值）；

③ 观察到的功率环（条纹）数量 $n = 5$；

④ 黄色/橙色钠源光 $\lambda = 589.3\,\text{nm}$（$0.5893\,\text{mm}$）$\approx 0.59\,\mu\text{m}$。

试验玻璃的半径假定为 $32.270\,\text{mm}$。观察到的 5 个环的 Δr（mm）是多少？

解：首先计算 $1/(4 \times 0.59 \times 10^{-3}) \approx 424$，得

$$n = 424 \times \Delta r \times \left[\frac{A}{B}\right]^2$$

则

$$5 = 424 \times \Delta r \times \left[\frac{20}{32.27}\right]^2$$

可得

$$\Delta r = \frac{5}{424 \times \left(\frac{20}{32.27}\right)^2} \approx 0.03\,(\text{mm})$$

因此，观察到的 5 个环等于 $0.03\,\text{mm}$（$30\,\mu\text{m}$）。所以，试验表面的半径等于 $32.27\,\text{mm} \pm 0.03\,\text{mm}$。该值应与 $32.27\,\text{mm}$ 半径的规定公差进行比较，如果规定公差大于 $0.03\,\text{mm}$，则 5 个观察环（$0.03\,\text{mm}$）符合要求。如果规定公差小于 $0.03\,\text{mm}$，则与规定要求有偏差。

在大多数情况下，样板的半径与元件的所需半径略有不同，因为往往已经存在一个半径值非常接近所需要求的样板，所以不需要制造新的样板来获得良好的表面质量。在这些情况下，样板的半径小于或大于所需的标称半径。因此，当分别使用半径较小或半径较大的样板时，必须计算较大或较小的实际公差在每个方向上的允许环（条纹）数量

例 12.3 对于凹面，给出了以下参数：

① 半径为 $12.22\,\text{mm} \pm 0.01\,\text{mm}$（即 $12.21\,\text{mm}$ 或 $12.23\,\text{mm}$）；

② 表面直径为 $16.5\,\text{mm}$；

③ 样板半径（RTG）为 $12.218\,\text{mm}$。

用给定的 RTG 测量时，$12.22\,\text{mm}$ 的名义半径允许有多少个光焦度条纹？

解：计算如图 12.20 所示。对于 $12.21\,\text{mm}$ 的半径，允许的偏差为 $-0.008\,\text{mm}$；对于 $12.23\,\text{mm}$ 的半径，它为 $+0.012\,\text{mm}$。如果使用黄色/橙色钠源光，波长 $\lambda = 589.3\,\text{nm}$（$0.5893\,\mu\text{m}$）$\approx 0.59\,\mu\text{m}$，因此

$$\frac{1}{(4 \times 0.59 \times 10^{-3})} \approx 424 \text{。}$$

根据下面的公式，即

$$n = 424 \times \Delta r \times \left[\frac{A}{B}\right]^2$$

则 $0.008\,\text{mm}$ 的结果是

$$n = 424 \times 0.008 \times \left[\frac{16.5}{12.218}\right]^2 \approx 6.2$$

$0.012\,\text{mm}$ 的结果是 $n \approx 9.3$。

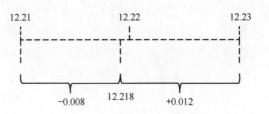

图 12.20　计算凹面的功率条纹

因此，测试半径为 12.22mm ± 0.01mm 且 RTG 为 12.218mm 的凹面会产生（－）6.2 环或（＋）9.3 环，这意味着前者的接触点将位于边缘（样板半径尺寸大于被测表面的半径），并且后者的接触点将位于中心（测试玻璃的半径小于被测表面的半径）。

例 12.4　对于凸面，给出了以下参数：

① 半径为 16.33mm ± 0.01mm（即 16.32mm 或 16.34mm）；

② 表面直径为 22.3mm；

③ 样板半径（RTG）为 16.336mm。

用给定的 RTG 测量时，16.33mm 的标称半径允许有多少个功率条纹？

解：计算如图 12.21 所示。对于 16.33mm 的半径，允许偏差为 －0.004mm；对于 16.34mm 的半径，允许偏差为 ＋0.016mm。如果使用黄色/橙色钠光源，波长 $\lambda = 589.3$nm（0.5893μm）≈0.59μm，因此 1/（$4 \times 0.59 \times 10^{-3}$）≈424。

根据公式

$$n = 424 \times \Delta r \times \left[\frac{A}{B}\right]^2$$

则 0.004mm 的结果为

$$n = 424 \times 0.004 \times \left[\frac{22.3}{16.336}\right]^2 \approx 6.2$$

0.016mm 的结果是 $n \approx 12.6$。

因此，测试半径为 16.33mm ± 0.01mm 且 RTG 为 16.336mm 的凸面会产生（＋）12.6 环或（－）3.2 环，这意味着前者的接触点位于中心（测试玻璃的半径大于被测表面的半径），并且接触后者的点位于边缘（测试玻璃的半径小于被测表面的半径）。

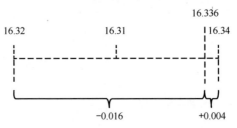

图 12.21　计算凸面的功率条纹

如果样板半径与被测表面的半径相同，则两侧的环数相同。更多详情见后文。

3. 干涉仪

干涉仪能够精确测量凹、凸表面的半径。其他必要的部件包括透镜座、用于读取半径值的数字轨道尺和隔振台（图12.22）。由于测量精度很高，需要一个隔振台来防止各种振动对周围环境的影响。图12.23显示了典型的设置，包括两个屏幕，分别用于显示干涉条纹和用来分析不同参数的表面形状的计算机云图。当两个同向和反向（相反）的波前之间产生相消干涉时，就会出现干涉现象（图12.24）。当一个球面波从干涉仪出射时，在每个球面（凹面或凸面）的两个点处会产生干涉。一个点位于参考透镜的焦平面上（图12.25中的平面A），第二个点位于被测表面的半径距离R处（图12.26中的平面B）。当从干涉仪出射的激光束/射线从x方向撞击平面A（参考球面的焦平面）的凹凸表面时，它在y方向反射（图12.25）。当离开干涉仪的激光束/射线撞击平面B的表面（凹面或凸面）时，它会以相同的方向反射。

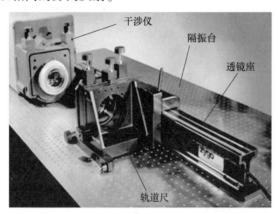

图12.22　用于测量球面的干涉仪装置

（转载于Zygo Corp公司，版权所有）

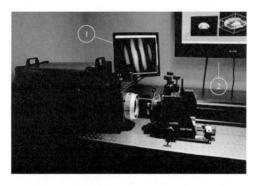

图12.23　用于测量球面的干涉仪设置

（图片由Guild Optical Associates, Inc提供，版权所有）

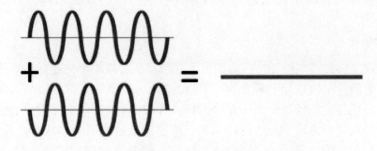

图 12.24　相消干涉现象

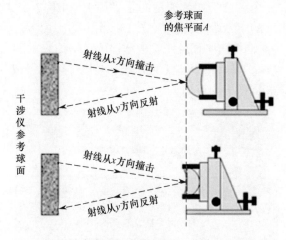

图 12.25　射线离开参考球面去撞击平面 A 处的球面并从球面反射

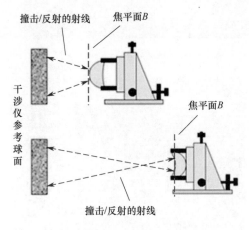

图 12.26　射线离开参考球面去撞击平面 B 处的球面并从球面反射

被测表面的平面 A（图 12.25）称为"猫眼位置"，被测表面的平面 B（图 12.26）称为"共焦位置"（图 12.27）。因此，为了产生被测表面的半径 R，将被测透镜放置在透镜座中，并以激光束离开干涉仪为中心，将被测透镜移到平面 B 上。

根据屏幕上的干涉图案，通过调整透镜座的旋钮来校正透镜位置。对于凸面，将带有透镜的支架从位置 B 移到位置 A（图 12.28），并在对应的显示器上读取半径 R 的值（图 12.23）。对于凹面，将带有透镜的支架从位置 B 向干涉仪方向移动到位置 A（图 12.29），并在对应的显示器上读取半径 R 的值（图 12.23）。为了方便地找到 B（共焦）区域和凹面的正确光束方向，可以使用带有针孔的对准标记（图 12.30）。

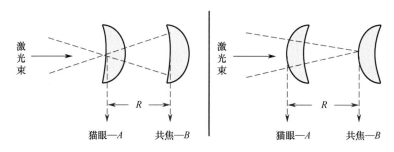

图 12.27　凹面（左）和凸面（右）的猫眼和共焦位置

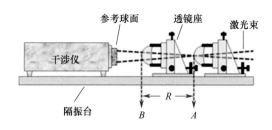

图 12.28　测量凸球面的设置

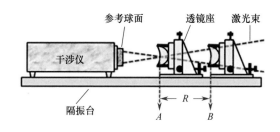

图 12.29　测量凹球面的设置

半径值的测量和读取可以采用两种方式之一，即使用数显尺和使用百分表。在前一种情况下，标尺和它的显示器可以是干涉仪设置的一部分（图 12.22 和图 12.23）或一个单独的单元（不属于干涉仪的部分）。在后一种情况下，可以使用百分表测量小半径，如图 12.31 所示。

图 12.30　通过针孔对准光束标记的原理图

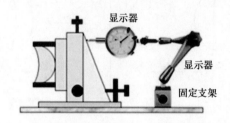

图 12.31　使用百分表测量半径的基本设置

f - 数（也称为 f 数、$f/\#$、焦比、f - 比、f - 光圈或相对光圈）对应于参考透射球面波的焦距与入瞳孔直径之比，即

$$N = \frac{f}{D} \tag{12.19}$$

式中：N 为 f - 数；f 为焦距（mm）；D 为直径（mm）。应正确选择 f - 数有两个原因：

①　覆盖最大可用测试表面（或通光孔径）以进行不规则测量；

②　测量测试表面的曲率半径。

选择正确透射球 f - 数的另一个重要值是 R - 数（$R/\#$），它是指被测表面的曲率半径与其通光孔径（CA）的比值，即

$$R/\# = \frac{\text{测表面的曲率半径}}{\text{通光孔径(CA)}} \tag{12.20}$$

一个装置通常可以测试球面的半径和不规则度。因此，为了选择正确的参考透射球，必须考虑测试表面的半径和出射球面波可覆盖的被测表面最大范围。对于凸面半径测量，测量（测试）半径应小于参考透射的焦距 f。透射球的 f - 数不得小于（参考球面在焦点处的较宽光锥角）被测表面的 R - 数，以覆盖被测表面的全口径 CA，从而进行不规则测量。

Zygo 干涉仪的标准 4 英寸透射球为 $f/0.65$、$f/0.75$、$f/1.5$、$f/3.3$、$f/7.1$ 和 $f/10.7$。要为直径为 30mm（如透镜直径代表 CA）、曲率半径为 35mm 的凸面（cx）透镜找到合适的 4 英寸透射球，可考虑以下参数：

① f-数为1.5的标准4英寸透射球的最近半径为121.2mm；

② R-数为35/30≈1.17。

将R-数除以f-数，即1.17/1.5≈0.8（小于1，即100%），表明未覆盖整个尺寸，只有80%。如果对于同一透镜，选择了一个半径为48.2mm、f-数为0.75的透射球体，则R-数=35/30≈1.17。将R-数除以f-数，即1.17/0.75=1.56，表明在这种情况下，覆盖了整个尺寸（超过1，即100%）。

> 有关更多详细信息和附加说明，可参阅ZYGO公开提供的"Transmission Sphere Selection"（透射球面镜头选择）和"Transmission Sphere Specifications"（透射球面镜头规格），这些文章中的表格和图表可以帮助选择正确f-数的透射球，故在此处不再进行讨论计算。

训练有素的光学检测人员可以根据被测元件的口径（或CA）和半径选择合适的f-数透射球，而无需任何计算或上述表格和图表。半径值测量的常见限制来自于隔振台的长度、标尺的长度和透射球的焦距。对于较长的半径，应使用其他方法，例如下面描述的方法。

4. 显微镜自动准直仪和光学平台

在这种方法中，用某种光束（交叉或其他）照射，使用者通过显微镜的目镜进行观察。图像可以在两个地方找到，即球面放置在参考透镜的焦点处和在距离焦距被测半径R处。精确的半径可以用放在光学工作台上的直尺和用于精确调整的螺旋测微计来测量。图12.32显示了测量凹面的基本示例。测试凸面的方法是相似的，可以更换参考透镜以匹配不同的半径。

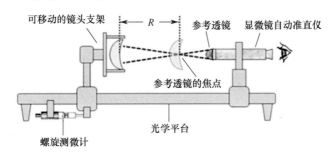

图12.32　使用显微镜自动准直仪和光学平台测量半径的基本设置

轮廓仪

轮廓仪是用来测量表面轮廓的仪器。尽管轮廓仪主要用于测量非球面、衍射面和粗糙度，但它也能测量球面的半径。

轮廓仪可以是非接触式或接触式，其测试步骤与非球面相同。详见第15.1节。要获得顶部被截取（截断）的球面的半径R值，如图12.33所示，必须使用适当的工具测量A、C和B的值，并且必须根据以下公式计算R：

$$R = \sqrt{\left[\frac{B^2 - A^2 + C^2}{2C}\right]^2 + A^2} \qquad (12.21)$$

当无法直接测量时，可用下面这种方法测量球面的曲率半径，见图 12.34。由于这种测量方法不是直接的，依赖于间接的参数，所以测量精度不是最优的。方程式（12.21）是以下计算的结果：

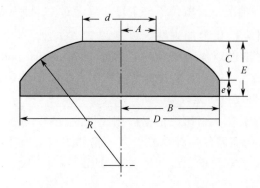

图 12.33　球面透镜的球面顶部被切断

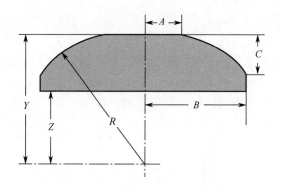

图 12.34　推导计算式（12.21）所需的参数

$$Y = \sqrt{R^2 - A^2} \qquad (12.22)$$

$$Z = Y - C = \sqrt{R^2 - A^2} - C \qquad (12.23)$$

$$R^2 = Z^2 + B^2 \qquad (12.24)$$

$$R^2 = \left[\sqrt{R^2 - A^2} - C\right]^2 + B^2 \qquad (12.25)$$

$$R^2 = R^2 - A^2 - 2C\sqrt{R^2 - A^2} + C^2 + B^2 \qquad (12.26)$$

则

$$-A^2 + C^2 + B^2 = 2C\sqrt{R^2 - A^2} \qquad (12.27)$$

　　由于长球面的半径测量受到首选干涉测量的限制，主要是干涉仪所放置的工作台的长度受限。尽管有这一限制，可通过另一种方法检测长半径，通过波前干涉平面的矢高图，求出光焦度环数量和光焦度环半径公差的等效值来进行测量。

该测量的设置如图 12.35 所示，凹半径 $R = 6000\text{cm} \pm 1000\text{cm}$（$6\text{m} \pm 1\text{m}$），凹面直径 $\phi = 15.6\text{mm}$，干涉仪波长 $\lambda = 0.6328\text{mm}$。

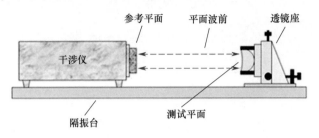

图 12.35　使用干涉仪测量长球形半径的设置

平面激光束照射在被测表面，对屏幕上所显示的光焦度环进行计数（凹面或凸面）。矢高 h（参见 12.2 节）等于 $\phi^2 / (8R)$ = $15.6^2 / (8 \times 6000)$ = $243.36 / 48000$ = 0.00507mm = $5.07\mu\text{m}$。此外，一条条纹为 $\lambda/2$ = $0.6328 / 2$ = $0.3164\mu\text{m}$。因此，将矢高转换为光焦度环（条纹）的数量的结果是

$$5.07 / 0.3164 = 16.02$$

这意味着对于给定的基准面，凹面直径为 15.6mm，半径为 6000cm（6m），相当于 16 个光圈。功率环中 1000cm（1m）的公差可以通过以下两种方式之一找到。

① $16/6 = 2.666 = 2.7$ 条纹，即 $1000\text{cm} = 2.7$ 条纹。

16 条纹	=	6m
?	=	1m

② 可以使用式（12.16）：

$$N \times (\lambda/2) = \frac{|\Delta R|}{8} \times \left[\frac{A}{R}\right]^2$$

对于波长 $\lambda = 632.8\text{nm}$（0.6328mm）$\approx 0.633\text{mm}$，有

$$N = \frac{\Delta R}{4 \times 0.633 \times 10^{-3}} \times \left[\frac{A}{R}\right]^2 = \frac{1000}{2.53} \times \Delta R \times \left[\frac{A}{R}\right]^2$$

最后的结果同式（12.18），只是波长不同。

$$N = 395.26 \times \Delta R \times \left[\frac{A}{R}\right]^2 \qquad (12.28)$$

因此，如果 $A = \phi$，则有

$$N = 395.26 \times 1000 \times (15.6/6000)^2 = 395260 \times (2.6 \times 10^{-3})^2$$
$$= 2671957.6 \times 10^{-6} = 2.67 \approx 2.7 \text{ 条纹}$$

两种方法的结果都是一样的！

此外，M. C. Gerchman 和 G. C. Hunter 在"用于精确测量长半径凹面光学表面的曲率半径的差分技术"一文中描述了另一种用干涉仪测量长半径的高精度方法。SPIE 0192，75（1979）［doi：10.1117 / 12.957839］。

12.2 矢 高

SAG 是"Sagitta"的缩写，拉丁语中是箭头的意思。这个术语指定镜头表面的深度，即矢高。在大多数情况下，它指的是凹面透镜的表面（图 12.36），但也可以指凸面（图 12.37）。

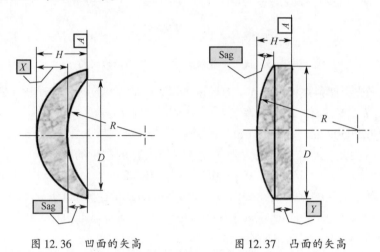

图 12.36 凹面的矢高　　　图 12.37 凸面的矢高

两种情况下的公式相同，仅适用于球面。

$$Sag = R - \sqrt{R^2 - \left[\frac{D}{2}\right]^2} \tag{12.29}$$

式中：R 为曲率半径；D 为直径。图中矢高值（尺寸）的给出方法与任何其他参数相同。可以看出，为了使用式（12.29）获得矢高，必须测量曲面的曲率半径 R 和直径 D。

对于凹面，直径可以用轮廓投影仪测量，半径可以用干涉仪或球径仪测量。另一种方法是测量高度 H 和中心厚度 X，并计算矢高为 $H - X$。例如，可以使用高度计游标尺测量高度 H，使用厚度计游标尺测量中心厚度 X。

如图 12.37 所示，如果对凸面给出矢高要求，并使用矢高公式，则可使用千分尺测量直径，使用干涉仪或球径仪测量半径。另一种获得矢高值的方法是测量高度 H 和 Y，并计算矢高为 $H - Y$。高度 H 可以用高度计游标尺或厚度计游标尺测量，Y 可以使用轮廓投影仪测量。

使用间接测量时，注意每次测量中可能累积的误差会影响最终结果。当从带有倒角（保护性或功能性）的拐角处进行测量时，务必寻找理论拐角，以尽可能获得精确的值（参见图 12.38 中的 K 箭头）。

最好直接测量！

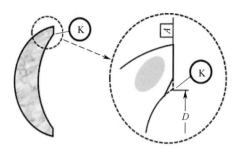

图 12.38　测量矢高时应考虑的倒角

矢高可以使用深度尺来测量，也可以使用购买的平面标准底座（图 12.39 中的左图）或针对特定镜头直径制造的圆环底座（图 12.39 中的右图）来测量。当深度尺的探头与被测表面接触时，必须特别小心（图 12.39 中的虚线箭头），以避免损坏被测表面。该测量方法适用于球面、非球面和衍射凹面。

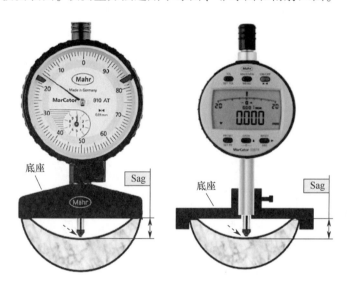

图 12.39　用深度尺（1087R 在右边，810AT 在左边）和底座进行垂度测量
（图片由 Mahr GmbH 提供，版权所有）

深度尺的探头使用塑料接触边缘，以避免损坏被测表面。

另一种具有凹球面、非球面或衍射面的透镜如图 12.40 所示，其台阶宽度为 Y，与表面 A 至 B 平行。在这种情况下，可以用图 12.41 所示的方法测量矢高，镜片放置在精确的杯子表面 B 上，然后标尺度数应在凹面的最低点归零，并在表面 A 的两个相反点上进行测量，标尺读数显示相同的结果。有关设置的描述可参见图 12.41。两个高点和置零点之间的距离就是所寻找的矢高。

利用接触轮廓仪可以测量凹非球面的矢高，并将其表示为轮廓图，结果如图 12.42 所示。图中的矢高的 P_t 状态值为 2480.4850μm，等于 2.480485mm。

165

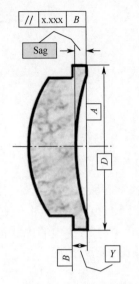

图 12.40　带台阶的凹球面透镜

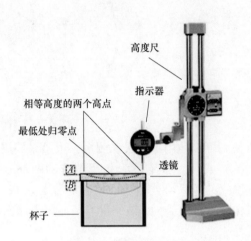

图 12.41　矢高测量设置

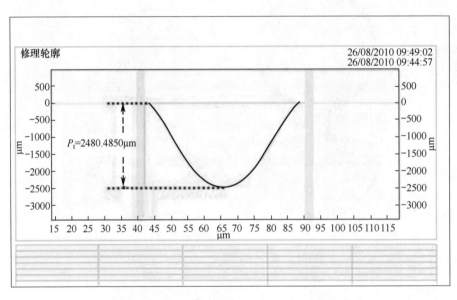

图 12.42　由 Talysurf 轮廓仪测量的凹形金刚石车削表面的矢高
（转载自 Taylor – Hobson Precision，版权所有）

在大多数情况下，轮廓仪不仅是用来（Talysurf 或其他）测量矢高的。图 12.42 所示的矢高图是由轮廓仪在测量凹非球面的其他参数时绘制的图。

在检查过程中始终要使用最快速、最精确、最可靠的方法。

12.3 定 心

透镜（单透镜或双透镜）的定心（包括定心，调心和跳动）是指单透镜（或双胶合透镜）的机械轴和光轴完全重合（图 12.43）。它也可以定义为球面或非球面透镜的光轴和机械轴之间的最大允许偏差。

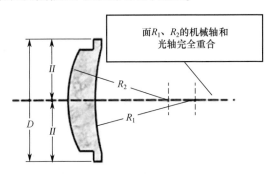

面 R_1、R_2 的机械轴和光轴完全重合

图 12.43 轴完全重合的透镜

透镜的机械轴是透镜的外圆柱边缘（表面）的中心线（几何轴），而光轴是指连接两个表面的曲率中心的连线。在大多数情况下，这两个轴必须重合（但并非总是如此，如对于离轴元件或系统）。

如果两个表面的轴不重合，则会与理想情况产生偏差，从而降低性能并导致系统失效。图 12.44 显示了两个表面 R_1 和 R_2 的光轴不重合，通过透镜的光线偏离正确方向的情况。

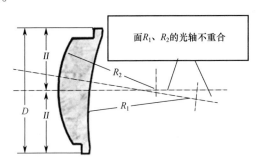

面 R_1、R_2 的光轴不重合

图 12.44 透镜两个表面的光轴不重合

图 12.45 显示了表面 R_1 和 R_2 的光轴重合但与机械轴不重合的情况：透镜直径边缘的厚度存在差异。确定定心的公差基本有以下两种：

① 采用楔块（根据 ISO 10110 第 6 部分，"定心公差"）；

② 按长度用标准符号或明确的文字表示。

在前一种情况下，诸如 4 /2′ 的代码表示 ISO 10110 第 6 部分的倾斜指定（图 12.46）。在给定的示例中，倾斜容差是 2 弧分（2′）。

后一种情况有很多种形式。跳动是指在基准轴上，通过360°旋转零件得到的与零件表面所需形状的综合偏差。跳动的国际标准符号是↗。

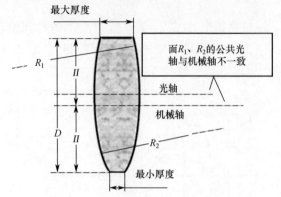

图 12.45　公共光轴与机械轴不一致

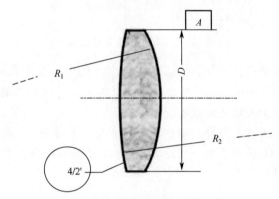

图 12.46　用楔块指定倾斜公差

图 12.47 显示了 0.02 mm 的跳动指定。该指定意味着镜片应抵靠表面 A（口径边缘为 D）放置在表面 R_1 上，并且当镜头相对于表面 A 旋转时，指针读数（总读数或 TIR）接触表面 R_2 边缘处的最大偏差应为 0.02。在测量跳动时，应始终考虑直径 D 的公差。图 12.48 表示表面 R_2 和 B 的跳动公差。

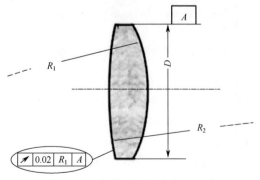

图 12.47　按长度指定的中心公差

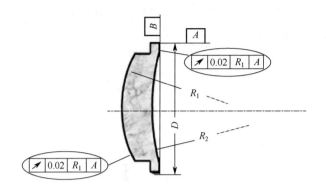

图 12.48　按长度表示的两个表面中心公差

　　双胶合透镜中的跳动总是测量其外球面或非球面，并且参考表面属于相同的单球面。在图 12.49 中，将镜片放置在透镜 1 的表面 H 上，抵靠表面 A（透镜 1 的口径），在透镜 2 的表面 J 的边缘上测量跳动。

　　用明确的词语指定长度跳动（如对于图 12.50）可以描述如下：

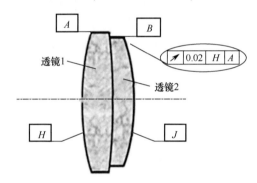

图 12.49　双胶合透镜中心公差指定

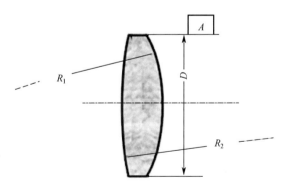

图 12.50　透镜后接长度跳动的中心公差名称
（无标准符号名称，但有本节规定的明确文字说明）

"镜头应保持在表面 R_2 上。当表面 A 的跳动为 0.01mm 时，表面 R_1 的跳动在口径为 23mm 时为 0.02mm"。

此标示可以放在图纸上的路线图（RC）中。

如果要求以楔块（主要是弧分）的形式给出（见附图），则长度距离 a 可通过以下等式获得，即

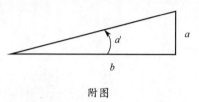

附图

$$\tan\alpha = \frac{a}{b} \qquad (12.30)$$

$$a = \tan\alpha \times b \qquad (12.31)$$

式中：b 为透镜口径；a 为读数差值（TIR），即已测量的跳动。表 12.1 提供了各种楔块的切线值，表 12.2 给出了在 1′~5′ 范围内，直径为 10~100 mm 的普通给定角度定心要求的从角度到毫米值的转换值。给定高度 a 的第 4 位数是四舍五入的。表 12.2 很重要，因为有些图纸以一种方式定义定心要求，但检查员测试和验证透镜定心要求时只能以另一种方式工作。

表 12.1 1′~5′ 楔块的切线值

楔块	1′	2′	3′	4′	5′
切线值	0.00291	0.000581	0.000873	0.00116	0.00145

表 12.2 将角度 α（单位：弧分）的值转换为长度 a 单位：μm

b/mm	α	a	α	a	α	a	α	a	α	a
10	1	0.003	2	0.006	3	0.009	4	0.012	5	0.015
20		0.006		0.012		0.018		0.023		0.029
30		0.009		0.017		0.026		0.035		0.044
40		0.012		0.023		0.035		0.046		0.058
50		0.015		0.029		0.044		0.058		0.073
60		0.018		0.035		0.052		0.070		0.087
70		0.020		0.041		0.061		0.081		0.102
80		0.023		0.046		0.070		0.093		0.116
90		0.026		0.052		0.079		0.104		0.131
100		0.029		0.058		0.087		0.116		0.145

测量光学元件的定心有两种基本方法：

（1）传统的方法，仍然是一种可靠的机械方法，带有千分表指示器，提供公制或英制单位的结果；

（2）先进的光学方法，以弧分或角秒为单位测量角度偏差。

1. 传统的方法

镜头被放置在靠近边缘的 3 个支撑腿上，见图 12.51。接触点应由聚四氟乙

烯或类似材料制成，从而在支撑腿接触点和镜片之间形成"软"接触，以防止任何可能的损坏。两个靠柱可防止镜头在水平方向上移动。千分表的接触点位于被测表面的边缘，用手指转动镜头，使其形成一个完整的圆圈，就可以在千分表的指针上看到差异。千分表读数（TIR）的总差值就是所测的跳动量。两个靠柱和支撑镜头的 3 个支撑腿是可以移动的，以适应不同镜头直径的设置。

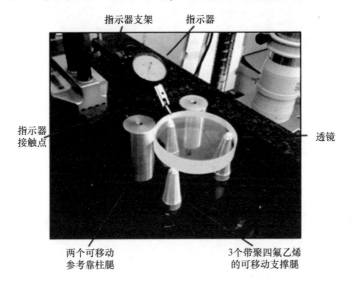

图 12.51　使用日本三丰杠杆表进行定心（跳动）测量的基本传统设置
（转载自 Temmek Optics Ltd.，版权所有）

同样的方法可以用 V 形块来实现，V 形块替代两个靠柱，用聚四氟乙烯杯替换 3 个支撑腿，具体参见图 12.52 和图 12.53。对于不同的透镜直径，应准备不同直径的杯子，见图 12.54。为了保持聚四氟乙烯杯的稳定性，可以用双面胶带将其粘在底座上，见图 12.52。

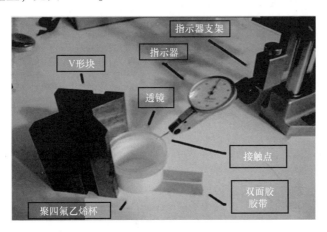

图 12.52　带有德莎杠杆表的 V 形块方法侧视图

图 12.53　带有德莎杠杆表的 V 形块方法俯视图

图 12.54　对于不同的镜头直径应配备不同直径的杯子

2. 先进的方法

图 12.55 显示了"劳尔（LOH）"（制造商）装置的一部分，该装置主要用于双胶合透镜胶合过程的定心，但也可用于测量单透镜的定心（跳动）。这个装置由一个真空度可控的塑料杯组成，杯中装有镜片，镜片可从杯子中心的孔中充气弹出来。透镜放置在杯子上并靠着 V 形块，连接电机轴的旋转环固定在透镜外圆上，使透镜可以靠着 V 形块旋转。千分尺的触点接触到透镜的上表面，读取表面的跳动量。杯子大小不同，可以互换以匹配不同大小的镜片；V 形块可以移动以适应不同的镜片直径。先进的劳尔"激光辅助装配系统"，类似于图 12.55 和图 12.56 所示的劳尔装置，如图 12.57 所示。

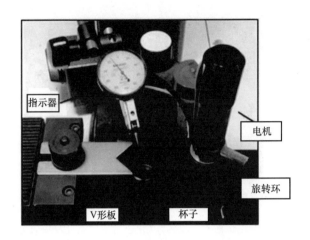

图 12.55　用于胶合过程镜片定心测量的劳尔设备（带有日本三丰杠杆表）

（转载自 Temmek Optics Ltd.，版权所有）

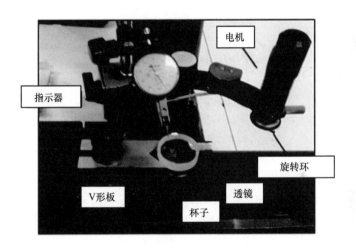

图 12.56　图 12.55 所示的相同劳尔装置，但镜头位于杯子上

（转载自 Temmek Optics Ltd.，版权所有）

AB 技术公司生产用于总指标读数（TIR）测量的"microtir 仪表"，图 12.58 所示的型号 TIR100/150 就可以测量跳动，也称为 TIR 或全指标移动（FIM）测量、串心、定心或调心。该设备使用空气轴承作为转台的参考轴，整个系统精度高达 0.125μm。通过采用真空伺服系统中心夹具，可以安全、可靠地固定敏感部件（透镜）。

显示器（图 12.59）具有彩色触屏用户界面，界面上可以看到数字和模拟读数以及最大值、最小值和 TIR，可以输入、保存参数（如零件号和附加说明等），并将其打印出来作为最终的验证信息提供给客户，或者通过接下来的制造过程步骤随零件一起传递。

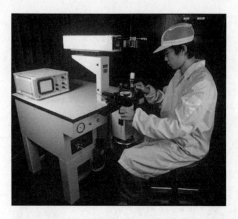

图 12.57　先进的劳尔"激光辅助装配系统"（用于对中胶合过程中的对中（跳动）测量）
（转载自仪器技术研究中心（ITRC），国家应用研究实验室，版权所有）

图 12.58　用于外圆跳动测量的 MicroTIR 仪表
（转载自 ABTech Inc.，版权所有）

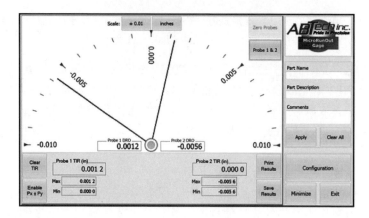

图 12.59　TIR100／150 型号的显示
（转载自 ABTech Inc.，版权所有）

Opto Alignment Technology, Inc. 生产激光对准和装配站™（LAS）。装配站使用基于激光反射（633nm 激光）的测量仪器对光学表面进行非接触、实时全显示跳动测量。这些仪器有各种各样的型号。紧凑的台式精密 LASBT（图 12.60）具有 380mm 的垂直线性调焦运动行程，并带有多速步进电机和编码器、100mm 电动空气轴承（abs）以及通过中心的真空吸附系统。"Calculens Assembly" 软件允许测量 1～3μmTIR 分辨率范围内的对准误差，具体取决于镜头规格和光机设计。TIR 读数指示器有机械或电子两种选择。图 12.61 显示了 LAS-BT 透镜装夹真空旋转装置的近视图。

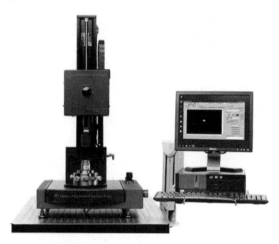

图 12.60　LAS-BT 激光对准和装配站™（LAS），用于传导光学表面的非接触式实时 TIR 测量
（转载自 Opto-Alignment Technology，Inc.，版权所有）

图 12.61　镜头定心和调整：仔细观察 LAS-BT 的镜头真空旋转装置
（图片由 Opto Alignment Technology，Inc. 提供，版权所有）

Trioptics 公司生产一种用于中心测量的模块化、灵活的 Opticentric® 系统，OptiCentric® 系统涵盖了从中心和空气间隔中心厚度测量到光学校准、胶合和装配的所有生产步骤。它包括适用于任何应用程序的有价值的工具，从简单且经济

实惠的可视化仪器到复杂的全自动化和 PC 控制的生产和实验站。图 12.62、图 12.63和图 12.66 所示的设备及其附件包括：

 ① 电动真空透镜旋转装置；

 ② 超精密空气轴承转台；

 ③ 机械和气动镜头固定装置。

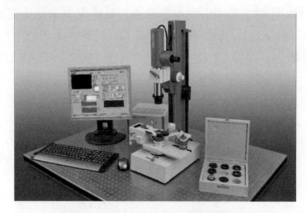

图 12.62 带附件的 Opticentric® 设备

（图片由三光公司提供，版权所有）

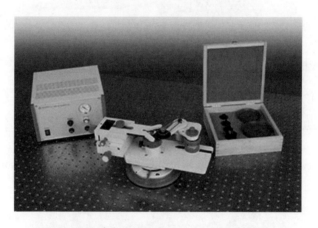

图 12.63 带真空吸盘的电动定心和固定设备

（图片由 TRIOPTICS 提供，版权所有）

OptiCentric® 仪器可通过两个基本程序测量定心误差。在这两种情况下，镜头在测量期间都会旋转。一种被称为"反射测量"，见图 12.64，其中透镜表面的曲率中心用于测量定心误差；第二种称为"透射测量"，见图 12.65，其中镜头的焦点用于测量。自动准直仪聚焦在表面的曲率中心（反射模式）或镜头的焦平面（透射模式）。两次测量的结果都不一样。

 ① 反射测量模式。给出单个上表面的跳动误差（定心误差），指的是后表面

位于镜头支架上。根据 ISO 10110-6，当跳动要求以角度（如弧分）表示时，该模式是光学透镜图中最具特征的跳动要求。

　② 透射测量模式。提供一个"整体误差"——所有表面的定心误差的组合，并且主要用于测量（一个或多个）组装透镜的跳动。

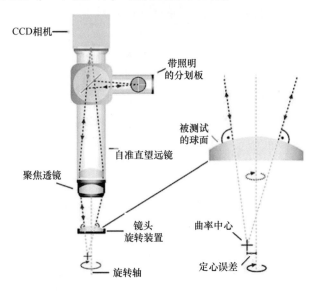

图 12.64　反射测量模型
（图片由 TRIOPTICS 提供，版权所有）

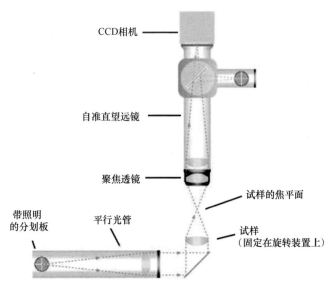

图 12.65　"传输测量"模式
（图片由 TRIOPTICS 提供，版权所有）

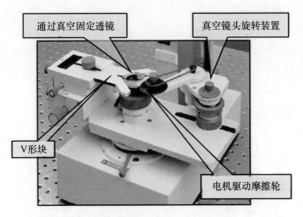

通过真空固定透镜　　真空镜头旋转装置

V形块

电机驱动摩擦轮

图 12.66　带真空吸盘的电动定心和固并设备

（图片由 TRIOPTICS 提供，版权所有）

3. 重要注意事项

（1）根据 ISO 10110-6，通过角度（如（4/2）′）确定跳动要求，并由 Opti-centric® 系统测量时，应考虑穿过透镜的光线，即折射率对定心误差的影响。在传输模式测量时，角度偏差 T 由下式给出，即

$$T = (n - 1) \times R \tag{12.32}$$

式中：T 为透射模式下的角度偏差；n 为透镜材料的折射率；R 为上表面的倾斜误差。反射模式下的测量结果，基本上是按角度决定跳动要求。

例如，对于由 BK7 制成的 $n = 1.5168$ 的肖特镜头，根据 ISO 10110-6 的跳动要求是（4/2）′，则传输模式的要求为

$$T = (1.5168 - 1) \times 2' = 0.5168 \times 2' = 1.0336' \approx 1'$$

这意味着，当 OptiCentric® 系统进行跳动测量时，反射模式下 2′的跳动在传输模式下应为 1′。有关更多详细信息，可参阅 VIS 的"OptiCentric-产品手册-E-2012"和 VIS 和 IR 的"OptiCentric-Infrared-Lenses-ProductBrochure-E-2013"。

（2）如前所述，确定所需的定心公差有两种基本情况：

① 楔块（根据 ISO 10110 第 6 部分："定心公差"）；

② 按长度用标准符号或明确的文字表示。

图纸要求由光学设计师给出，但检验由生产商和客户的检验员进行。因此，他们每个人都应熟悉检验设备和结果的差异，以便最终的跳动结果符合规定的要求和光学系统设计。

由于机械轴需要与光轴重合，在确定透镜（单透镜或双透镜）光学表面的跳动时，应考虑其直径，包括机械轴的直径公差，并以某种方式在图纸中标明光学表面的跳动公差（图 12.47 至图 12.49）或用明确的词语表述（图 12.50）。仅根据 ISO 10110-6 确定光学表面之间的跳动，而不参考外径是不够的，可能导致偏差和功能故障。如果只有光学表面之间的跳动有影响，则可参阅 18.5 节了解

更多详细信息。

图 12.67 表示 Kugler 转台 RT-400，这是一个带有气体静压轴承的高精度转台。RT-400 是专门为超精密测量需要而设计的，包括用附加的电子或机械仪表测量跳动。

测量时务必使用经过校准且正确的检查工具！

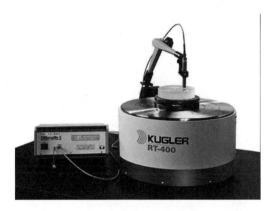

图 12.67　转盘示例

（图片由库格勒股份有限公司提供，版权所有）

12.4　千分表和指示器

千分表和指示器（游标卡尺、千分尺、高度计和厚度指示器）在光学元件参数的测量中非常常见。在测量过程中只能使用经过校准的仪表和指示器，此外，应使用校准块规（图 12.68）或圆棒来验证仪表和指示器的完整性。千分尺（不是从零开始测量）有一个用于在起点校准的量规，见图 12.69 和图 12.70。矩形量块也可用于起点或任何其他位置，见图 12.71。

图 12.68　Mitutoyo 516-947-26 由 87 个 AS-1 级钢量块组成的公制矩形量块组

（图片由三丰公司提供，版权所有）

图 12.69　Mitutoyo 406-351 LCD 户外千分尺带有起点校准仪（绿色）

（图片由 Mitutoyo Corporation 提供，版权所有）

图 12.70　使用起点校准仪（黑色）校准 Mitutoyo 25～50μm 的起点

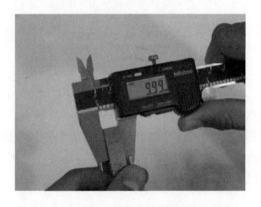

图 12.71　用矩形量块检查游标卡尺的校准

12.5　圆　　度

圆度被定义为"在垂直于公共轴的任何截面上，旋转表面的所有点都与该轴等距的条件"或"测量物体形状接近圆形状的程度"。

几乎所有的定义（这两个和其他的）都有相同的含义。圆度的国际符号是一个空圆〇。在光学元件（透镜）的图纸中，圆度的定义如图 12.72 所示。这种圆度以 mm 为单位，意味着最终透镜直径可以在 29.8～30.2mm 之间，但最终直径的差异不应大于 0.02mm，见图 12.73。透镜直径的圆度可通过以下方法和量规进行测量。

（1）游标卡尺。为了获得圆度读数，应旋转透镜以获得最大和最小读数。游标卡尺读数的差除以 2，就是所测的圆度。必须注意将游标卡尺测量爪连接到透镜的边缘，保证它们相互接触，具体见图 12.74 至图 12.76。

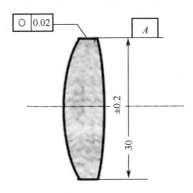

图 12.72　直径 A 圆度要求的定义

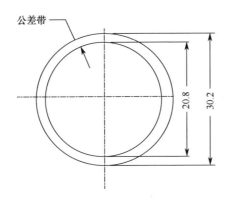

图 12.73　圆度要求的含义

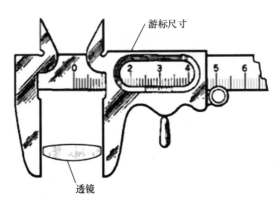

图 12.74　使用游标卡尺测量圆度的示意图

图 12.75　使用游标卡尺测量圆度

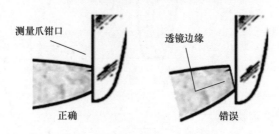

图 12.76　镜头边缘和测量爪之间的正确和错误连接

（2）千分尺。使用千分尺进行的测量与使用游标卡尺进行的测量基本相似，应采取相同的步骤和注意事项，见图 12.77 至图 12.79。切记，为了获得圆度，应在不同的点尽可能多地测量直径，以找到不同的值。最高读数和最低读数之间的差值除以 2 得到测量的圆度。用游标卡尺或千分尺测量也会产生直径值，一次测量中有两个必需的值，即直径和圆度。

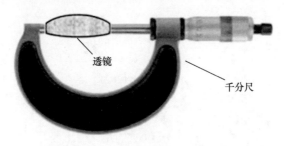

图 12.77　用千分尺测量圆度的示意图

（3）表盘高度尺和千分表指示器。这两个指示器（图 12.80）只有在透镜直径表面宽度足够时才能使用（图 12.81），这样才能安全地将镜头固定在参考面上（图 12.82）。宽直径的物体可以安全地放置在平坦的参考面上，而窄直径物体很容易掉落。例如，后者需要用手指来支撑，这对于小物体是不可能的。有关宽透镜直径的示例，请参见图 12.82；有关位于 V 形块上的窄透镜直径的示例，见

182

图 12.83。

图 12.78　用千分尺测量圆度的照片

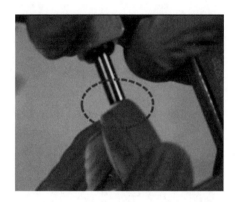

图 12.79　镜头边缘和主轴之间的不正确连接

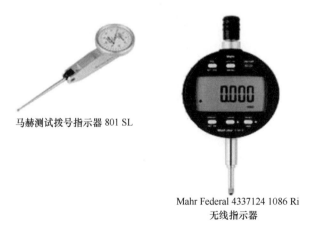

马赫测试拨号指示器 801 SL

Mahr Federal 4337124 1086 Ri
无线指示器

图 12.80　两个马赫规格指示器
（图片由 Mahr GmbH 提供）

图 12.81 两个透镜的示例

（一个具有宽的直径表面；另一个具有窄的直径表面）

图 12.82 宽表面直径稳定地位于 V 形块上

图 12.83 需要额外支撑的狭窄表面直径

对于小透镜或直径表面较窄的透镜，不建议使用千分表测量圆度。虽然这些方法都有缺点，但此处仍对其进行了说明，因为在特殊情况下，有时需要用一种替代的方法来测量圆度，如当没有更好的方法或必须通过另一种测量方法验证结果时。

两种方法的测量原理如图12.84和图12.85所示，表盘读数的差异除以2，即为所测透镜直径的圆度。

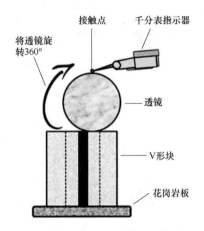

图 12.84　使用一种千分表指示器在平面基准面上测量圆度

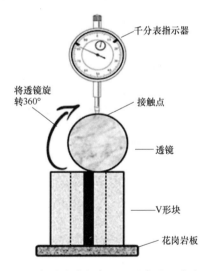

图 12.85　使用不同类型的千分表指示器在平面基准面上测量圆度

根据作者的经验，大多数光学透镜的直径往往有两个端面。因此，用游标卡尺、千分尺或千分表在平面基准面上测量直径（图12.86）将产生最高读数 H 和最低读数 L 之间的差异 Δ；根据圆度定义，该值应除以2（图12.87），以获得等效轴的读数或者较高或较低外圆的读数。

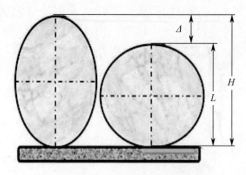

图 12.86　用游标卡尺、千分尺或千分表在两个端面的平面基准面上进行的实际测量

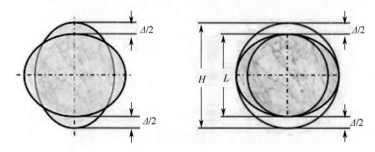

图 12.87　用游标卡尺、千分尺或千分表在两个波瓣的平面基准面上
测量的实际误差圆度 $(H-L)/2 = \Delta/2$

　　用图 12.84 和图 12.85 中的方式测量圆度，其缺点是需要将透镜稳定地保持在基准平面上。这种情况可以通过使用 V 形块进行校正，见图 12.88 和图 12.89，在这种情况下，应考虑 V 形块的角度，并对量规读数进行校正。指示器读数相对于实际径向方向上圆度的增加取决于端面和 V 形块的角度，推荐的方法是根据端面使用不同角度的 V 形块和倍增因子，如表 12.3 所列。

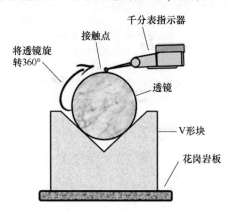

图 12.88　用一种千分表测量 V 形块表面角度的圆度

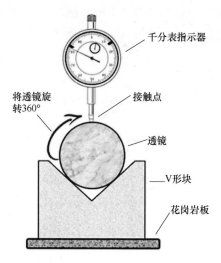

图 12.89　用另一种千分表测量 V 形块表面角度的圆度

表 12.3　不同 V 形块角度下的端面与乘法因子之间的关系

端面 N	V 形块角度 A	乘法因子 M
2	90°	1.00
3	60°	3.00
5	108°	2.24
7	128°	2.11

端面与 V 形块角度之间的关系由下式导出，即

$$2A = 180° - \left(\frac{360°}{N}\right)$$

式中：n 为端面的数目，如对于三端面配置 A 变为 30°（角度的一半），V 形块将为

$$2A = 2 \cdot 30° = 60°$$

$$2A = 180° - \left(\frac{360°}{N}\right)$$

式中：N 为叶数，对于一个三叶结构来说，例如当 A 变成 30°（半角度）时 V 形块为

$$2A = 2 \cdot 30° = 60°$$

12.6　中心厚度

1. 带厚度指示器的测厚仪

图 12.90 展示了各种透镜的横截面及其相对应的中心厚度，对于用测厚仪进

行的任何测量，测厚仪的接触点都需要用聚四氟乙烯（或者是一种相似的塑料材料）进行保护，以避免损坏光学表面（图 12.91）。

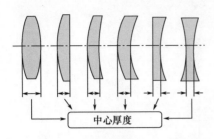

图 12.90　透镜截面及其中心厚度

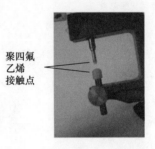

图 12.91　厚度测试仪聚四氟乙烯接触点

当测量一个负透镜的厚度时（中心厚度小于边缘厚度），在透镜的中心可以找到一个最小值（图 12.92），通过改变在中心附近的接触点位置，慢慢向旁边移动，直到在指示器刻度上产生最小值。

> 为了避免划痕，当它们在光学表面上接触时，不要改变接触点的位置

当测量一个正透镜的厚度时（中心厚度大于边缘厚度），在透镜的中心可以找到一个最大值（图 12.92），通过改变在中心附近的接触点位置，慢慢向旁边移动，直到在指示器刻度上产生最大值。

图 12.92　采用厚度仪测试中心厚度

2. 带刻度的测高仪

（1）以下步骤适用于刻度读数：

① 采用一个参考面对指示器置零（V 形块在图 12.93 中）；

② 升高指示器的探针；

③ 把透镜放置在参考面上；

④ 指示器的探针下降到透镜中心；

图 12.93　根据基准面调零三丰指示器

⑤ 指示器的移动代表中心厚度。

（2）关于透镜的中心：负透镜在指示器的刻度上产生最小值，但是正透镜产生最大值（由于测高仪探针的压力）。当透镜不改变它们的位置时，采用这种方式测量厚度，对大多数的透镜是有用的。如果有一些原因（如透镜过重、透镜材料过软等），把透镜放在硬表面存在危险，需要在透镜下面放置纸，但是记住，指示器归零时也要带着相同的纸。当测量一个带着平面的透镜厚度时（第二个面是凹面或凸面），更好的方法是把平面那一面放置在参考面上。

> V 形块和测高仪应该放置在校准过的花岗岩桌面上。

（3）**直接读数**有两种方法：带一个测高仪（图 12.94）或者一个百分表。

有些情况下，指示器的移动量小于透镜中心厚度的名义值，在这种情况下，指示器可以用一个已知厚度的标准量块置零。因此，透镜的中心厚度值为标准量块的厚度（或者量块组合）加上测量距离零点的数值（由量块置零）。图 12.95 和图 12.96 中准确的中心厚度数值为 15mm + 1.66mm = 16.66mm。

图 12.94　采用三丰指示器测试中心厚度

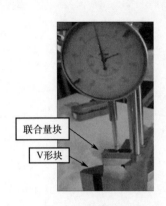

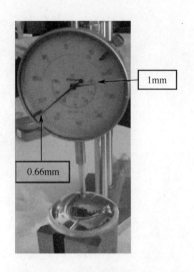

图 12.95 采用联合的量块
（15mm 在像位）置零三丰指示器

图 12.96 放置透镜代替量块后在
三丰指示器读出点的结果（1.66mm）

一个千分表可以测量中心厚度，但是经常只是用于平凸透镜的测量。在这种情况下，由于仪器的漂移，指示器的零点应在图纸所示标称厚度的量块上获得（图 12.97 和图 12.98）。

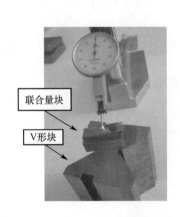

图 12.97 采用一个德莎指示器和
一个联合的量块置零参考点

图 12.98 放置透镜（代替量块）后
从德莎指示器中读出结果

图 12.99 解释了图里给出的中心厚度 b 的测量，如果因为某些原因，中心厚度不能直接测量，那么测量高度 A 和矢高 S（没有作为测量值在图里给出），相减得到 B，即

$$B = A - S$$

为了找到图 12.100 中的中心厚度，测量宽度 A 和矢高 S_1 和 S_2，有

$$B = A - (S_1 + S_2)$$

许多公司生产了数显设备来测量光学元件的中心厚度，在这里举了一些例子进行描述和说明。

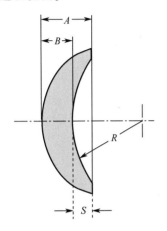

图 12.99 凸凹透镜的中心厚度

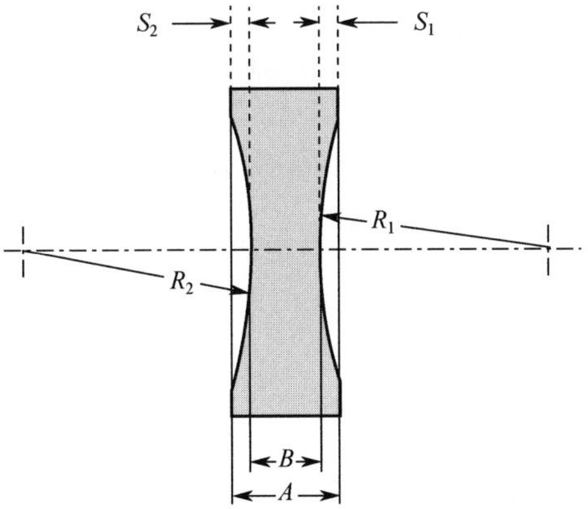

图 12.100 双凹透镜中心厚度

① Mahr GmbH 的产品，一个测量凹透镜和凸透镜中心厚度的工作站（图 12.101）。测量由两个电感应的测量探针组成。透镜工作部分由自动置心的三爪卡盘放置在一个由脚踏板控制的气动探针上，实际数值或者偏差值直接计算，包括光学显示时测量结果超过公差。

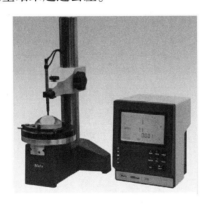

图 12.101 Mahr GmbH LCT100 工作站测量透镜的中心厚度
（图片由 Mahr GmbH 公司提供）

② WEO 公司 提供了 OCT－1 和 OCT－2 中心厚度测试系统。OCT－1 用来测试 0.5~15mm 范围内中心厚度，OCT－2 用来测试 0.1~0.5mm 范围内中心厚度（图 12.102）。

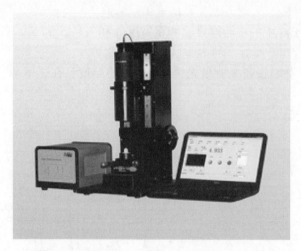

图 12.102　OCT－1/OCT－2 中心厚度测试系统
（图片由在 WEO 公司提供）

③ 阿姆斯壮光学计量公司制造两个中心厚度测量装置：接触式 CT 测量系统，见图 12.103，包含两个相反方向安装的线性探头仪表，仪表与数字显示器相连，数字显示器显示探针尖端之间的位置差，从而直接读取中心厚度；非接触式 CT 测量系统，见图 12.104，原理图见 12.105。CT 测量仪的设计考虑了潜在最终用户有价值的输入，包括精密光学器件制造商、质量部门评估生产批次、质量检查中的货物评估是否符合采购光学器件的规范。

图 12.103　接触式 CT 测量系统
（图片由阿姆斯壮光学计量公司提供）

图 12.104　非接触式 CT 测量系统

（图片由阿姆斯壮光学计量公司提供）

④ XONOX 科技 Gmbh 销售的 CT200 中心厚度测试设备用来测试平面、球面和非球面光学元件的中心厚度（图 12.106）。这个设备可以测试细磨、抛光和镀膜的光学元件，直径从 10mm 到 200mm。CT200 还可配备 PC 接口，用于远程数据输出。

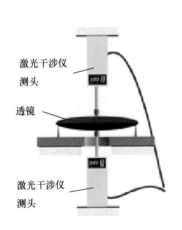

图 12.105　非接触式 CT 测量系统缩略图

（图片由阿姆斯壮光学计量公司提供）

图 12.106　CT2000 中心厚度测试设备

（图片由 XONOX 科技 Gmbh 公司提供）

12.7　窗口玻璃的厚度和平行度

厚度是一个简单的长度测量，平行度定义为距基准面或者基准轴等距的所有点的表面、线或轴的分布情况。

平行度的国际符号是//，如图 12.107 所示，C 显示需要的厚度，//0.02 A 显示需要的平行度。A 表示用于平行度测量窗口的参考面，图定义表面的厚度差（角落处的 4 个测量值足够）应在 0.02mm 范围内（测量值是以毫米为单位）。

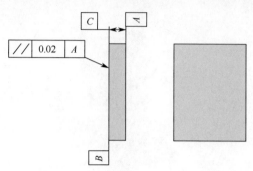

图 12.107　窗口玻璃关于厚度和平行度的需求

诚然，给定的图纸中所述的要求意味着如图列出的那样，表面 B 应该以表面 A 为基准面进行测量，但是因为光学表面的平面度很高，因此测量 A 与 B 的平行度是可以接受的。当置零后指示器不同的读数即为窗口 C 的厚度和需要的平行度（图 12.108）

为了直接测试高度，高度指示器应该对参考面置零（V 形块见图 12.109），指示器的探针升起，被测物放置在探针下方和参考面上方，当降下探针后，读取高度值。为了得到平行度值，在上表面选取不同的点读数，数值在最高点和最低点之间。

图 12.108　采用三丰指示器测量厚度和平行度　　图 12.109　置零三丰高度指示器

当直接测量受限时，可以使用量块测量。在一个已知数值的量块上置零（图 12.110），测量物的高度（如在图 12.111 所示的立方体），为量块的数值加上指示器的读数。

194

图 12.110　采用量块置零高度仪　　　　图 12.111　测量高度或者平行度的设置

图 12.111 所示的设置也同样适合于测量一个立方体两个面的平面度。不需要置零，平行度的数值为测量顶部表面的一些点（4 个点就足够）的差值。

测量窗口（或者立方体）的高度也需要一个百分表和量块，根据窗口（或者立方体）标称尺寸的量块（单个或者组合）进行调零。然后用元件替换量块，并将指示器移到元件顶面（图 12.112）。物体的实际高度是量块值和指示器读数的和。

为了用千分表测量平行度，如图 12.112 所示，在把指示器的接触点放在上表面之后，指示器需要顺着表面移动。指示器读数的差值表明顶面相对于 V 形块上的表面平行度。注意，窗口的厚度也可以通过前文中描述的一些透镜中心厚度系统来测量。

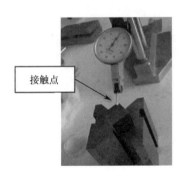

图 12.112　采用德莎指示器测量窗口玻璃或者立方体的厚度或者平行度

光学表面（镀膜或者没有镀膜）对于接触测量十分敏感，所以当把它们放置在表面或者当把显示器的接触点和测试平面相接触时一定要小心。

12.8 铣磨表面长度

长度在图纸中定义为在两个点、线或者面（图12.113）之间的带公差的规定数值（系统以 m 或者英尺为单位），透镜的中心厚度或者窗口的厚度也是长度测试，但它们是不同的例子，在12.2.6小节和12.2.7小节描述了所需要的测试方法。本章的内容主要聚焦在窗口或者立方体（包括滤光器、分光器和其他一些元件）铣磨表面长度和宽度的测量。

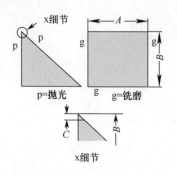

图 12.113 光学棱镜长度定义 （A、B 和 C）

测量长度的主要工具是游标卡尺（图12.114）、千分尺（图12.115和图12.116）、高度尺（图12.117）或者百分表。补充工具包括量块、V形块和高度尺和百分表指示器的支架。

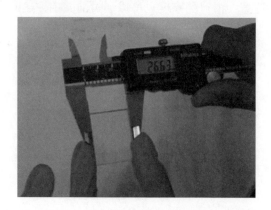

图 12.114 采用三丰游标卡尺测量光学窗口玻璃宽度

在图12.113里，尺寸 A 可以用上述的工具或者量块（或者是量块集合）直接测试。由于尺寸 A 位于铣磨表面之间，而铣磨表面本质上比抛光表面更不敏感，因此无需进行特殊处理以避免划伤。

尺度 B 不能用上述工具测量，因为放大图 X 显示了被切割 C 尺寸的棱角。B 和 C 的测量可以用测量显微镜（图12.118）或者轮廓投影仪（图12.119）进行。

当用高度尺或者百分表测试铣磨表面时，接触点不需要采用聚四氟乙烯、钢或者红宝石等材料。

图 12.115　采用三丰千分尺测量光学窗口玻璃的长度

图 12.116　采用三丰千分尺测量 30mm 标准量块比对结果

图 12.117　采用三丰高度仪测试窗口玻璃的宽度

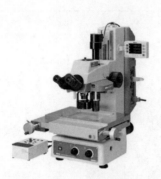

图 12.118　尼康 MM-400 千分表用于
尺寸和公差测量与可选的 DP-E1
数据处理器和 E-MAX 系列软件
（图片由尼康公司提供）

图 12.119　尼康 V12B 轮廓投影仪
（图片由尼康公司提供）

12.9　同　心　度

　　同心度定义为一种状态带着两个或者多个的特点，有共同轴的很多组合。同心度的国际符号为◎，图 12.120 列举了由两个透镜（单透镜）组成的双透镜的同心度要求的例子。这个要求的意义在于透镜 1（直径 B）的中心和透镜 2（直径 A）的中心可以有一个最大 0.02mm（在这个例子里单位是 mm）的偏移量。因为每个透镜的中心位置都是理论值，同心度的测量由测量距离 X（图 12.121）在表面 A 和表面 B 之间，每个点在 360°。

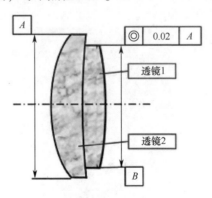

图 12.120　同心度要求

　　直径 A 和直径 B 的光轴和图 12.122 中距离 N 的中心在两个直径上是相等的，另外，在图 12.123 中可以看出透镜的光轴有偏移。如果直径 b 移动 X，那么

198

图 12.124 中的 N 也将移动 X，从而导致 $N - X = L$ 和 $N + X = H$。因此，L 比 H 大 $2X$，即（$H - L = 2X$）。

例如，如果按图 12.120 所示的要求定义了 0.02mm 的同心度，则表示根据图 12.123，最大值 $H - L = 0.02$mm，偏移距离 X 称为偏心率（无符号），并且是同心度的一半。

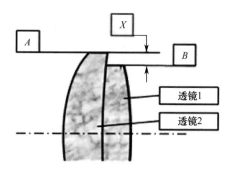

图 12.121　四周测量的距离 X

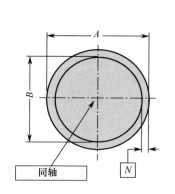

图 12.122　同一个光轴两个直径

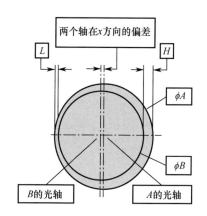

图 12.123　光轴变换

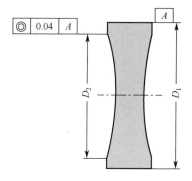

图 12.124　双凹表面的同心度需求

两个透镜同心度要求的另外两个例子，如图 12.124（对于凹面 D_2 表面的边界）和图 12.125（对于 ϕM）所示，同心度要求可以出现在单个透镜上（单透镜），如图 12.124 至图 12.126 所示，也可以出现在双透镜上，如图 12.120 所示，甚至出现在三透镜上。

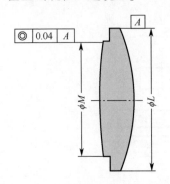
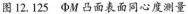

图 12.125 ΦM 凸面表面同心度测量

好同轴度　　差同轴度

图 12.126 质量好的和质量不好的同心度
（X 在四周都是相等的，Y 比 Z 还大）

测量同心度的方法取决于元件的尺寸、结构和适当工具的可用性。相关工具包括以下几个。

（1）带有真空卡盘的电动定心（也可用于胶合）设备，透镜位于卡环盘上，由真空装置吸附固定，基准面在 V 形块的中心，如图 12.127 所示，杠杆表探针（机械或电子）与测量表面相接触。通过调整探针和转动透镜 360° 之后，读出表盘显示的最大值和最小值，得到同心度的值。这种设备适用于单透镜（图 12.125）、双透镜（图 12.120）及三透镜。

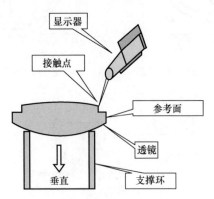

图 12.127 采用自动定心的真空吸盘装置测量同心度

（2）对于这种透镜（单透镜、双透镜及三透镜），简易装置可以由图 12.128 所示的 90° V 形块构成。装置放置在校准的花岗岩板上，并用双面胶将固定环固定在板上，以防止其移动。

（3）另一种测量同心度的方法是使用分划板（图 12.129）或轮廓投影仪

(图 12.130)的测量显微镜，当使用测量显微镜或者轮廓投影仪时，大部分情况下，只需要在两个、三个或者最多 4 个方向上测量元件两侧的距离 X（图 12.131）就够了。

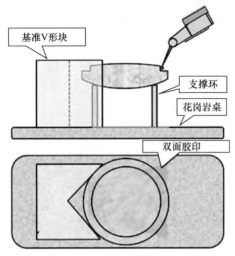

图 12.128　一种简单方法测量同心度

图 12.129　Mitutoyo 测试显微镜 MF-UA 系列
（图片由 Mitutoyo 公司提供）

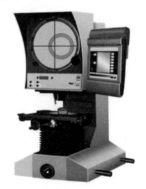

图 12.130　轮廓投影仪 TESA-SCOPE 2
300V 或者 300V +
（图片由 TESA 公司提供）

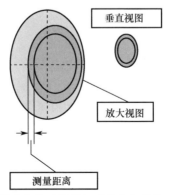

图 12.131　由显微镜或者轮廓投影仪测量放大并能测量所需距离的项目

201

同心度是指纯设计需求，意味着在测量时，必须考虑具有自身公差的相关直径的圆度（同心度是公差）。

12.10 垂 直 度

垂直度是指与基准面或者基准轴成90°角的表面、轴或者线。垂直度的国际符号是 ⊥ 。

以棱镜（图12.132）为例，指出关于垂直度要求。该垂直度要求意味着当棱镜放置在表面 A 上时，沿表面 B 的偏差不应该超过0.02mm（如果给定的要求是以毫米为单位）

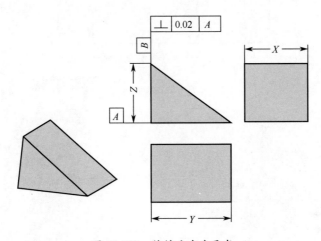

图12.132　棱镜垂直度要求

图12.133列举了一个简单的方法测量垂直度，要求如图12.132所示。棱镜应与基准面 A 放置在一个精确的 V 形块上，同时握住棱镜以防止移动。指针应从表面 B 上的位置 a 转移到位置 b（或反之亦然），两个读数的不同就是垂直度的数值。

图12.132所示的相同要求可使用具有测量能力的轮廓投影仪或显微镜进行测量。图12.134展示了一种使用三丰轮廓投影仪进行垂直度测试的方法。

放置在 xy 方向移动台上的棱镜在位置1处与屏幕上的黑色十字对准，在显示屏上的量为零后，沿着 x 轴的方向移动到位置2，两个位置间的距离 ΔL 就是垂直度。可以采用测量用显微镜进行相应的测量，如图12.135所示，垂直度可以用角度定义，即度、分（弧分）、秒（弧长），如第12.14节所述。

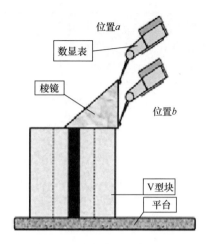

图 12.133　一种简单的垂直度测量设置

图 12.134　Mitutoyo PJ-H30 轮廓投影仪
（图片由 Mitutoyo 公司提供）

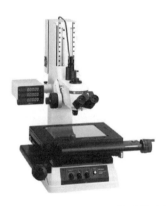

图 12.135　Mitutoyo MF 三轴测量显微镜
（图片由 Mitutoyo 公司提供）

12.11　倒　　角

标准《光学术语与定义》（MIL-STD-1241）中定义倒角为去掉磨削阶段锐边的过程，MIL-O-13830 和 MIL-PRF-13830B 标准中第 3.3.1 章"消防仪器光学元件：制造、装配和检验的一般规范"如下：

3.3.1 所有光学元件的边缘都需要有倒角，除非图纸另有规定；否则沿表面宽度测量的45°±15°处有0.02英寸到0.01英寸的倒角；除非图纸另有规定，否则135°及以上的角度的边缘无需切边。

国军标要求是建议性的，但是几乎每个光学元件在图纸中都有两种倒角的规定要求，即保护倒角、功能倒角。保护倒角可以由以下的例子定义，除非图纸另有规定；否则在所有的边缘提供0.3±0.1×45°±0.5°保护倒角。

在大多数情况下，这个定义意味着其他所有特殊倒角都是功能倒角。关键是要注意如何测试倒角，沿倒角或平行/垂直于主轴。保护倒角的另一种定义是0.1～0.3，或者甚至约0.3。如果倒角的角度没有给出，就是不重要的，任何角度和长度都是可以满足要求的。

保护倒角有助于"打破"锋利的边缘，去除生产过程中产生的小碎片和裂缝，保护倒角和功能倒角的数值公差可以在图纸上直接定义，如图12.136和图12.137所示。如果公差未与倒角的规定值一起说明，则应使用标题表中单独说明的一般公差。

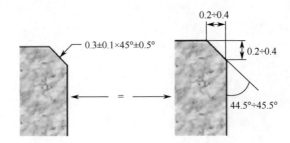

图12.136　用来测量对于光轴垂直度或者平行度的倒角

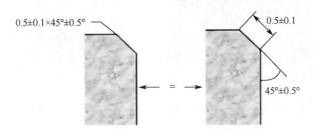

图12.137　测量沿着倒角表面测量倒角

两种倒角的主要区别在于它们的目的不同，例如，对于保护性倒角来说，和规定要求有偏差是可以接受的，因为这不影响光学元件的功能，然而，对功能倒角来说，偏差意味光学元件的性能可能降低或者失效。在某些情况下（主要是在压模制造透镜中），由于压模的过程，倒角可以定义为一个圆边（图12.138和图12.139）。

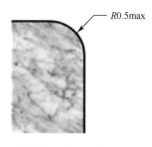

*R*0.5max

图 12.138　圆形倒角

圆形明亮倒角

图 12.139　模压透镜的圆形明亮倒角

最简单和最快捷的方法测量内部倒角包括带着分划板的袖珍式比较仪（图 12.140）、测试用显微镜（图 12.141）或者轮廓投影仪（图 12.142）。图 12.143 显示了用具有 10 倍放大倍率的尼康 SMZ 1000 和用尼康 DZM 1200F 数字摄像机（图 12.144），一个是沿倒角测量的（$L = 0.6262\text{mm}$），另一个是垂直于主轴测量的（$L = 0.3353\text{mm}$）。

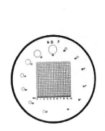

图 12.140　带着分划板的 Mitutoyo 袖珍式比较仪

（图片由 Mitutoyo 公司提供）

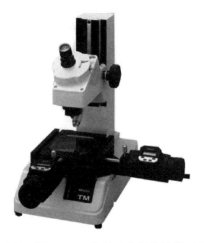

图 12.141　Mitutoyo 工具制造显微镜模型# TM-505

（图片由 Mitutoyo 公司提供）

图 12.142　Mitutoyo 302-714A 轮廓投影仪
（图片由 Mitutoyo 公司提供）

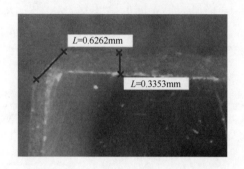

图 12.143　采用带着 10 倍放大倍率和一个尼康 DZM1200 数字相机的
尼康 SMZ 1000 立体显微镜测量倒角

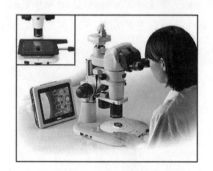

图 12.144　Stereo 显微镜 SMZ1270/SMZ 1270i 和 SMZ800N 特色
（在左上方，可以在 P–SXY XY 阶段使用）
（图片由尼康计量公司提供）

12.12　内　边　缘

　　加工时，无法加工出一个完美内边缘，因此由于功能性的原因必须要规定其形状和边缘大小。任何光学元件都可以添加一个具体的内边缘数值，由最大允许曲率半径定义，如图12.145所示，这个方法用于两种情况更适合。

① 边缘将和结构件（图12.146）的边缘相匹配。

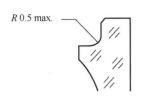 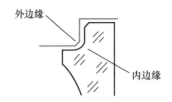

图 12.145　内边缘特定的半径　　图 12.146　透镜功能性内边缘和外壳外边缘相连接

② 减小或消除有可能导致裂纹的应力。

在大部分情况下，当内边缘（图12.81）是确定的，应该和结构件的外边缘相匹配，并且这个特定的曲率半径是有功能性的（图12.82）。

ISO 10100-1 第4.6.5.3章"光学和光子学 – 光学元件和系统图纸的准备 – 第一部分：总则"将内边缘称为无效边缘和拐角，它们可以由最大宽度（图12.147）或最大和最小允许宽度（图12.148）来定义。虽然不是测量小半径的理想选择，内边缘和外边缘最佳的测量方法是采用包含一个带适合叠加图（图12.149）的轮廓投影仪进行半径测量。

 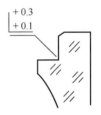

图 12.147　由最大宽度定义的内边缘　　图 12.148　由最大和最小宽度定义的内边缘

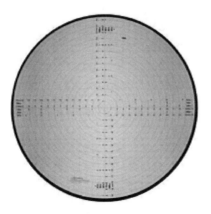

图 12.149　为了曲率半径和直径测量的投影轮廓仪叠加图表（适用于尼康 V-12B 投影轮廓仪）
（图片由 Mahr GmbH 公司提供）

12.13 表面纹理

　　光学元件中基本有两种类型表面，即抛光面（图 12.150）和粗糙面（图 12.151），抛光表面是用于光线的投射和/或反射光线（如光学系统的功能），然而粗糙面可减少或者消除有可能影响光学系统功能的杂散光反射，此外，镀膜表面还可以改善与结构件的结合程度。

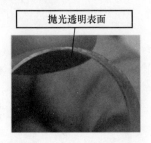

抛光透明表面

图 12.150　光学窗口的抛光透明表面

　　表面质量在图纸中可以用 p 表示抛光面或者用 g 表示粗糙面（图 12.152）。根据《表面质量》ISO 10110-8，表面纹理有标准符号，如图 12.153 和图 12.154 所示。

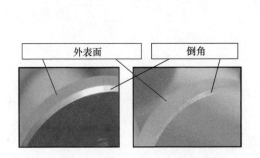

外表面　　倒角

图 12.151　光学元件与结构件的接触面

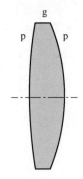

g

p　　p

图 12.152　被字母 p（抛光）和 g（粗糙）定义表面纹理

纹理类型-G代表磨削，P代表抛光

测试类型-Rq，RMS，PSD（功率谱密度）

扫描长度和增量-最小分辨和扫描距离

测量类型和量级　　纹理类型

扫描长度

图 12.153　符合 ISO 10110-8 的表面纹理指示

无论是金刚石车削（DT）非球面还是衍射表面、平面、球面，应为每个表面提出表面粗糙度指标要求，并且可以通过文字说明所加工的过程和功能系统要求。更多的详细信息可参见15.3节。

由于金刚石车削产生的抛光表面粗糙度可以用接触式轮廓仪（图12.155和图12.156）或者非接触轮廓仪测量（图12.157和图12.158）。图12.159显示了表面轮廓图和由轮廓仪计算出的粗糙度数值。

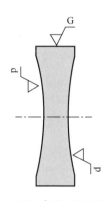

图12.154　根据ISO 10110-8
在图纸上标明表面纹理

图12.155　TalySurf PGI 1240 接触式轮廓仪
（图片由 Tylor-Hobson 公司提供）

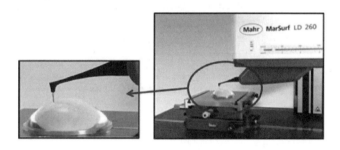

图12.156　MarSurf LD 260 接触式轮廓仪
（图片由 Mahr GmbH 公司提供）

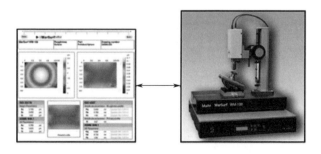

图12.157　由 Mahr 公司生产的 MarSurf WM 100、3D 测量系统和白光干涉仪测试表面轮廓形貌
（图片由 Mahr GmbH 公司提供）

209

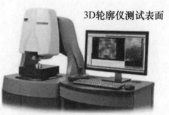

3D轮廓仪测试表面

金刚石车表面

图 12.158　Nexview 3D 光学表面轮廓仪

（图片由 ZYGO 公司提供）

　　由传统铣磨（不是 DT）产生的粗糙表面可以由上述所有仪器进行测试，测试仪器同样可以测试非球面或者衍射表面，但也可以用粗糙度仪进行粗糙度测量，图 12.159 至图 12.161。这些设备也用来测量金属表面的粗糙度。图 12.162 显示了一个例子，是由带着白光干涉仪的 3D 测量系统绘制表面轮廓图生成，需要注意垂直刻度采用 nm 单位。

图 12.159　Talysurf Intra 系统

（图片由 Tylor-Hobson 公司提供）

图 12.160　Mitutoyo 表面测试 SJ-411 表面粗糙度测试仪

（图片由 Mitutoyo 公司提供）

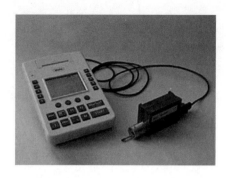

图 12.161　MarSurf M300 C 粗糙度测试装置

（图片由 Mahr GmbH 公司提供）

粗糙表面不是光学表面，和那些在通光口径表面出现的台阶或者光学元件的倒角一样，可以通过 Ra 参数表示（以前称为中心线平均值（CLA）或者在美国称为平均值（AA）），最常用于已完成表面测量（图 12.163）。数学上，它是轮廓偏离采样平均值线（图 12.164）的等数平均值。在工程实践方面，Ra 是一种通常采用的最有效的表面粗糙度测试方法，它对于表面的高度变量给出了一个好的描述方式。Ra 的单位是 μm 或者微英寸。

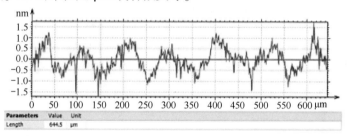

图 12.162　通过 MarSurf WM 100（带有白光干涉仪的 3D 测试系统）测试的 Ra 粗糙度图

（图片由 Mahr GmbH 公司提供）

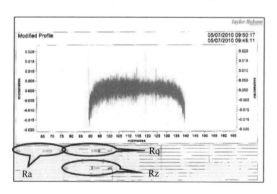

图 12.163　采用 Talysurf PGI 1240 测试一个 DT 表面粗糙度图

（粗糙度的值在 50mm 长度内是 $Ra = 0.0025\mu m = 25nm$，

Rq（RMS）$= 0.0034\mu m = 34nm$，$Rz = 0.0091\mu m = 91nm$）

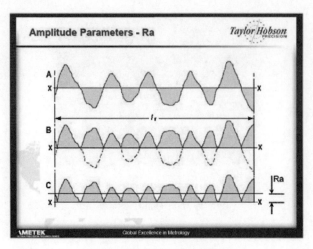

图 12.164　*Rq* 方程和描述

（图片由 Tylor-Hobson 公司提供）

　　Rq 是粗糙度（RMS）均方根值，由 *n* 个沿着采用长度测量数 *x* 计算得到。对于透射或者反射光学表面，*Rq* 使用 nm 或者 μm 值，因具有取样检测杂散波峰波谷的能力（图 12.165），使测试具有意义。

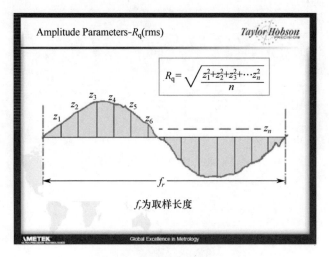

图 12.165　*Rq* 方程和描述

（图片由 Tylor-Hobson 公司提供）

　　当粗糙度的截止长度（λ_c）很重要时，应该在图纸中明确标出。长度值由 ASME 和 ISO 标准定义，标准的截止长度以 mm 为单位），即 0.8、0.25、0.8、2.5 和 8。如果粗糙度没有给出具体数值，粗糙度由 *g* 来定义，即对一个粗糙表面使用目测的检测方式就足够了。

12.14 角　度

角度定义为一个表面、光轴或者中心面，对一个基准平面或者基准轴成指定的角度。角度的国际符号是∠。对大部分光学元件来说，在图纸中包括角度及其公差值，如图 12.166 所示。

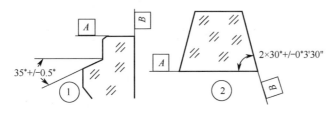

图 12.166　图纸角度要求举例

大部分光学元件相对比较小。对于角度来说公差不是很严格，用显微镜或者轮廓投影仪就可以测量。对于棱镜、窗口玻璃或者立方体来说，需要更精密的测试工具，如自准直仪和各种测角仪。

（1）测试角度的显微镜将游标量角器作为目镜的一部分，需要测试的带角度的元件放置在显微镜桌上，通过目镜观察旋转游标量角器，使十字分划线和物像重合，得到角度测量值，一些显微镜具有带圆形刻度的旋转测试平台，有助于测量物体。图 12.167 描绘了三丰显微镜，图 12.168 展示了带有目镜游标量角器的 Marcel-Aubert 显微镜。旋转测试台通常是可选的，但是对于角度测量（以及长度测量）是很有用的。

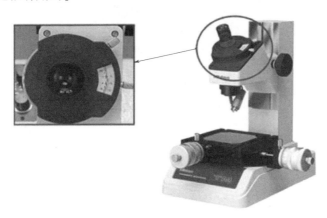

图 12.167　Mitutoyo TM-500 系列测量和检测用工具制造显微镜
（图片由 Mitutoyo 公司提供）

在图 12.166 所示的例子①中，需要一个参考面用来测试 35°。如果透镜在桌面上保持稳定，并且表面 A 足够宽，它可以当作参考面。当通过目镜观察到十字线可以和表面 A 匹配上，然后移动游标量角器到有角度的斜面上。如果表面 A 太小，表面 B 可以当作参考面，在图 12.166 所示的例子②中，测试 30°角可以直接在表面 A 和表面 B 测试（注意测试显微镜也可以用于小的和线性的长度测量）。

光学旋转台

图 12.168　Marcel-Aubert MA 331ES-130 EGW-ZOOM 测量显微镜
（图片由 Marcel-Aubert SA 公司提供）

另一种测量角度的显微镜（以及长度测量）包括数字显微镜，其通过指向相关角度的基准面并在屏幕上显示角度来进行测量。两个这样的显微镜如图 12.169 和图 12.170 所示。

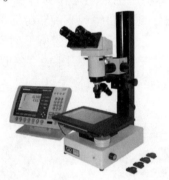

图 12.169　带着 ND1200 数显屏幕的 W126-6x4 显微镜
（图片由 Gaertner 科学和 Mertonics 公司提供）

图 12.170　Marcel-Aubert 185S-130 EGW-ZOOM 带着 ND 1200 数字显示测量显微镜
（图片由 Marcel-Aubert SA 公司提供）

（2）轮廓投影仪（图 12.171）是一个光学测量仪器。它也被称为光学比较器或阴影图，用于测量各种物体，包括光学元件。投影仪放大样品的轮廓，然后在内置的投影屏上显示它。这种屏幕通常具有可旋转 360°的网格（图 12.172）。因此，可以使用加工零件的直边来正确对齐屏幕的 xy 轴，以进行分析或测量。此投影屏幕显示了样品的轮廓，并进行了缩放以更轻松地计算线性尺寸。可以使用样品的边缘对齐屏幕上的网格，然后获取沿其他点距离的基本测量值。

图 12.171　尼康轮廓投影仪 V-12B（屏幕直径是 305mm，然后投影透镜有 5 倍、10 倍、20 倍、25 倍、50 倍、100 倍、200 倍）

（图片由尼康计量公司提供）

图 12.172　为尼康轮廓投影仪 V-12B 配备旋转转台 A2

（这种转台是可选的，用来旋转工件并使其与工作台移动的方向对齐）

（图片由尼康计量公司提供）

（3）自准直仪是一种用于非接触式测量角度的光学仪器。自准直仪将平行（准直）图像（通常为十字线）投射到反射表面上，并通过可视或使用带指示读数的电子探测器测试返回图像对于标尺的偏转量。如果表面垂直于投影光，那么光束将反射回原点。但是，如果表面相对于准直仪的光轴倾斜，则反射的光会移位。

可视自准直仪（图 12.173）可以测量小角度，如 0.5 弧度秒，而电子自准值仪的精度最高可达到 100 倍。自准值仪可以测量角度偏差、平行度和垂直度。

角度量块是用于对准和测量精确角度的有效工具。当与自准值仪一起使用时，角量块可以为测试光学元件如棱镜或者反射镜提供参考角。它们也可以堆叠创造其他角度（图 12.174）。12 个一套的角度量块包括以下角度：0.25°、0.5°、1°、2°、3°、4°、5°、10°、15°、20°、25°和 30°（图 12.175）。

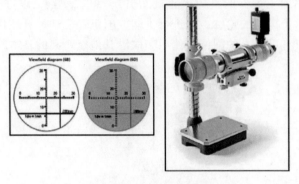

图 12.173　尼康 6B/6D 模型视觉自准值仪和通过目镜观察时看到的视野图
（图片由尼康计量公司提供）

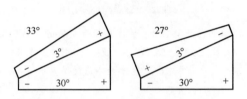

图 12.174　相同的角量块创建不同角度举例

图 12.175　Mitutoyo 981-102 钢制角块组件（±20 – s 精确度（12 件一套））
（图片由 Mitutoyo 公司提供）

（4）如果平行度是由长度值给出的，见图 12.176。0.02mm 平行度要求可以转换为角度 [见图 12.177（a）和图 12.177（b）]，计算如下：对于图 12.114 中的例子，$a = 0.02$ 和 $b = 20$，因此，$\tan\alpha = a/b = 0.02/20 = 0.001$，然后

tan0. 001 = 0. 0573° = 0°3′36″。以角度设置平行度，见图 12. 178，它的数值可以直接从自准直仪目镜中读到。如果物体的两个表面（图 12. 176）都经过抛光，并且可以由准直仪的投射光束离开，则设置如图 12. 179 所示。

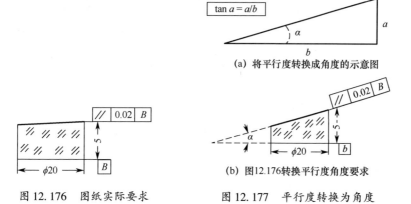

(a) 将平行度转换成角度的示意图

图 12. 176　图纸实际要求　　　　图 12. 177　平行度转换为角度

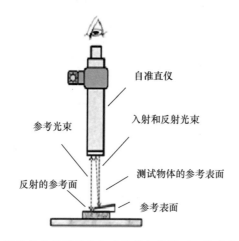

自准直仪

入射和反射光束

参考光束

测试物体的参考表面

反射的参考面

参考表面

图 12. 178　用子准直仪测量平行度的基本设置（以棱角表示（角度））

楔角 δ 由以下得到，即

$$\delta = \frac{d}{2nf} \tag{12.33}$$

式中：d 为反射图像的位移；n 为玻璃的折射率（物体的材料）；f 为自准值仪的焦距（对任何自准值仪来说都是已知值）。

图 12. 180 和图 12. 181 显示了角度测量的两个附加设置。检测人员应参考所使用的特定自准值仪说明书。为了进行更精确的测量，应使用电子自准值仪，对于直接测量角度，应使用测角仪或者自动测角仪。

（5）**测角仪**是一种高精度的角度测量仪器，非常适合测量反射棱镜的角度（图 12. 182），可以使用一个附加的自准值仪测试透射的棱镜角度（增加光谱照明将使该装置升级为测角仪/光谱仪，可以测试光学玻璃、晶体、液体的折射率)。图 12.183 说明了常见的测角仪设置。其他精确的自动准直仪（半自动或者自动）如图 12.184 和图 12.185 所示。

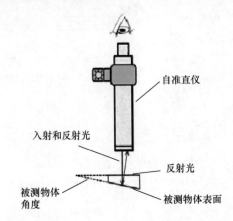

图 12.179　测量两个抛光过的透明表面设置

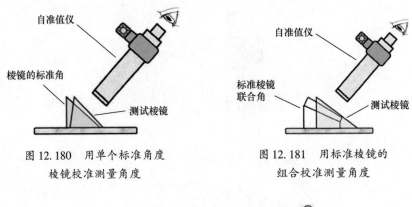

图 12.180　用单个标准角度
棱镜校准测量角度

图 12.181　用标准棱镜的
组合校准测量角度

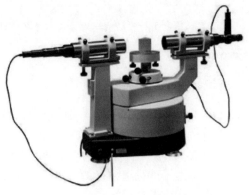

图 12.182　Moller-Wedel Gonio-测角仪
（图片由 Moller-Wedel 光学公司提供）

218

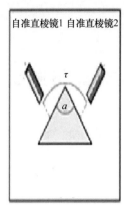  

自准直棱镜1 自准直棱镜2　　　自准直仪　自准直仪　　　　　　　　　自调焦位置1
　　　　　　　　　　　　　　位置1　　位置2　　自准直仪

（a）内棱镜角α　　　　　（b）外角τ　　　　　　（c）偏角δ

图 12.183　测角仪的典型测量

（图片由 Moller-Wedel 光学公司提供）

图 12.184　半自动测量光学元件角度带电子成像计算功能的测角仪

（图片由 Moller-Wedel 光学公司提供）

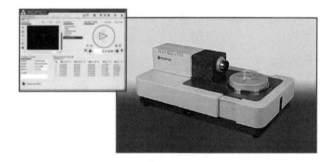

图 12.185　全自动精密测角仪

（图片由 trioptics 公司提供）

第13章 光学元件面形检验与测试

在光学应用中,光学元件主要有5种表面轮廓,即平面、球面、圆柱面、非球面和衍射面。每个表面面形都由光学系统所需的功能参数定义。某些表面参数的偏差可能导致波前通过元件(透镜、窗口或滤波器)或反射光学表面(镜子)时产生偏差,进而导致光学组件的偏差或故障。

(1)平面出现在透镜、反射镜、窗口玻璃、棱镜、过滤器和分束器中(图13.1)。平面的面形特点可以用平面度、不规则度和离焦量来表征。如果平面表面面形是由金刚石车削加工的,就应该定义表面粗糙度。平面的平面度可以用平面样板(玻璃样板)或干涉仪来测量。

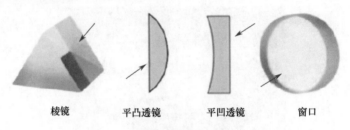

棱镜   平凸透镜   平凹透镜   窗口

图 13.1 箭头所示为光学元件的平面

(2)球面(凸或凹,见图13.2)面形由曲率半径定义。面形偏差的度量方式采用面形不规则度(峰谷值或PTV),一些情况下使用牛顿环偏差(偏离半径理论值或加工者选用的球面样板,球面样板精度总是在规定曲率半径的范围内)。某些情况下还使用均方根误差RMS来进行衡量。如果表面是由金刚石车削加工,表面粗糙度也需要被度量。球面轮廓和面形可以使用样板玻璃或者干涉仪进行检测。如果需要,可以使用轮廓仪或干涉仪与轮廓仪组合进行粗糙度测试,如Zygo公司的NewView™7300)。

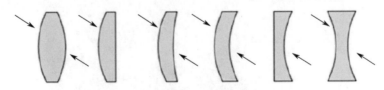

图 13.2 箭头所示为光学元件的球面

(3)圆柱面(凸或凹,见图13.3)是与直线中心线保持固定距离(半径)的轮廓面。圆柱表面由其半径、方向和位置定义(在ISO/CD10303-42:1992中

定义)。圆柱面的面形质量可以用圆面光学样板或用计算机生成全息图法
（CGH）结合干涉仪测量。

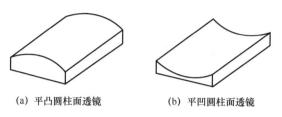

(a) 平凸圆柱面透镜   (b) 平凹圆柱面透镜

图 13.3　光学元件圆柱面轮廓

（图片由 Holmarc Opto-Mechatronics Pvt Ltd. 提供）

（4）非球面是指其轮廓既不是球面也不是圆柱面的曲面（图 13.4），由其基本公式、顶点曲率半径、不规则度、粗糙度和附加参数定义（见 13.1 节）。非球面的面形质量可以用接触式或非接触式仪器来测量。它也可以用 CGHs 或零位补偿镜结合干涉仪来测量。

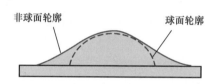

图 13.4　光学元件非球面轮廓（与球面比较）

（5）与常规的光学表面度量定义（不规则度、粗糙度、曲率半径等）不同，衍射面（在红外范围内）由衍射台阶的大小和形状及其在表面上的位置来定义（图 13.5）。衍射台阶的质量（图 13.6）可以用轮廓仪或干涉仪/轮廓仪测量；前者为接触式检测设备，后者为非接触式。这两种工具都能测量额外的参数，包括光学面形貌、粗糙度、凸面矢高等。

图 13.5　带衍射台阶的光学非球面

（图片由成功光学有限公司提供）

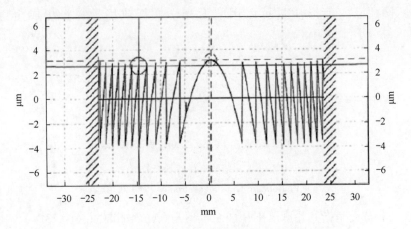

图 13.6　由 Talysurf 轮廓仪制作的非球面衍射台阶剖面

（该剖面显示了衍射台阶的参数：高度（约 7.4μm），测量距离（约 46mm））

13.1　样 板 测 试

　　光学样板（也被称为检测平晶、光学平面或参考平面）是一种高质量的光学材料元件，至少有一个面是被研磨和抛光过的高精度光学平面（极低的面形误差，如 1/4λ、1/10λ 或 1/20λ）。作为光学表面测试的母板，它可以用于检测平面、球面和圆柱面，见图 13.7 至图 13.9。虽然几乎任何测试板都可以用于检测平面（取决于对轮廓尺寸、平面度、不规则度和离焦量的指标要求），但是圆柱面和球面（无论凹还是凸）的检测需要所用的光学样板具备与之相近的曲率半径。

图 13.7　平面光学样板

（图片由 Custom Scientific, Inc. 提供）

　　图 13.7 所示的背景中包含了光学样板面形的干涉图。根据产品要求，这类面形干涉图文件需要提供到光学样板产品中，表明产品符合生产商所提供的面形精度指标。球面光学样板产品同样需要提供面形干涉图文件，并在光学样板上附

加声明和标记光学样板的实际半径。应当注意的是，球面光学样板都是成对生产的，每对为曲率半径相同的凹面和凸面。

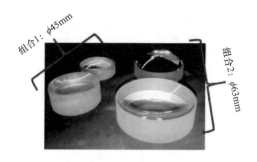

图 13.8 两对球面光学样板

（图片由 Temmek Optics Ltd. 提供）

图 13.9 圆柱面光学样板

（图片由尼康公司提供）

在研制阶段，出于经济原因，球面光学元件的设计者应考虑到所设计透镜的半径能否与制造商生产的光学样板产品相匹配。制造商会生产数百种不同半径的光学样板，来适应大部分用户的需求——而设计者有时只需在镜头设计上做些小的改变就能利用已有的光学样板产品，并不会影响系统功效。

> 在使用光学样板时：
> · 记住它是主角；应该保持清洁和做好防护，以免发生损伤；
> · 它应该只被有使用资质的员工使用；
> · 样板的表面和被测表面在使用前应充分清洁，以避免损伤；两表面之间应完美接触，尽量减少条纹和牛顿环的数量；
> · 测量时，光学样板与被测元件应处于相同的温度；
> · 球面和圆柱面之间的污垢会在球面和圆柱面之间产生间隙，影响牛顿环或条纹的数量，从而影响对被测表面形状的诊断，导致不正确的结论和决策。

13.2　样板测试干涉分析

从来没有完美的平面，由于加工过程中的误差传递，平面表面面形总是存在一定的偏差（误差）。这种偏差应始终被控制在公差允许的范围内。平面的面形偏差可以用以下指标公差来定义。

（1）平面度：一个三维几何公差，表明一个平面指标可以偏离平面多少量。

① 平面度公差。表征表面高低点之间最大距离的几何公差（根据 ISO 1101：2004）。也称为峰谷值（PV 或 PTV）。大多数情况下光学平面的平面度公差是以波长（λ）或条纹数（1 条纹 = 0.5λ）为单位给出，并由光学样板配合单色光或干涉仪来测试或检验。平面度还需要同时考察离焦量与不规则度。当被测面测得轮廓比较接近线性时，仅用峰谷值即可对面形进行充分考量。在一些形貌较差的情况下，平面还可以采用平面度（峰谷值）之外的指标表示，即离焦量或者不规则度。

② 离焦量：也称为矢高。它适用于光学平面和曲面的精度度量。当离焦量应用到平面时，它表明该光学面不是完美的平面，它存在一个固有的、数值较大的曲率半径。使用离焦量度量时，其公差往往描述为"最大允许的离焦量值（+或−）"，通常记为 PTV，单位是条纹数或波长。

③ 不规则度：适用于描述理论表面形貌是如何与实际表面面形偏离的。当不规则度应用于平面时，它意味着实际表面的形貌不是完美的平面或者球面，而是存在某种畸变。在规范说明中，通常提为"允许的最大不规则度"，其单位是条纹数或波长。

加工最终的表面面形通常具有以下特点之一：

① 离焦量较小且不规则度较大；

② 离焦量较小且不规则度较小；

③ 离焦量较大且不规则度较小；

④ 离焦量较大且不规则度较大。

平面度（或离焦量和不规则度）的测量结果（图 13.10）总是与图纸或规范中的指标要求进行比较。如果测量结果大于规定值，则应按照组织既定管理流程将该检测项记录为超差项。

另一个表面偏差的度量是均方根误差（RMS），可作为 PTV 的替代，它很少用于定义平面面形。平面度的描述见图 13.10。

（2）与平面类似，也不存在真正完美的**球面**。由于加工过程中的误差传递，球面面形总是存在一定的偏差（误差）。这种偏差应始终被控制在公差允许的范围内。球面的偏差可以用球面的离焦量和不规则度定义，见图 13.11。

① 不规则度，表面精度的一种，用来描述一个表面的形状如何偏离实际的表面形状。规范中往往采用"允许的最大**不规则度**"来进行描述，单位是波长或条纹数。

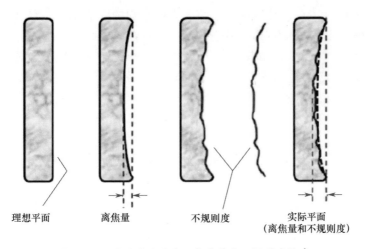

理想平面　　　离焦量　　　不规则度　　　实际平面
　　　　　　　　　　　　　　　　　　　　　（离焦量和不规则度）

图 13.10　平面的平面度、离焦量和不规则度轮廓

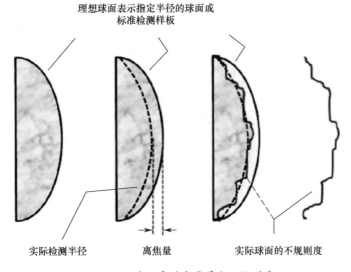

理想球面表示指定半径的球面或
标准检测样板

实际检测半径　　　离焦量　　　实际球面的不规则度

图 13.11　球面中的离焦量和不规则度

② 离焦量，也称为矢高。在球面中，离焦量被定义为光学样板与被测面的曲率半径的差值，并以在干涉环（牛顿环）的形式体现。对大部分球面，离焦量并未在图纸或规范中给出，而是采用曲率半径的公差来替代。然而，在某些情况下，出于功能需求，会在光学曲面的图纸中要求标出与光学样板（曲率半径精度满足公差要求）曲率半径偏离的最大牛顿环数，并且描述方式通常为"最大允许某某波长或条纹数的离焦量"。为了确保面形满足加工要求，使用光学样板检测离焦量对加工者而言十分重要。有时，曲率半径的公差是以离焦量的形式给出的，当使用干涉仪检测曲率半径时，则需要将检测结果变换为离焦量环数来表示。

③ 均方根（RMS）是一种基于整个表面平均的面形误差。有时，面形局部误差会导致产品表面的 PTV 超出公差要求，而设计者对此类超差可以接受。为避免类似矛盾发生，可换用 RMS 指标替代。RMS 无法采用光学样板来测量或计算，它可以被干涉仪在检测过程中自动求出，数值约为检测面 PTV 值的 20%（与不规则度的类型相关）。规范指标中，RMS 可以对 PTV 进行替换，或者将两者都标注在图纸中。

13.3 平面与球面的面形测试示例

不论是光学样板还是干涉仪，产生的条纹图都是相同的，并且人工分析的方式也是相同的。图 13.12 至图 13.20 均标识了获取该图样检测设备型号，并用干涉仪对检测图样的浅色区域进行了分析。

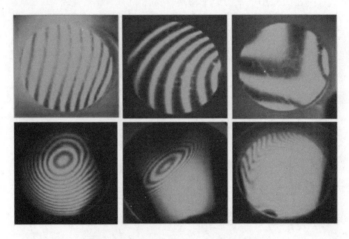

图 13.12 光学样板产生的干涉图
（采用一种绿色的单色光源（$\lambda = 546.1$nm））

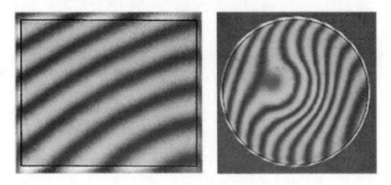

图 13.13 Zygo GPI 干涉仪产生的干涉图
（采用氦氖激光器作光源（$\lambda = 632.8$nm））

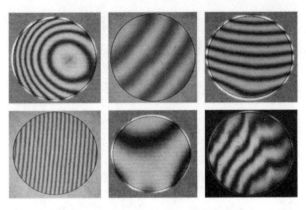

图 13.14 Zygo GPI 干涉仪产生的干涉图
(采用氦氖激光器作光源 ($\lambda = 632.8$nm))

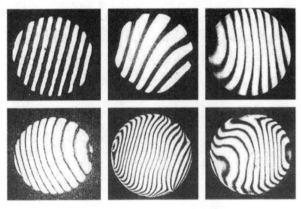

图 13.15 Zygo MK-2 干涉仪产生的干涉图
(采用氦氖激光器作光源 ($\lambda = 632.8$nm))

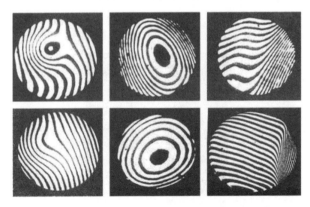

图 13.16 Zygo MK-2 干涉仪产生的干涉图
(采用氦氖激光器作光源 ($\lambda = 632.8$nm))

图 13.17　Zygo MK-2 干涉仪产生的干涉图

（采用氦氖激光器作光源（$\lambda = 632.8$nm））

图 13.18　带中心孔表面的干涉图

（由 Zygo MK-2 干涉仪产生，采用氦氖激光器作光源（$\lambda = 632.8$nm））

图 13.19　高度不规则的蓝宝石表面（Al_2S_3）。

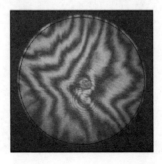

图 13.20　高度不规则的蓝宝石表面（Al_2S_3）（干涉条纹形状是由于内部晶界和两个表面
（前表面和后表面）之间的内部干涉产生）

图 13.21 ~ 图 13.28 所示的干涉图 1 号和 2 号表示相同的表面面形。1 号图（1）中条纹较多，表示存在的倾斜较大（牛顿线或波长），而 2 号图（2）显示的条纹图样倾斜很小，几乎在中心位置，条纹稀疏并更易于分析。大部分条纹图样都可以被不同的像差来命名。如果出现在集成的光学系统中，分辨出这些像差通常显得十分重要，因为它们往往会影响系统性能。

> 干涉条纹数只是倾斜的一个参数。当使用光学样板测量时，需要注意测试表面和样板表面之间的倾斜。当用干涉仪测量时，注意被测表面（或反射光束）与出干涉仪的光束波前之间的倾斜。测量人员应始终将两个表面间倾斜调整到能够进行准确且容易分析的位置。

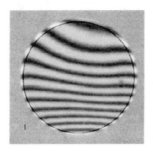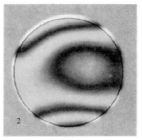

图 13.21　小像散（几乎在中心位置）

1—大倾斜；2—小倾斜。

图 13.22　小球差

1—大倾角；2—小倾角。

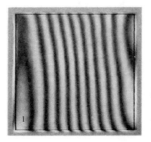

图 13.23　小彗差

1—大倾斜；2—在中心位置。

229

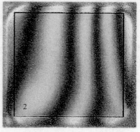

图 13.24 小像散
1—倾斜较大；2—倾斜较小。

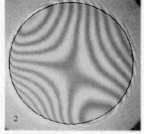

图 13.25 大像散（马鞍形）
1—倾斜较大；2—调去倾斜。

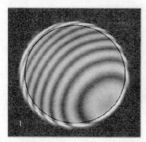

图 13.26 某平面的球差条纹
1—存在倾斜；2—调去倾斜。

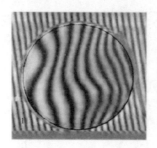

图 13.27 有些对称的畸变
1—存在倾斜；2—调去倾斜。

图 13.28　凹圆柱面在相同的表面上显示出不同的倾斜方向

图 13.29 展示 4 个不同的图样：

（1）图样 1 展示了完全去掉离焦量的含有倾斜的面形条纹。

（2）图样 2 展示了几乎完全去掉倾斜和离焦量的面形条纹。这种情形下，可以调整产生全明或全暗的零条纹状态。

（3）图样 3 展示了含有倾斜和离焦量的面形条纹。

（4）图样 4 展示了包含 4 个离焦量偏差条纹且完全没有倾斜的面形条纹。

注意：只有使用干涉仪检测时，才可以将离焦量误差调到最小，并且只适用于曲率半径有限的表面（非平面）。

图 13.29　相同球面的 4 幅图

13.4　人工分析干涉图原则

分析两个参数，即离焦量和不规则度（或统称为平面度）。以下分析可应用于光学样板或干涉仪产生的干涉图，但有 3 种情况存在局限性。

① 畸变较大的表面。

② 条纹过密。

③ 对精度要求很高（如少于 0.5 条条纹）。

当匹配光学样板与被测光学面时，两个匹配面之间必须彻底清洁，并且需要将元件（光学样板和测试件）仔细地调整到某个相对位置，使所产生的干涉图样易于被人工分析。当使用干涉仪产生干涉图时，必须前后调节测试表面到某一位置，使所产生干涉图中的离焦量环数量最少，并调整测试面倾斜度，使产生的干涉仪条纹易于人工分析。为更精确和方便地进行分析，应尽量调整去除倾斜，即条纹图应当两个方向至少一个方向对称。平面的离焦量不应当被去除。

与平面或球面相比，一个完美的表面的干涉图条纹应当是笔直且等间距的平行线。如果出现这样的条纹（图 13.30），通常不需要再进行分析。"完美的表面"并不是指表面是理想的不存在任何偏差的平面或球面（条纹数或离焦量是 0.00000…），而是与光学样板或理论面比较时，与设计规定值之间存在很小的（可忽略的）偏差。大多数情况下，对平面的不规则度、离焦量（或平面度）要求的考察必须覆盖整个 CA 区域。某些时候，只要求考察 CA 区域内指定的子区域的不规则度和离焦量（或平面度）。

图 13.30　一个完美表面的干涉图条纹

13.5　简单模式的干涉图分析

图 13.31 所示的干涉图条纹显示为球差。该情形下存在两类参数，即 ΔS 和 S，ΔS 是干涉图样的最大偏差（扰动），S 是调整到最佳情况下的条纹间距（或平均间距）。条纹偏差由下式定义，即

$$条纹偏差(畸变) = \frac{\Delta S}{S}$$

为了获取光学样板或干涉仪产生的以波长（λ）为单位的干涉图偏差量，将干涉比例因子设定为 0.5，这意味着当偏差结果以波长单位给出时，条纹偏差量需要除以 2（1 条纹 =0.5λ）。0.5 比例因子适用于大部分情况的干涉仪测量，如

通过反射来检测球面和平面或通过透射和平面参考镜的反射来检测窗口玻璃。

$$\text{波长偏差(畸变)} = \frac{\Delta S}{S} \cdot \frac{\lambda}{2}$$

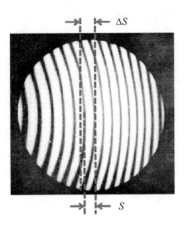

图 13.31　存在轻微球差的条纹

在图 13.31 中，条纹偏差（$\Delta S/S$）约为 1.4。使用波长单位，偏差（畸变）为 1.4/2 = 0.7λ（1.4 条纹 = 0.7λ）。如果显示的条纹图是由绿色单色光源形成（λ = 546.1nm），则偏差值为 382.27nm（546.1 × 0.7）；不论哪种检测方式，λ 均表示波长，通过计算转换它也能被用于其他的波长。

当图纸中要求的波长与干涉仪测量的波长不同时，需要获取以图纸中波长为单位的畸变量。大部分用于检测的干涉仪都使用氦氖激光器（λ = 0.6328μm，或 632.8nm）。如果图纸中规定的要求指定了不同的波长，为得到要求的结果，需进行下式转换，即

$$\text{畸变}_{(\lambda)} = \left[\frac{\lambda_{(干涉图)}}{\lambda_{(要求)}}\right] \times \text{畸变}_{(干涉图)} \qquad (13.1)$$

式中：畸变$_{(\lambda)}$ 为图纸或规范中要求的波长下的畸变值；$\lambda_{(要求)}$ 为图纸中要求的波长值；畸变$_{(干涉图)}$ 为干涉仪直接测得的畸变值；$\lambda_{(干涉图)}$ 为干涉仪实际检测时所用的工作波长。

例 13.1　图 13.28 采用氦氖激光器为光源的干涉仪进行检测（λ = 632.8nm，畸变量为 0.7λ）。为获取 λ = 10.6μm（10600nm）下的畸变量，计算过程为

$$\text{畸变}_{(\lambda)} = \left(\frac{0.6328}{10.6}\right) \times 0.7 \approx 0.04\lambda$$

因而可得在 0.6328μm 波长下的 0.7λ 畸变量等价于 10.6μm 波长下的 0.04λ。

例 13.2　使用绿色单色光源和光学样板进行了一次干涉检测，光源波长为 λ = 546.1nm（0.5461μm），面形畸变值为 0.7λ。为获取 λ = 632.8nm（0.6328）下的畸变量，计算过程为

$$\text{畸变}_{(\lambda)} = \left(\frac{0.5461}{0.6328}\right) \times 0.7 \approx 0.6\lambda$$

因而可得在 $0.5461\mu m$ 波长下的 0.7λ 畸变量等价于 $0.6328\mu m$ 波长下的 0.6λ。

当分析由光学样板或干涉仪产生的干涉条纹时，干涉比例因子（ISF）是影响光程的一个因素。大多数情况下，单个条纹等于 0.5λ（图 13.32），这表明了波前两次通过检测面形成了干涉条纹图。

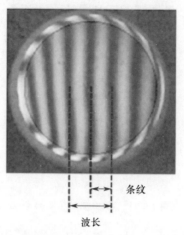

图 13.32　0.5 的比例因子

大多数干涉仪产生的波前都是被测表面或者通过元件并被反射的波前。对于垂直入射，干涉仪的波前从被测表面反射回来（或者从参考镜反射回来，如透射波前的检测）。在这种情况下，波前畸变是现有的表面或元件畸变的 2 倍，这意味着波前畸变是表面或元件实际畸变的 2 倍（图 13.33）。

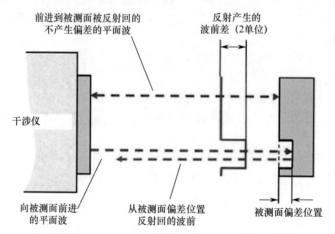

图 13.33　0.5 比例因子的关系（1 单位的表面畸变等于 2 单位的波前）

大多数被测表面使用凹面和凸面畸变的组合，但是这种情况并没有改变，0.5 比例因子的关系仍然存在。因此，当使用干涉仪测量畸变时，应当注意比例因子的设置，尤其图纸要求使用条纹数为单位时。大多数干涉仪可以设置检测结果的显示单位，并根据设置单位来显示波长或条纹结果。

13.6　多种模式的干涉图分析

（1）大像散（马鞍形）。对于稍微不对称的条纹，如图 13.34 所示，通过对 $x(8)$ 和 $y(6)$ 的条纹数进行计数、求和再除以 2，可以得到不规则度为

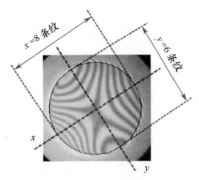

图 13.34　非对称干涉图案（鞍形）和条纹计数

$$条纹偏差不规则度（畸变）= \frac{(8\ 条纹\ +\ 6\ 条纹)}{2} = 7\ 条纹$$

对于对称条纹图，需要计算和求和一半 x 方向的条纹和一半 y 方向的条纹来得到干涉图的条纹数。

（2）球面对称条纹图。图 13.35 展示了同一球面的两个干涉图。第一张图带有倾斜度，第二张图是调去倾斜的条纹。对于两幅图的计算都会产生相同的结果。对带倾斜度的图 1，条纹偏差（畸变）$= \Delta S/S$，即 $2/1 = 2$ 条纹。对不存在倾斜度的图 2，检测穿过 x 轴和 y 轴的条纹总数，再除以 4，就得到条纹偏差（畸变）=（4 条纹 +4 条纹）/4 = 2 条纹，或者从图中心分别沿着 x 轴和 y 轴的一个方向计算穿过的条纹总数再除以 2，条纹偏差（畸变）=（2 条纹 +2 条纹）/2 = 2 条纹。结果都是相同的，条纹图中的偏差存在 2 条纹的离焦量，并且不存在任何不规则度畸变。

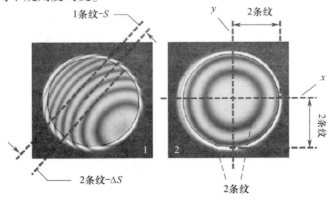

图 13.35　同一球面不同条纹图的条纹计数

235

（3）球面局部对称条纹图。图 13.36 所示的干涉图不是完全对称的；它在两个垂直方向上对称，但不是图 x 方向和 y 方向。不规则度和光圈可由下面方式计算得到，即

离焦量偏差（畸变）=（10 条纹 +8 条纹）/4 = 4.5 条纹，或者
=（5 条纹 +4 条纹）/2 = 4.5 条纹。

条纹偏差（畸变）=（10 条纹 -8 条纹）/2 = 1 条纹，或者
=（5 条纹 -4 条纹）= 1 条纹

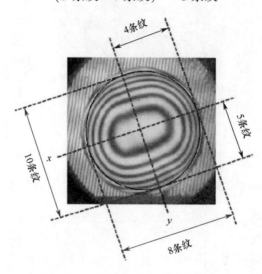

图 13.36　局部对称条纹图与条纹计数

（4）球面非对称干涉图。图 13.37 所示的干涉图是完全不对称的，因此最好的计算不规则度和光圈的方法是：光圈计算方式为 x 和 y 方向的条纹数求和后除以 4，即光圈偏差（畸变）=（10 条纹 +7 条纹）/4 = 4.25 条纹；不规则度计算方式为 X 条纹数减去 Y 条纹数再除以 2，即不规则度偏差（畸变）=（10 条纹 -7 条纹）/2 = 1.5 条纹。

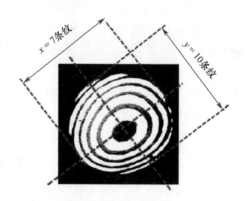

图 13.37　非对称条纹图与条纹计数

（5）小像散干涉图。在某些情况下，对于大多数平面，使用干涉图进行平面度分析。图 13.38 所示带像散的平面干涉图的平面度计算式为

$$平面度偏差（畸变）= \frac{A}{B} \approx 0.5 \ 条纹$$

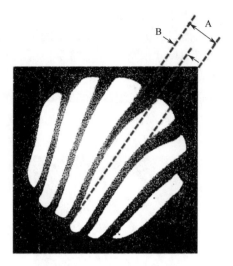

图 13.38　带像散的平面干涉图

（6）小的非对称的像散干涉图。一个非对称的干涉图有时很难进行分析。图 13.39 显示了同一表面的不同干涉条纹。第一幅是带倾斜的干涉图，第二幅是倾斜很小几乎在中心位置的干涉图。干涉图 1 的计算式为

$$光圈偏差(畸变) = \frac{\Delta S}{S} \approx 1.3 \ 条纹$$

将 A 线作为参考，可以看到两根条纹之间的 B 线将空间裁成两半，有

$$不规则度偏差(畸变) = 1$$

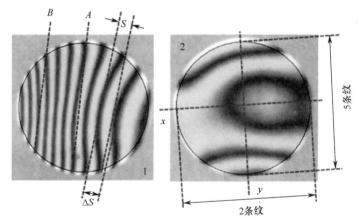

图 13.39　小的非对称的像散干涉图与条纹计数

在干涉图 2 中，有

$$光圈偏差(畸变) = \frac{(5+2)}{4} = 1.75 \ 条纹$$

$$不规则度偏差(畸变) = \frac{(5-2)}{2} = 1.5 \ 条纹$$

图 13.39 中干涉图 2 的计算结果更加精确。干涉图 1 的光焦度偏差分析仅使用了干涉图右侧局部的尺寸信息（并忽略了该区域的不规则度偏差），并且不规则度偏差仅使用了左侧局部的尺寸信息（并忽略了该区域的光焦度偏差）；而干涉图 2 的所有偏差计算均使用了全幅的干涉图信息。

（7）带小像散的柱面（凸）干涉图（图 13.40）。光焦度偏差（畸变）= (9 + 4 − 1) /4 = 3 条纹，不规则度偏差（畸变）= (9 + 4 + 1) /2 = 7 条纹。

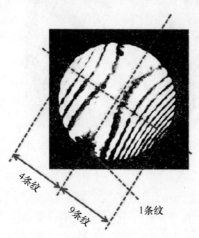

图 13.40 带小像散的柱面（凸）干涉图与条纹计数

（8）柱面（凸）干涉图（图 13.41）。不规则度偏差（畸变）= 5 条纹。

（9）屋顶形状的平面干涉图（图 13.42）。计算和分析这样的干涉图可能会被放弃，因为它看起来"很糟糕"。

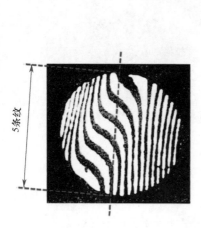

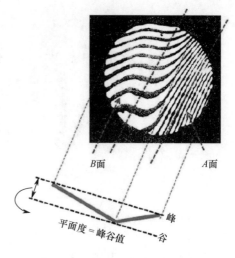

图 13.41 柱面（凸）干涉图与条纹计数　　图 13.42 屋顶形状的平面干涉图

13.7 分析干涉图时的注意事项

图 13.43 所示的 3 个干涉图来源于同一窗口玻璃。干涉图 1 和 2 是窗口玻璃的两个面，通过反射检测获得。干涉图 3 通过透射检测获得，通过一个高精度参考镜进行反射。除了在干涉图 1 和 2 中的两表面的干涉条纹（外部箭头）外，还存在额外较弱的环形条纹（内部箭头），它们并不是由实际表面产生，而是来源于外面镀膜层间某种程度干涉。这些额外的条纹可以被干涉仪看到，主要是在多膜层之间。当用干涉仪进行透射测试或用单色光和测试板进行测试时，它们是不可见的。当出现这些不需要的条纹时，可考虑采用以下措施。

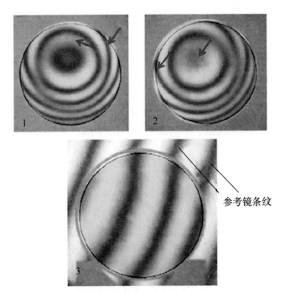

参考镜条纹

图 13.43　通过反射测试两个表面的附加条纹（干涉图 1 和 2）以及
当采用透射测试窗口玻璃时干涉图 1 和 2 的消失

（1）当测试镀膜后的面形时（平面或球面），额外的外形条纹应当被忽略。

（2）像干涉图 3 显示的那样，通过透射和高精度参考镜的反射来检测窗口玻璃。有两个优点：去除不想要的条纹；改善干涉图质量。每个表面的球差可以相互矫正，从而产生一个更好的检测结果。如果窗口玻璃的实际功能是通过透射实现的，则图纸中可以考虑提出通过透射测试窗口玻璃的要求。

当前、后两表面之间存在非常小的等厚差或倾斜时，会出现干涉条纹。当用干涉仪观察前表面的干涉图时，可以看到这些条纹。图 13.44 中的图 1 显示了圆形窗口中主要的显著条纹和内部干涉产生的弱条纹。当通过透射和高精度的参考镜的反射来测试窗口玻璃时，内部干涉条纹会消失，如干涉图 2 所示。当一个项目的图纸中有多个待定的测量方式要求时，推荐使用透射方式测量窗口玻璃。

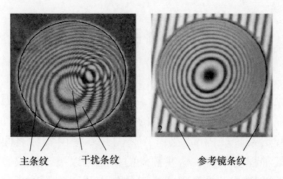

主条纹　　　　　干扰条纹　　　　　　　　参考镜条纹

图 13.44　通过反射方式检测前表面时产生的窗口玻璃内部干涉条纹（干涉图 1）、
通过透射方式检测时内部干涉条纹消失了（干涉图 2）

13.8　平面与球面干涉仪测量

干涉仪是一种光学仪器，它利用出射的参考波和从被测光学表面或材料反射回的测试波之间的干涉现象，来提供有关被测物体或材料的各种信息。大多数干涉仪使用 632.8nm 氦氖激光器光源（图 13.45 和图 13.46）；也有使用其他光源的干涉仪，见表 13.1。

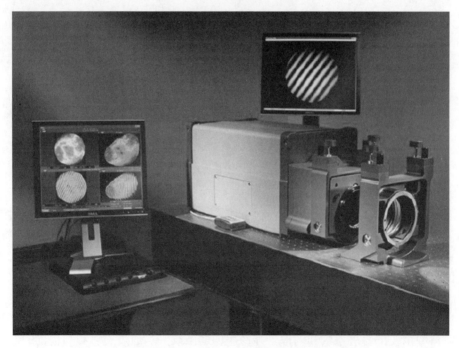

图 13.45　使用 632.8nm 氦氖激光器光源的干涉仪
（图片由 Zygo 公司提供）

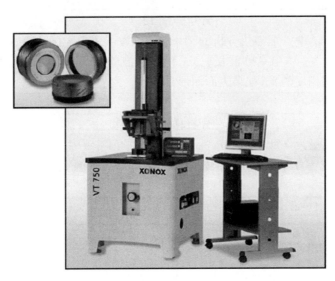

图 13.46　采用 632.8nm 氦氖激光光源的立式干涉仪和 4 in 干涉仪的球面波镜头
（图片由 XONOX Technology GmbH 公司提供）

表 13.1　用于 Zygo 干涉仪的不同光源（除了常用的 632.8nm 氦氖光源）

波　　长	应　　用
266nm	通用 UV 镜头系统测试及高精度测量
355nm	通用 UV 镜头系统测试及高精度测量
405nm	用于 DVD 光学存储和视听设备的测量镜片
532nm	通用测量设备，包括光学表面、透镜、棱镜、角立方体、均匀性等
1053nm	激光聚变试验研究
1064nm	激光棒测试、军事成像系统测量、通用近红外光学测量
1319nm	一般近红外光学测量
1550nm	电信光学测量
3.39μm	一般红外光学系统测量
10.6μm	红外光学系统测试、粗糙表面测量

　　干涉仪产生的最重要（但不仅是）和最常见的参数是平面度、光焦度和不规则度（峰谷值（PV 或 PTV）和均方根误差（RMS））。另外，干涉仪提供了一个可以在屏幕上查看的干涉图样图，显示了到达干涉仪的用于波前分析的各类面形图。

　　下面的例子说明了不同种类的干涉图，这些干涉图来自对测量物体产生的各种波前分析。这些干涉图由使用氦氖激光器光源的 Zygo GPI 干涉仪获取。它们展示干涉仪的能力和局限性，但并没有进行操作说明，具体操作应当是设备制造商、技术手册和工作岗位培训的责任。

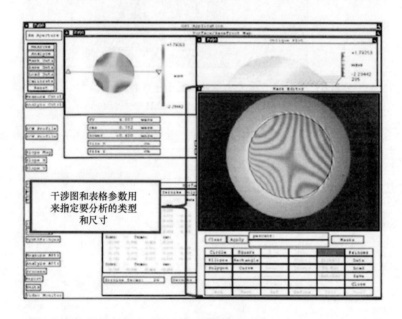

干涉图和表格参数用来指定要分析的类型和尺寸

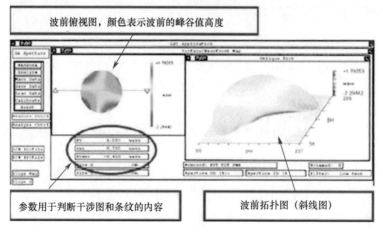

波前俯视图，颜色表示波前的峰谷值高度

参数用于判断干涉图和条纹的内容

波前拓扑图（斜线图）

图 13.47 干涉图分析样例 1

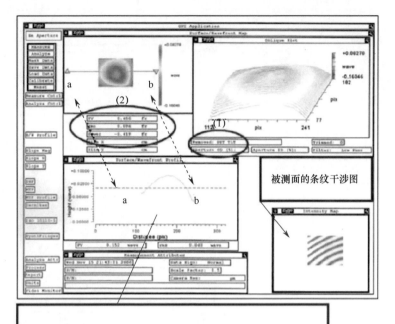

被测面的条纹干涉图

该图表示三角标记点a和b之间直线将面形切开后的剖面轮廓。
软件支持可以在该图基础上继续增加第二个剖面图

图13.48 干涉图分析样例2

分析样例 13.3

正如图13.49所示，干扰条纹（内部膜层干涉导致）导致错误的分析。分析结果不应该作为真实结果。这种情形下，最好的方式是调掉倾斜条纹，并人工计算波前误差。对于平面窗口玻璃，通过透射和参考平面镜反射的方式检测可以去除干扰条纹。

这类产生干扰干涉的现象在红外镀膜层中尤其普遍，因此，可以在镀膜前和镀膜后分别对表面进行测量，以确保图纸中规定的技术指标要求将在最终检验时得到满足（在某些情况下，设计师会亲自进行测量）。

分析样例 13.4

图13.50所示干涉图展示了一个用于红外领域的镀膜后球面面形。正如所见，由膜层间内部干涉产生的环形干涉条纹导致错误的面形和分析。最好的解决方式是在镀膜前进行测量和分析。如果必须要做镀膜前和镀膜后的测量比对（用于判断镀膜是否对表面造成变形），分析镀膜后测量结果的推荐方法是将主条纹调至中心并人工进行计算。

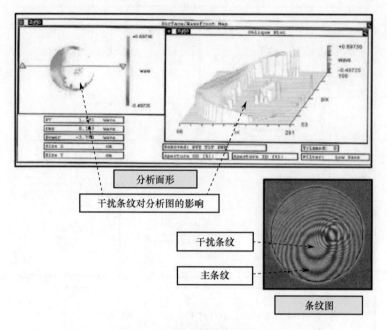

图 13.49　干涉图分析样例 3

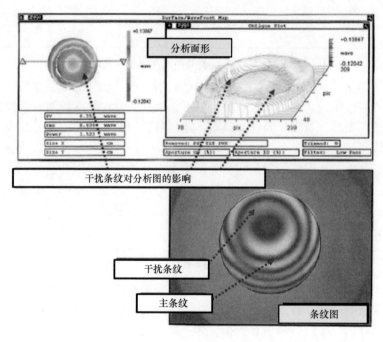

图 13.50　干涉图分析样例 4

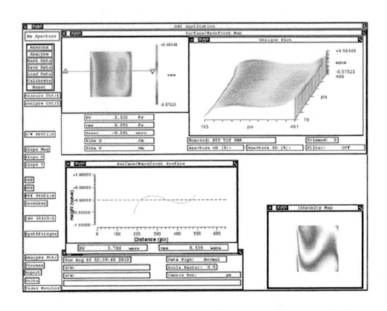

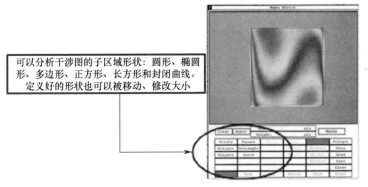

可以分析干涉图的子区域形状：圆形、椭圆形、多边形、正方形、长方形和封闭曲线。定义好的形状也可以被移动、修改大小

图 13.51　干涉图分析样例 5

13.9　圆柱面测试

　　圆柱形透镜（图 13.52）是至少有一个圆柱形（凸或凹）表面的透镜，即（图 13.53）一个方向上的半径垂直于圆柱形轴并与之平行（图 13.53）——圆柱形半径的中心。圆柱表面的透镜将光线聚焦在一条直线上，因此图像在一维平面上被拉伸，而在二维平面上拉伸的球面或平面则不同，它们形成的干涉图易于分析（图 13.54）。

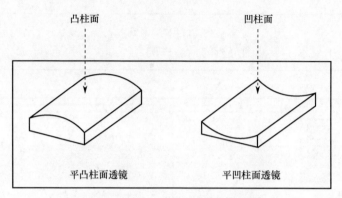

凸柱面　　　　　　　　　　凹柱面

平凸柱面透镜　　　　　　　　平凹柱面透镜

图 13.52　光学元件的圆柱表面轮廓

（图片由 Holmarc Opto-Mechatronics Pvt 有限公司提供）

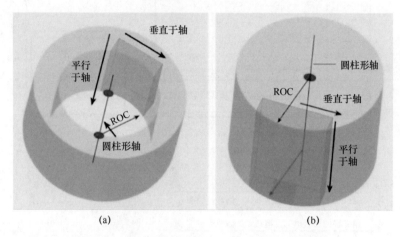

(a)　　　　　　　　　　　　　(b)

图 13.53　说明垂直于和平行于圆柱轴的尺寸的圆柱

（转载自 Melles Griot）

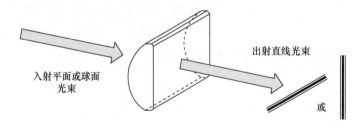

图 13.54　将通过圆柱形透镜的平面或球面光束转换成直线光束

　　圆柱光学表面的检测比球面、非球面或平面光学表面的测试更困难。然而，有些方法可以测试圆柱表面，并验证其满足技术指标的要求。检测中比较常用的两个参数是曲率半径（ROC）和曲面的不规则性。接着讨论了目前圆柱表面检测的主要方法。

（1）样板法。样板具有相反的圆柱外形（检测凸面采用凹面样板，检测凹面采用凸面样板）。样板的半径应与透镜圆柱面的要求半径相同。由于很难制造出具有精确半径的样板，因此该半径将非常接近所要求的半径值，并且在所需半径公差范围内。已知的样板参数被用来分析被测表面的实际值。样板与被测表面的完美匹配将产生笔直的平行线（图 13.55）。图 13.56 中虽然不是完美匹配，但很好地匹配了 ROC 并且不规则度较好。

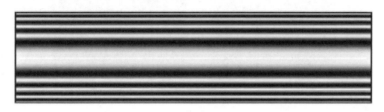

图 13.55   被测表面与样板或干涉测量干涉图之间理论上的完美匹配模式

图 13.56   曲率半径的实际图形不完美但有良好的不规则度

（2）干涉测量法。该方法可用于测量带有 CGH、透射球（TS）或透射平面（TF）的圆柱 ROC。干涉仪在类似于球面的结构中测试时，会在一个表面的窄线剖面上产生干涉条纹。有关该方法的更详细说明可参阅 Zygo 公司的"圆柱面光学元件检测"。

（3）干涉图样法。在透镜的生产过程和最终的检验过程中，可以使用主试片来测试表面图形。由此产生的可见干涉条纹图有助于确定圆柱表面是否良好，或是否存在需要改进的缺陷（定性检查）。在圆柱表面的最后检查中，激光干涉仪允许精确的定量测量。图 13.57 所示为干涉仪球面波前再现的干涉图样。CGH 连同干涉仪，创建一个圆柱形波前，并改进圆柱形表面的测试。图 13.58 描绘了 CGHs 产生的干涉图。

关于圆柱面透镜的其他可能感兴趣参数包括有效焦距（EFL）、后焦距（BFL）、曲率半径（R）、法兰焦距（FFL）、圆柱轴与机械中心线不匹配度、圆柱轴与透镜外边缘间的扭转。

在现实世界里，当使用干涉仪检测时（使用平面或球面波前），获取整个面清晰的干涉图存在一些限制条件。小 ROC 仅在中央产生清晰且非常狭窄的干涉图；半径可以测量，但不能测量表面的质量（即不规则度）。随着半径变大，干涉图变将更加清晰（虽然主要在中心位置），当被测表面的边缘靠近时，干涉条纹会变得越来越密。

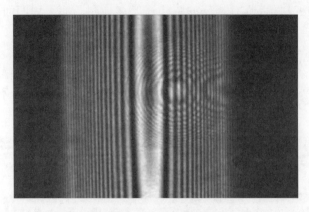

图 13.57　用球面波前测试圆柱透镜时与共焦位置相对应的干涉图样

（图片由 CVI Melles Griot 提供）

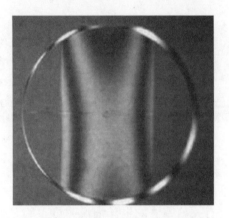

图 13.58　CGH 波前共焦全条纹图样

（图片由 CVI Melles Griot 提供）

图 13.59 表述了一个用平面和球面波前干涉仪测试的圆柱面透镜，结果如图 13.60 ~ 图 13.62 所示。平面波前和球面波前都会产生窄而长的干涉图样（14mm），其质量（不规则度）无法评估或测量。在这两种情况下，测量图 13.60中的猫眼图形和图 13.61 及图 13.62 中的表面图形之间的半径，得到的结果是相同的半径 22.75mm。以 OEG GmbH 公司

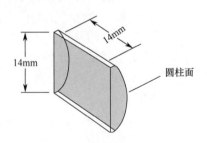

图 13.59　用平面和球面波前干涉仪测试的圆柱面透镜

的 OTS-Z 为例，利用计算机控制的专用仪器，可以测量圆柱表面的 EFL、BFL、R 和 FFL，如图 13.63 所示。

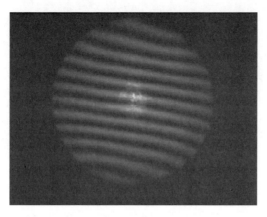

图 13.60　被测圆柱面的猫眼图

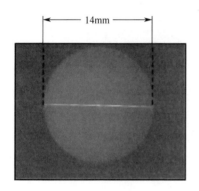

图 13.61　采用球面波前检测
的圆柱面干涉图

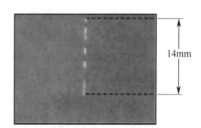

图 13.62　采用平面波前检测
的圆柱面干涉图

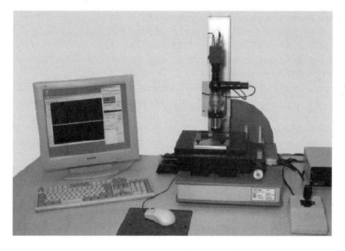

图 13.63　一种用于测量圆柱透镜光学和几何参数的计算机控制装置
（图片由 OEG 股份有限公司提供）

参 考 文 献

ISO 10110-5:2007 "Optics and photonics – Preparation of drawings for optical elements and systems – Part 5: Surface form tolerances."

ISO 10110-5:1996 "Optics and photonics – Preparation of drawings for optical elements and systems – Part 5: Surface form tolerances."

"How to specify substrates," by LAYERTEC optische Beschichtungen GmbH. Web: http://www.layertec.de/en/capabilities/substrates.

"Specifying and Measuring Spherical Surface Irregularity," by Brandon Light Optimax Systems, 6367 Dean Parkway, Ontario, NY USA, © Copyright Optimax Systems, Inc. 2009. Web: http://www.optimaxsi.com/PDFs/SurfaceIrregularityRevB.pdf.

"Optical Flats Information," by GlobalSpec. Web: http://www.globalspec.com/learnmore/optics_optical_components/optical_components/optical_flats.

"Optical Flats" by Mechlook. Web: http://www.mechlook.com/optical-flats/.

"Test Plates and their use in Optical Testing" By Melanie Saayman. Web: http://www.docstoc.com/docs/22194897/Tutorial-on-Test-Plates-and-their-use-in-Optical.

"Newton's Rings" from City Collegiate. Web: http://simplelecture.com/explain-newtons-ring/.

"Fringe Interpretation ... a brief Tutorial" by Gordon Graham. Web: http://www.grahamoptical.com/interp2%20for%20pdf.pdf.

"Interferometry - Basic interferometry," by Phil Gee. Web: http://philipgee.com/OptFlt-01.html.

"How to Measure Flatness with Optical Flats" by Van Keuren. Web: http://www.gaugesite.com/documents/Metrology%20Toolbox/How%20to%20Measure%20Flatness%20with%20Optical%20Flats.pdf.

"Fused Quartz Optical Flats" by Custom Scientific, Inc. 3852 North 15th Avenue, Phoenix, Arizona 85015 USA. Web: http://www.customscientific.com/flats.htm.

"Fabrication errors" at Bruce MacEvoy's Astronomical optics. Web: http://www.telescope-optics.net/fabrication.htm.

"Optical Techniques for Measuring Flatness" by Edmund Scientific co. (1971).

"Optical Flat Manual" (2004) by Edmunds. Web:http://www.edmundoptics.com/learning-and-support/technical/learning-center/marketing-literature/files/eo-optical-flat-manual.pdf.

"Guideline for use of Fizeau Interferometer in optical testing" – Guideline no. GT-TE-2404 by NASA. Web: http://engineer.jpl.nasa.gov/practices/2404.pdf.

"Application Note - Interferogram Scale Factor" by Zygo Corporation. Web: http://www.eettaiwan.com/ARTICLES/2001SEP/PDF/2001SEP03_ST_AN2070.PDF.

"Testing Flat Surface Optical Components" by James C. Wyant. Web: http://fp.optics.arizona.edu/jcwyant/Short_Courses/SIRA/5-TestingFlatSurfaceOpticalComponents.pdf.

"Basic Interferometry and Optical Testing" by James C. Wyant. Web: http://fp.optics.arizona.edu/jcwyant/Short_Courses/SIRA/2-BasicInterferometryAndOpticalTesting.pdf.

"Precision Optical Engineering" by David Page, Technical Manager, Precision-Optical Engineering and Ian Routledge, Armstrong Optical Ltd. Web: http://www.mbdaps.com/precision-optical/data/ta006.htm.

"Interpretation of Interferograms" from "The Photonics Design and Applications Handbook" 1987. Web: http://sti.mermoz.free.fr/LP/Doc/DossiersTechniques/9Interpretation%20of%20interferograms.pdf.

"Fringes, Waves and Optical Quality" by Bruce H. Walker, Walker Association, from "The Photonics Design and Applications Handbook" 1993.

"Interferometric testing in a precision optics shop: A review of Test Plate testing" by Hank H. Karow, Optical Coating Laboratory, Incorporated.

"Interferometric testing of optical systems and components: a review" by J. D. Briers of Phisics and Engineering Laborotory, Department of 322 chap ter B Scientific and Industrial Reserch, Lower Hutt, New Zealand.

"How Flat Is Flat?" by Dave Cochrane, Optical Workshop Manager, Industrial Reserch Limited.

"Common Sense in Optical Specifications" by N. Balasubramanan and M. Hercher, The Institute of Optics, University of Rochester, Rochester, New York 14627.

"Interferometer Accessories" 2009, by CVI Melles Griot. Web: http://www.cvimellesgriot.com/products/Documents/Downloads/Interferometry%20overview.pdf.

"Unit 9 Interferometry" by IGNOU - The People's University Book. Web: http://www.ignou.ac.in/upload/Unit-9-62.pdf.

"ZYGO's Guide to: Typical Interferometer Setups" (2003) by Zygo Corporation.

"Typical Interferometer Setups" by Zygo Metrology Solutions Division. Web: http://www.zygo.com/?/met/interferometers/setups/.

"Interferometry - Measuring with Light" BY Zygo Corporation. Web: http://www.photonics.com/Article.aspx?AID=25128.

"Application Note – Interferogram Scale Factor" by Zygo Corporation. Web: http://www.eettaiwan.com/ARTICLES/2001SEP/PDF/2001SEP03_ST_AN2070.PDF.

"Interferogram Interpretation and Evaluation Handbook" (1984), by Zygo Corporation.

"Typical Interferometer Setups" by Zygo Metrology Solutions Division. Web: http://www.zygo.com/?/met/interferometers/setups/.

"Interferometry - Measuring with Light" BY Zygo Corporation. Web: http://www.photonics.com/Article.aspx?AID=25128.

"Application Note – Interferogram Scale Factor" by Zygo Corporation. Web: http://www.eettaiwan.com/ARTICLES/2001SEP/PDF/2001SEP03_ST_AN2070.PDF.

"Interferogram Interpretation and Evaluation Handbook" (1984), by Zygo Corporation.

"Testing Flat Surface Optical Components" by James C. Wyant, the University of Arizona. Web: http://fp.optics.arizona.edu/jcwyant/Short_Courses/SIRA/5-TestingFlatSurfaceOpticalComponents.pdf.

"Basic Interferometry and Optical Testing" by James C. Wyant, the University of Arizona. Web: http://fp.optics.arizona.edu/jcwyant/Short_Courses/SIRA/2-BasicInterferometryAndOpticalTesting.pdf.

"Flatness Interpretation Chart" by Van Ceuren co.

"Testing Cylindrical Surfaces with Computer Generated Holograms" by Zygo Corporation.

"Optical Workshop Principles," chapter 6 – optical tests in the workshop by Colonel Charls Deve, Published by, Hilger & Watts LTD. 1954.

"Optical Standards" by John Nichols, BSc, MSc. Web: http://www.nicholoptical.co.uk/Optical%20Standards.pdf.

"OTS-Z - Test Station for optical and geometrical parameters of cylindrical optics" by OEG - Gesellschaft für Optik, Elektronik & Gerätetechnik mbH, Wildbahn 8i. Web: http://www.oeg-messtechnik.de/Mavidesk/Media/2242341.pdf.

"Cylinder Check - interferometrical testing of cylindrical Lenses with high numerical aperture using computer-generated null elements" (2007) by Carl Hanser Verlag, Munich, Germany - Laser + Photonic. Web: http://files.hanser.de/zeitschriften/docs/2752514352-86_eLP100431.pdf.

"Micro-Cylinder-Lens Testing Using Computer-Generated-Holograms" by J. Lamprecht, K. Mantel, R. Schreiner, N. Lindlein and J. Schwider - Chair for Optics, Friedrich-Alexander-Universität Erlangen-Nürnberg Staudtstr. 7/B2, 91058 Erlangen, Germany and M. Ferstl - Heinrich-Hertz-Institut Berlin, Einsteinufer 37, 10587 Berlin, Germany. Web: http://www.ndt.net/article/v07n04/lamprecht/lamprecht.htm.

"TechNote - Testing Cylindrical Optics" by Zygo Corporation,

"Cylinders" by Optimax. Web: http://www.optimaxsi.com/capabilities/cylinders/.

"Cylindrical lenses offer many focusing options" by optics org, (originally appeared in the December 2008 issue of Optics & Laser Europe magazine). Web: http://optics.org/article/37057.

"Cylindrical Surface Analysis with White Light Interferometry" (Technical report, IDE1156, October 2011) by Ethem Bora, School of Information Science, Computer and Electrical Engineering. Web: http://www.diva-portal.org/smash/get/diva2:421804/FULLTEXT02.

"Trioptics OptiCentric® MOT Extension Modules" by TRIOPTICS GmbH. Web: http://www.trioptics.com/opticentric/operation_mot_em.php.

"New test for cylindrical optics" by Joseph M. Geary, member SPIE, United Technologies Optical Systems and Lawrence J. Parker, published in Optical Engineering in August 1987, Vol. 26 No. 8.

"Data analysis in fiber optic testing of cylindrical optics" by Joseph M. Geary, member SPIE, United Technologies Optical Systems, published in Optical Engineering in March 1989, Vol. 28 No. 3.

"Testing cylindrical lenses" by Joseph M. Geary, member SPIE, United Technologies Optical Systems, published in Optical Engineering in December 1987, Vol. 26 No. 12.

"A new test for cylindrical optics" by J. Geary and L. Parker, UTHC/OATL, published in SPIE Vol. 661 Optical Testing and Metrology (1986).

"Optical figure characterization for cylindrical mirrors and lenses" by Alvin D. Scnurr and Allen Mann, TRW Defense and Space Systems Group, published in Optical Engineering, May/June 1981 Vol. 20 No. 3.

"Optical figure characterization for cylindrical mirrors and lenses" by Alvin D. Scnurr and Allen Mann, TRW Defense and Space Systems Group, published in SPIE Vol. 193 Optical System Engineering (1979).

"Cylindrical optics: how to test them" by H. F. Johnson and H. D. Wolpert, published in Photonics Spectra, April 1984.

"Cylindrical lenses offer many focusing options," 12 Dec 2008. Web: http://optics.org/article/37057.

第14章 光 学 镀 膜

光学薄膜的技术要求通常会写在光学元件的图纸或薄膜规范中，它们是光学元件采购要求的组成部分。这些技术要求是基于光学元件的功能及其使用环境所提出的。

所有的同一批次的样片在经过相同的清洗和镀膜流程后，都会进行光学、机械、电子和耐久性测试。样片应准确地反映实际薄膜的特性和质量。样片大多数为圆形，直径在25.4mm左右，厚度大约为1mm，与所需镀制的光学元件的材料相同（也具有相同的表面质量）。

如果图纸或镀膜规范描述准确话，应当包括以下要求：

(1) 光谱特性；

(2) 材料特性；

(3) 电学性能；

(4) 环境适应性；

(5) 表面质量；

(6) 样片。

14.1 光 学 特 性

测量光谱特性的仪器称为分光光度计。作为镀膜专业知识和技能的一部分，每台镀膜机都应当配备与其工作波长区域相匹配的分光光度计，用以检测所镀制薄膜的光学特性是否符合要求（图14.1）。

图14.1 UV-3600型紫外－可见－近红外分光光度计拥有研究级的紫外－可见或紫外－
可见－近红外光学性能并配有易于操作的计算机（图片版权归岛津公司所有）

分光光度计的输出结果是一个与波长相关的透射率或反射率曲线。这条曲线（一条或多条曲线，取决于技术要求）应当符合技术要求。现在的分光光度计会计算出结果，并将结果与曲线一起打印在曲线图上。

入射角会在图纸或镀膜规范中进行规定，它们取决于行波的角度。有时，由于分光光度计的局限性，并不是所有规定的入射角的光谱曲线都能被检测出来。在这种情况下，应该将理论曲线附加到检测结果中。还有另一种情况，当接近45°角测量所需的参数时，可能会得到错误的结果，这也是由于分光光度计的局限性所导致的，因此要格外当心。

在大多数情况下，特定波长的透过率或给定波段的平均透过率是以百分比的形式给出的。对于单透镜而言，透过率的要求指的是整个元件的透过率，也就是说，应当在两侧均镀膜的测试片上测试透过率。对于双胶合透镜，透过率的要求是指光学元件上单侧的透过率（构成双层透镜的单个透镜的黏合表面上不镀膜）。

例14.1 在900nm±10nm波长处，镀膜后的单透镜的透射率不小于98%。如图14.2所示，透过率曲线在图表的顶部。要求在900nm处的最低透过率为98%，用 X 标记（可在透过率曲线上设置其为一部分），而实际的透过率为99%，意味着镀膜后的透过率完全满足要求。

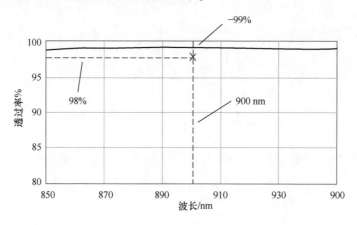

图 14.2 850~900nm 透过率曲线

例14.2 在480~640nm波段，镀膜后透镜的平均透过率要求不低于95%。如图14.3所示，透过率曲线在图表的顶部。图中虚线部分表示所要求的波段为480~640nm，所要求的透过率为95%。该图显示其平均透过率不低于所要求的数值。为了得到480~640nm波段平均透过率的精确值，必须将实际透过率的数值相加求和，然后除以数值的个数，用这种方式来计算平均透过率。比如，476.6/5 =

#	波长/nm	透过率/%
1	480	97.5
2	520	97.4
3	560	96.0
4	600	94.5
5	640	91.2
	Sum	476.6

95.32，所以结果是满足要求的。验证在给定波长范围内是否符合最低或最高反射率要求的过程与透射率的过程相同（图14.4～图14.6）。对于反射镜而言，通常会规定给定波长的反射率的百分比（%）。因为规定了最大反射率，所以技术要求里也可以写最小反射率。比如，规定在650～1200nm波段（图14.7）反射率不低于85%。如果对一个减反射膜在给定波段内提出反射率百分比的要求，就会在图纸或相关的镀膜规范中指出最大反射率不大于多少。

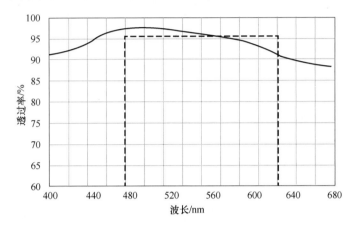

图14.3　400～700nm透过率曲线

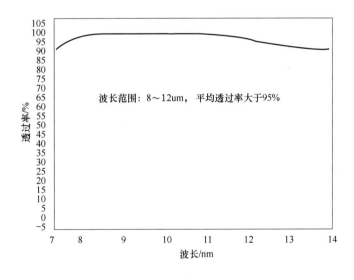

图14.4　透过率光谱的指标要求和结果（用分光光度计测量）

　　光学滤光片是光学薄膜的一种，它能够有选择性地透过某波段的光，同时抑制掉另外波段的光，在光学系统的光路中通常用平板玻璃或塑料作为滤光片的基底。滤光片的类型通常由光学设计师根据系统的功能来确定。光学滤光片与普通的光学薄膜有所不同，因为普通的光学薄膜并不需要对截止区域提出技术要求。

光学滤光片的相关术语介绍如下。

① Cut on：波长在低透过率区域到高透过率区域的起始位置。

② Cut off：波长从通带到长波截止区域过渡的结束位置。

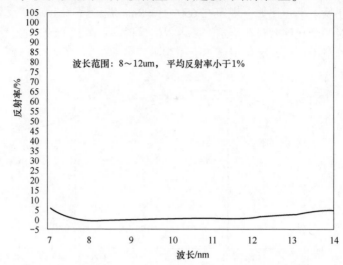

图 14.5　反射率光谱的指标要求和结果（用分光光度计测量）

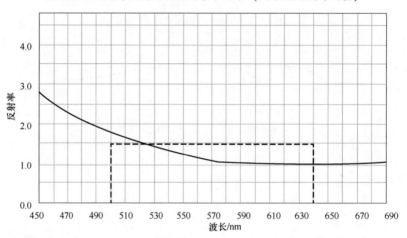

图 14.6　在虚线内的反射率光谱要求为在 500～650nm 波段范围内反射率不大于 1.5%。单透镜每一面的减反射膜的技术指标可以按照"反射率不大于 1.5%"的要求提出（用分光光度计所测量的结果是 1.1%）

③ Cut on：指的是在短波截止带向通带过渡区域中透过率为 5% 的位置。

④ Cut off：指的是在通带向长波截止带过渡区域中透过率为 5% 的位置。

⑤ 斜率：峰值透过率的 5% 的波长位置到峰值透过率的 80% 的波长位置的间隔。斜率通常由下式表达，即

$$斜率 = \frac{\lambda_{峰值的80\%} - \lambda_{峰值的5\%}}{\lambda_{峰值的5\%}} \times 100\%$$

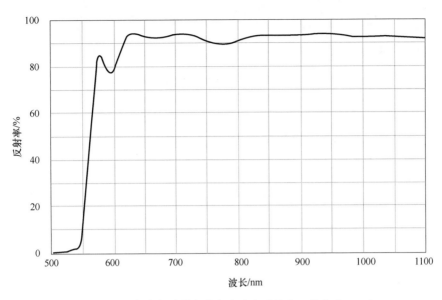

图 14.7 反射率光谱最大值表达的意思是当入射角为 45°时
在 700 ~ 1000nm 波段的平均反射率不小于 90%

⑥ 峰值透过率：通带内光谱透过率的最大值。

⑦ 半宽度：也称为带宽，指的是峰值透过率一半处的通带宽度（当透过率为峰值透过率的一半时滤光片的通带范围）。

⑧ 中心波长：带宽的中心位置。

⑨ 截止带：通带以外的光谱区域，要求透过率必须非常低。其技术指标通常以指定波长范围的透过率来确定。

⑩ 通带：选定的波段用以透过光强。

⑪通带宽度：透过率为峰值透过率一半时两个波长的差值。

⑫半宽度：在峰值透过率的 50% 处测量通带的波长间隔。

光学滤光片的功能用透过率曲线来进行定义，它们通常有通用的名字：

① 长波通滤光片（透过较长的波段而截止较短的波段）；

② 短波通滤光片（透过较短的波段而截止较长的波段）；

③ 窄带滤光片（透过较窄的波段）；

④ 宽带滤光片（透过较宽的波段）；

⑤ 多谱段滤光片（透过多个谱段截止其余的谱段）。

长波通滤光片（图 14.8）是透过长波谱段的滤光片。当波长小于截止波长时，透过率将被抑制。

短波通滤光片（图 14.9）是透过短波谱段的滤光片。当波长大于截止波长时，透过率将被抑制。

窄带通、宽带通和多带通滤波器的行为分别在图 14.10 至图 14.12 中说明。

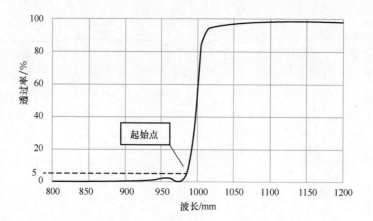

图 14.8　长波通滤光片和通带起点

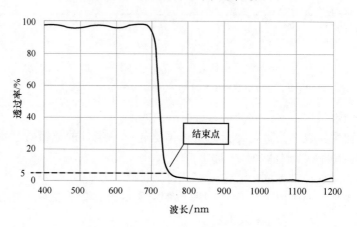

图 14.9　短波通滤光片和截止带起点

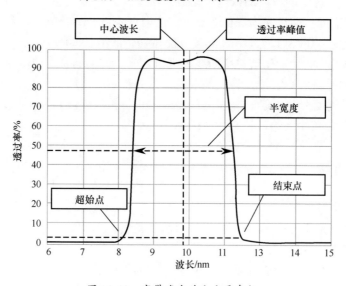

图 14.10　宽带滤光片和主要参数

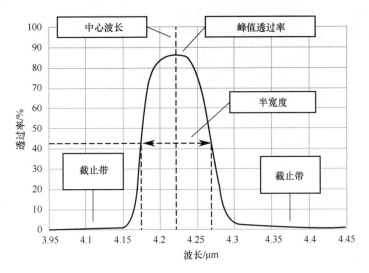

图 14.11 窄带滤光片和主要参数

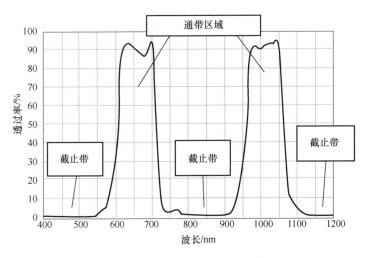

图 14.12 多波段滤光片的通带和截止带

给定波长的最大透过率可以加到闭塞区域。它永远不可能是零，而是一个很小的最大传输，由于功能或安全原因（如阻断激光的波长）可能存在。

通常由设计人员在图纸或技术要求中对滤光片的技术、安全和文件要求加以明确的规定或定义，主要包括以下内容。

（1）技术要求。

① 光谱范围。

② 增透膜的最低透过率或最大反射率。

③ 高反膜的最大反射率。

④ 滤光片的功能（峰值透过率、中心波长等）。

⑤ 入射角。

⑥ 金属膜及其保护膜类型（铝、银等金属）。

⑦ 基底类型（玻璃、石英或金属）。

⑧ 环境适应性要求（如有必要也包括抗激光损伤阈值）。

⑨ 仅适用于本批次产品的环境测试。

（2）安全要求。

① 非放射性镀膜材料。

② 存储条件。

（3）文件要求。

① 非放射性材料的申报。

② 薄膜符合所有图纸和要求的声明（光学和环境适应性）。

③ 规定的光谱曲线。

④ 详细的耐久性测试样品。

⑤ 薄膜运行次数的声明。

14.2 环境耐久度

在光学产品的图纸或规范中，大多数薄膜的环境耐久性要求都是基于美国军方规格（milspecs）或军事标准（MIL-STD）以及一些特殊的 ANSI/ASTM 标准。超出下列标准的特殊耐久性要求也可以在图纸或薄膜要求中定义，并应相应地满足。图纸或规范中的需求比任何 milspec 或标准都具有优先级，而 milspec 或标准有时根本没有提到！

1. 美国军用要求

（1）《玻璃光学元件的薄膜》（MIL-C-675）。

（2）《薄膜、单层或多层膜、干涉和耐久度要求》（MIL-C-48497）。

（3）《用于仪器罩玻璃和照明楔的减少反射涂层》（MIL-C-14806）。

（4）《光学元件用前表面镀铝膜》（MIL-M-13508）。

（5）《滤光片、红外干涉：通用规范》（MIL-F-48616）。

2. 美国军用标准（MIL-STD）

《环境工程考量及实验室测试》（MIL-STD-810）。

3. ANSI/ASTM 标准

（1）《盐雾试验标准方法》（ANSI/ASTM B 117）。

（2）《醋酸盐雾实验》（ANSI/ASTM B 287）。

4. 耐久度试验

使用图 14.13 所示的设备可进行以下 3 项测试。

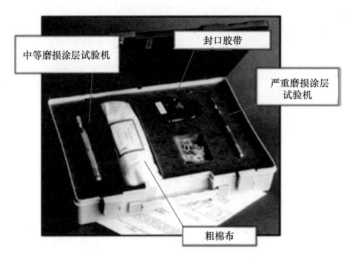

中等磨损涂层试验机

封口胶带

严重磨损涂层试验机

粗棉布

图 14.13 军用镜片涂层硬度试剂盒
（图片转载承蒙萨默斯光学公司许可）

（1）附着力试验。将标准透明胶带紧紧压在薄膜表面上，并以与薄膜表面垂直的角度撕拉。胶带的撕拉速度可快可慢，这取决于薄膜的技术要求。

（2）轻度磨损试验。用一块洗过的纱布在磨损测试仪上摩擦薄膜表面。纱布将完全覆盖测试仪的橡皮擦部分，并用橡皮筋固定。纱布在薄膜表面（实际物品或见证样品）上从一个点到另一个点在同一路径上摩擦 25 个完整的周期（50次），最小作用力为 1 磅（0.45kg）。摩擦时，磨损试验机应与测试表面保持垂直角度。

（3）重度磨损试验。用符合 MIL-E-12397 标准的橡皮擦摩擦膜层表面，橡皮擦安装在磨损测试仪上。橡皮擦应在膜层表面（实际项目或见证样品）上从一个点到另一个相同的路径上摩擦 10 个完整的周期（20 划），最小用力 2~2.5 磅（约 1kg）。在摩擦时，磨损试验机应与测试表面保持接近垂直状态。

还有两项是有关温度和湿度的测试。

（4）温度。薄膜或测试片需经受住低温和高温变化的检验。温度、循环次数及所需时间由薄膜技术要求规定。

（5）湿度。如军标所描述的那样，薄膜或测试样品需在 49℃±2℃ 和相对湿度 95%~100% 条件下暴露 24h。根据图纸或技术要求中的不同要求，可改变相应的条件。

温度和湿度测试在环境控制试验箱内进行。这些腔室可以分开进行温度或湿度测试，但通常最好将测试合并在一起。图 14.14 展示了两种环境试验箱，这些试验箱可提供 -68~180℃ 的温度范围，还可以提供可靠、准确、高效的全范围湿度系统，能够模拟 10%~98% 的相对湿度。

（6）水溶性。镀膜后的产品或试验片需在蒸馏水中浸泡 24h（16~32℃）。

（7）盐雾试验。根据 ASTM-117-73 标准，对镀膜后的产品或试验片进行连续 24h 的盐雾试验。

S/SM 系列   SE-系列

图 14.14 温度和温湿度试验箱
（图片由热控工业提供）

（8）化学试剂溶解性。镀膜后产品或试验片在室温下依次浸入丙酮和乙醇中（温度为 16 ~ 32℃）。每种溶液的浸泡时间至少为 10min。

（9）尘土试验。根据 MIL-STD-810G 进行。

（10）雨水侵蚀试验。依据 MIL-STD-810G 进行。

（11）霉菌试验。依据 MIL-STD-810G 进行。

（12）热冲击试验。依据 MIL-STD-810G 进行。

（13）耐油脂试验。依据客户要求进行。

（14）抗激光损伤阈值试验。依据激光能量或客户要求进行。

5. 提示

（1）如果镀膜过程表现良好，那么试验片质量则代表着整批薄膜的质量。然而，情况并非总是这样。如果检验员认为有问题，除对试验片进行测试外，还应对产品进行测试。具体应考虑实际产品的数量和价格、测试的必要性及测试程序等。

（2）这里提到的军用规范支持实际产品的测试，即使试验片通过了相应的测试。如果实际产品未通过测试，那么整批产品将被拒收，当然，客户有权根据相关程序做出不同的决定。

（3）由于实际项目的配置在大多数情况下与见证样品不同，对于涂层的配

置批准和第一件检查（FAI）阶段，牺牲实际项目来验证其耐久性的一致性是有益的

（4）术语"测试样本""测试片""测试盘"可以相互替换。

（5）术语"产品"和"元件"可互换。

（6）可以在耐久度测试之后再进行光学测试，以检验光学性能是否发生了变化。

14.3 目 视 检 测

根据第18章中描述的方法，并参考军用规范，对镀膜后产品进行检查的方法与未镀膜产品的检查方法相同。测试样本也是相同的，但有一个重要的补充：它们在每个指定的耐久性要求之前和之后分别进行检测。这些额外的目视检测对于验证涂层的耐久性条件（即它通过或失败）非常重要。

14.4 样   片

样片（或试片，以标准中的说法为准）是与实际产品同时镀制的试验片，它可代表实际镀制薄膜的质量，应用于光谱测试和环境测试。当交付给客户实际产品和样品时，其样品应该是与实际产品同材料、同批次的。在某些特殊情况下，如果客户同意，交付测试的样片材料也可以是与实际产品不同批次的，但应保证是与实际产品相同材料并与实际产品是同一批次镀膜的。

样品应注意4个因素，即形状、大小、质量和数量。

1. 形状

通常有两种样片形状，如图14.15所示。

（1）圆/两边平行，表面特性（g），抛光（p），透射膜层（T），反射膜层（R）表面。

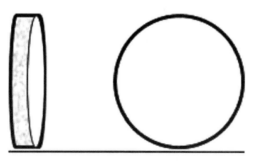

图 14.15 两种样片形状

未镀膜的试片主要是为了客户的特殊需要，有图14.16所示的两种表示方式。

图 14.16　未镀膜试片表示方式

而镀膜的试片则类似于图 14.17 至图 14.21 所示的 5 种情况。

两个表面均有薄膜的透镜（如单透镜），两边均抛光并镀透射膜，如图 14.17 所示。

仅有一面镀膜的透镜（如双胶合透镜的其中一块透镜），双面抛光，但仅一面镀膜，如图 14.18 所示。

图 14.17　两个表面均有薄膜的透镜　　　图 14.18　仅一面镀膜

单面透射的反射镜，单面抛光并镀增透膜，另一面仅研磨，如图 14.19 所示。

高反射膜，一面抛光并镀反射膜，另一面仅研磨，如图 14.20 所示。

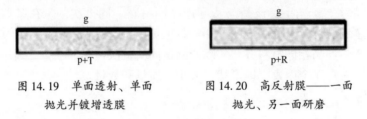

图 14.19　单面透射、单面　　　　图 14.20　高反射膜——一面

抛光并镀增透膜　　　　　　抛光、另一面研磨

高反射膜，两面均抛光，但仅一面镀膜，如图 14.21 所示。

（2）圆形/楔面，研磨，抛光，高反射膜表面。

未镀膜样片有两种情况，如图 14.22 和图 14.23 所示。

图 14.21　高反射膜——两面均抛光、仅一面镀膜　　　图 14.22　两面进行抛光

两面均按照客户的需求进行抛光，如图 14.22 所示。

根据客户需要，单面抛光，另一面研磨，如图 14.23 所示。

对于镀膜的样片，一面抛光并镀制高反射膜，另一面仅研磨，如图 14.24 所示。

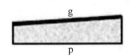

图 14.23　单面抛光、另一面研磨

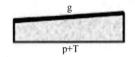

图 14.24　一面抛光并镀高
反射膜、另一面反研磨

2. 尺寸

目前大多数生产的样品直径约为 25mm（图 14.25 和图 14.26）。两面平行的样片其厚度从 1~10mm 不等（图 14.27），平行度误差在 3′以内是可以接受的。目前没有对楔面样片的指导标准，但一般为 10°~15°都是可以接受的。

图 14.25　不同种类的样片

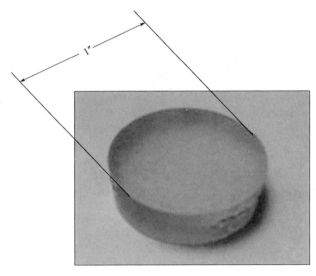

图 14.26　直径 25mm 的样片

楔形样片（图 14.28）一般用于检测透射膜的反射率，其设计的目的是为了防止后表面的光束反射到前表面，从而对测量的接受产生影响。当前，后表面做研磨处理（图14.29）或者后表面做发黑处理（图14.30）的两面平行样片也可被接受作为检测透射膜反射率的样片。总之，如果顾客对尺寸有特殊的需求（验证镀膜指标），其样片的大小会额外说明。

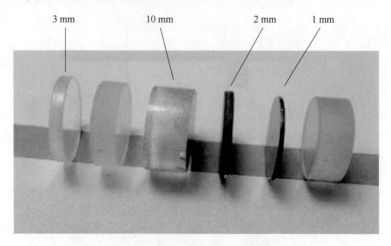

图 14.27 不同厚度的样片

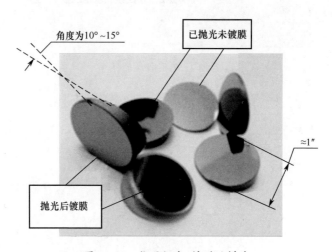

图 14.28 楔面抛光/镀膜后样片

3. 质量

质量主要有两个主要参数。

（1）划痕。一般情况下 80~50 是可以接受的，但对于特殊情况应该定义更好的要求（如激光膜的耐久度和抗损伤阈值测试）。

（2）离焦和面型不规则度，3 个条纹的矢高和 1 个条纹的不规则误差是可以接受的。客户在提供样品时应提供以上参数的准确信息。

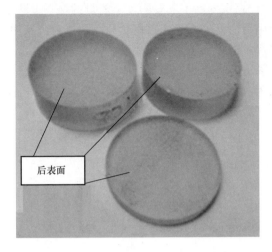

图 14.29　后表面做研磨处理的样片

图 14.30　后表面做发黑处理和双面抛光后镀膜的样片

4. 数量

如果客户需要样品，应在采购订单中指定类型和数量。

未镀膜样品的膜层是由另一家镀膜制造商完成的，他们需要利用样品来测试并确保薄膜符合要求或者通过测量膜料的折射率来测试所提供的原材料的一致性。折射率的测试是在双面平行的未镀膜的样品上进行的。

镀膜样品的膜层由制造商完成，需要测试薄膜参数（光学和环境）的一致性，并将其与制造商的结果进行比较。

光学元件的设计考虑了系统特性、波长、原材料特性和各光学元件的涂覆要求。在测试透镜的镀膜参数时，应注意从测试参数中选取正确的值。

每一个光学表面都会反射光强。当测量前表面膜层的反射率时，一些能量会透过光学介质而到达后表面。这些能量会反射回探测器中，但是探测器只是想收集前表面的能量。这些来自后表面的能量会对测量前表面的反射率结果造成一定的偏差。

减少或消除平行/扁平样品不需要的反射能量的唯一方法是正确处理后表面，如可采用打毛或涂黑后表面的方式。对楔状样品的反射进行测试的结果表明，抛光后的背表面效果优于磨砂或涂黑后的表面。

图 14.31 显示了不同表面的反射率。样品 a 为抛光表面，根据反射定律，表面反射了大部分入射光的能量。在样品 b 中，光入射到样品的一点后向周围分散，样品 c 为打毛和涂黑的样品，只有一小部分能量被反射，其余部分均被黑色油漆吸收了。

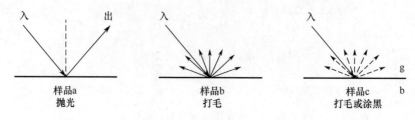

图 14.31　不同表面的反射率

图 14.32 显示了在前透明薄膜样品的反射率测试中，不同后表面的反射方式。在样品 a 中，入射光（I）受抛光/抛光＋镀膜面的影响。大部分能量从 x 方向被反射出去，部分能量从后表面反射出去并从 y 方向出射。y 方向的能量同 x 方向的能量一起进入探测器，因为只有 x 方向的能量是从前表面出射的，也是我们所感兴趣的，那么 y 方向的能量就必须被去掉。

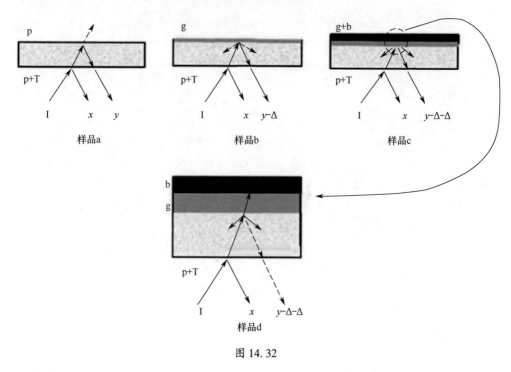

图 14.32

样品 b 是将后表面做打毛处理，光线到达后表面后大部分被散射，仅有一小部分（$y - \Delta$）能够反射回前表面。如果想进一步降低后表面反射的光强，应该像样品 C 那样，将打毛的后表面涂黑，其结果就是到达后表面的光强一部分被黑色涂料所吸收，从而仅有更小的一部分能量反射到前表面，用这种方法能更好地消除背面反射。

图 14.33 所示为楔形样品。该图表明在测量前表面透射膜的反射率时，用抛光的后表面会比打毛的后表面测量精度更高。如样品 a 所示，当光线从前表面折射进入样品并到达后表面时，光线将被散射，从而一部分光强会反射回前表面并共同进入探测器。然而，如样品 b 所示，从抛光的后表面反射的能量再从前表面折射出来，这部分能量不会进入探测器，只有前表面的光强进入探测器。

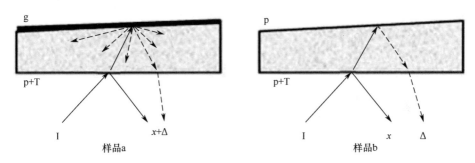

图 14.33　楔形样品

14.5　底漆和硅去除剂的耐久性

当用 RTV（室温硫化）黏合剂或任何其他黏合材料将镀膜的光学元件黏结到金属外壳上时，薄的底漆层可以帮助实现更好的黏结。脱硅剂用于去除光学元件表面残留的 RTV。在这种情况下，应确保光学涂层是耐用的商业胶凝材料。除了光学薄膜的一般耐久性要求外，还应规定胶结材料和工艺的涂层耐久性，因为很多薄膜并不适合胶结。图 14.34 显示了硅移除剂可能造成的严重损害。

图 14.34　硅移除剂可能造成的严重损害

参 考 文 献

R. R. Willey, "Obtaining Good Transmission (%T) and Reflection (%R) Measurements," excerpt from *Practical Production of Optical Thin Films*, 3rd ed., Willey Optical, Charlevoix, MI (2008).

R. R. Willey, "Witness sample preparation for measuring antireflection coatings," Willey Optical, http://www.willeyoptical.com/pdfs/OIC1304.pdf.

第 15 章　非球面、衍射面、蓝宝石晶体的特性

15.1　非　球　面

非球面是一种旋转对称的光学曲面，其曲率半径从其中心沿半径方向发生变化。非球面的基本形式定义为

$$Z = \frac{cr^2}{1 + \sqrt{1 - (1 + K)c^2r^2}} + A_4r^4 + A_6r^6 + A_8r^8 + A_{10}r^{10}\cdots \quad (15.1)$$

式中，Z 为表面任意点 r 的深度或"矢高"；c 为顶点曲率（1/半径）（在光轴或顶点处）；r（也是 R、h 或 p）为光学顶点和原点的距离，对于凸球面 r 为正，对于凹球面 r 为负；K（或 ε）为非球面常数；A 为非球面系数，其中 A_4、A_6、A_8 和 A_{10}（分别为 4 次、6 次、8 次和 10 次非球面偏离）。

大多数非球面表面都是由金刚石车削加工而成的，有时还会进行后抛光处理，以改善其形状并降低其粗糙度。成型工艺也可以实现非球面，主要用于批量生产。

用非球面的优点包括以下几个：

（1）更好的成像质量；

（2）更少的参数；

（3）更小的尺寸和重量；

（4）消除球差并减少其他光学像差；

（5）较少的光学表面（提高透过率）；

（6）降低光学设计和生产成本。

非球面的测量主要通过以下两种方法进行：接触轮廓仪方法（图 15.1 至图 15.5）和 3D 非接触方法（图 15.6 至图 15.9）。

图 15.1　Talysurf PGI 3D 光学测量设备

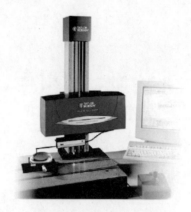

图 15.2 Talysurf PGI 840

(a) UA3P-300/4/5超高精度3D轮廓仪

轴上测量　　内部循环测量　　环形测量

(b) 典型测量路径

非球面适镜面形测试

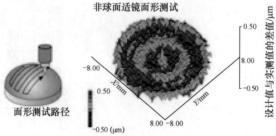

面形测试路径

(c) 测量结果一

x、y 轴测试数据

x、y 轴测试路径

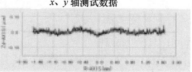

(d) 测量结果二

图 15.3　接触轮廓仪方法

图 15.4　OptiTrace 5000 非球面测量系统

图 15.5　MarSurfLD130/260 非球面高精度二维/三维测量设备

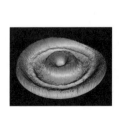

图 15.6　VeirFire™非球面三维测量设备和三维测量结果

图 15.7 UltraSurf4X 3D 非接触测量设备　　图 15.8 PRO Tower 4i/6i 垂直干涉仪

图 15.9 NewView™7300 三维光学面形轮廓仪

15.1.1 轮廓图

测试非球面所需的昂贵设备的操作应由经过培训和授权的人员完成。大多数这些设备位于制造商的工厂，操作员或检查员应接受测试培训。应将结果与规定的所需参数进行比较，以确定它们是否可允许（即符合要求）或需要重新测量。

如果客户没有这样的设备，他们的光学质量检验员应熟悉规定的要求，并了解制造商的报告以验证符合性。最重要的参数有以下几个：

① 常数和系数；

② 基本球面半径 R；

③ 二次曲线常数 K；

④ 面形误差（不规则）以条纹或者波长表示（$\lambda = 0.6328\,\mu m$）；

⑤ 粗糙度（RMS）Rq（或 Pq），以 nm 为单位；

⑥ 倾斜误差。

图 15.10 至图 15.14 说明了由接触式轮廓仪方法和非接触式方法制作的各种轮廓图。

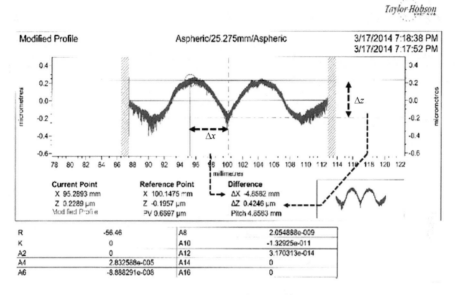

图 15.10　Talysurf 设备轮廓图

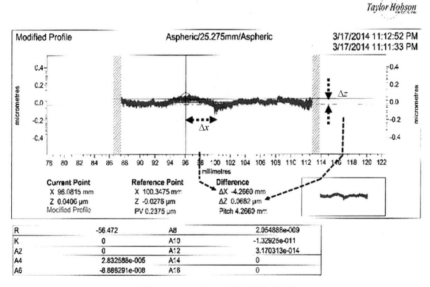

图 15.11　Talysurf 设备轮廓图

在图 15.10 和图 15.11 中，Δx 表示两点之间的垂直距离（用圆标记），获取 PTV，并且 Δz 表示直径 25.275mm 的非球面的 PTV。R 表示基准球面半径。在手动测试中，手动测量表面的最高（Cx）或最低（Cc）点，并且计算结果，必须包括需要的半径（如误差）。在自动测量中，自动测量正确的最高点或最低点。K 表示指定的二次曲线常数，A2 – A12 表示非球面系数 A_4、A_6、A_8、A_{10} 和 A_{12}，即分别为 4 次、6 次、8 次、10 次和 12 次非球面变形。

如果 1 条纹等 0.5 λ（$\lambda = 0.6328\mu m$），则对于图 15.10，不规则 $\Delta z = 0.4246\mu m$，意味着 $0.4246/(0.5 \times 0.6238) = 0.4246/0.3164 = 1.34 fringes = 0.67\lambda$。

如图 15.11 所示，不规则性是 $0.0682\mu m$，这意味着 $0.0682/(0.5 \times 0.6238) = 0.0628/0.3164 = 0.2 fringes = 0.1\lambda$。

图 15.12 中 R 代表面形不规则 $0.5480\mu m$ 和 48mm 直径。如果 $1 fringe = 0.5\lambda$，则 $0.5480/(0.5 \times 0.6238) = 0.5480/0.3164 = 1.73 fringes = 0.87\lambda$。

图 15.12 中剖面图的 R 与图 15.10 和图 15.11 中剖面图的 Δz 相同。名称上的差异是由于使用了不同类型的测试设备。

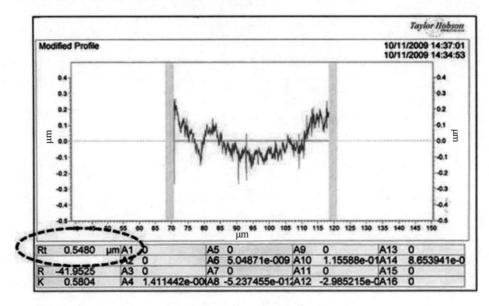

图 15.12　Talysurf 设备轮廓图

例如，图中所述的实际基本球面半径为 41.95mm ± 0.02mm，并且要求最大不规则性为 2 个条纹，则剖面图的结果（$R_t = 1.73$ 条纹和 $R = -41.9525$ 条纹）符合规定的要求。半径的负号（-）表示凸（CX）球面。

通常图纸或规范要求在两个（90℃）或 3 个（120℃）方向上测试非球面表面轮廓。这个要求的原因是看是否有某种像散像差。在图 15.13 和图 15.14 中，可以看到同一表面的两个轮廓的差异（没有偏离要求）。

图 15.15 中标记的主要参数含义如下。

（1）峰 – 谷（Pt）值，例如，$0.4896\mu m$。如果 1 个条纹 $= 0.5\lambda$（$\lambda = 0.6328\mu m$），则 $0.4896/(0.5 \times 0.6328) = 0.4896/0.3164 = 1.55$ 条纹 $= 0.77\lambda$。

（2）非球面形状设置，包括：

① 基本结果半径 R，如 41.9670020mm，二次曲线导致常数 K，如 0.5804。

② 表面测量形状，如凹面。

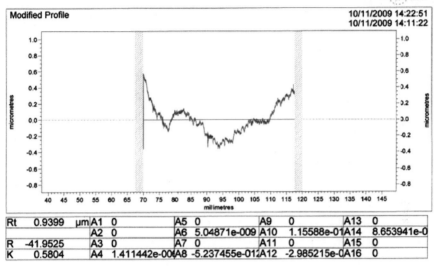

Rt	0.9399	μm	A1	0		A5	0		A9	0		A13	0
			A2	0		A6	5.04871e-009	A10	1.15588e-01	A14	8.653941e-0
R	-41.9525		A3	0		A7	0		A11	0		A15	0
K	0.5804		A4	1.411442e-00	A8	-5.237455e-01	A12	-2.985215e-0	A16	0

图 15.13　Talysurf 设备 0°轮廓图

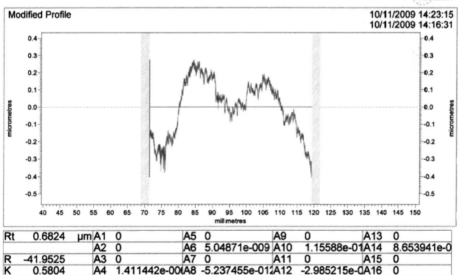

Rt	0.6824	μm	A1	0		A5	0		A9	0		A13	0
			A2	0		A6	5.04871e-009	A10	1.15588e-01	A14	8.653941e-0
R	-41.9525		A3	0		A7	0		A11	0		A15	0
K	0.5804		A4	1.411442e-00	A8	-5.237455e-01	A12	-2.985215e-0	A16	0

图 15.14　Talysurf 设备 90°轮廓图

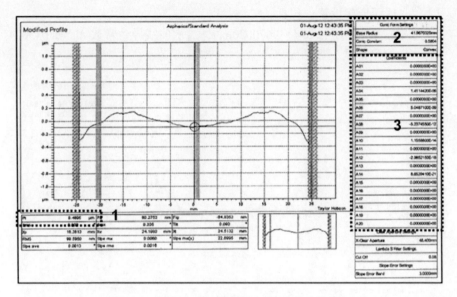

图 15.15　Talysurf PGI 设备 90°轮廓图更多参数

（3）非球面轮廓的系数，如仅所需的 A_{04}、A_{06}、A_{08}、A_{10}、A_{12} 和 A_{14} 系数。所有这些参数的值应与图纸（或规范）要求进行比较。

PGI 3D 测量系统（Taylor Hobson Precision）可以执行自动三维测量并以不同角度创建轮廓分析文件。图 15.16 显示了 0°～180°和 90°～270°下的两次扫描以及每次扫描的结果。0°～180°的 Pt 为 148nm = 0.468 个条纹 = 0.234λ，而 90°～270°的 Pt 为 157nm = 0.496 个条纹 = 0.248λ。

通光口径内的形状误差

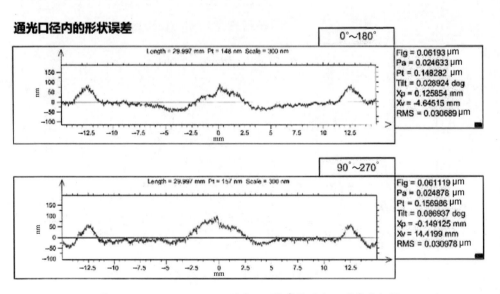

图 15.16　Talysurf PGI 3D 设备 90°轮廓图两个不同角度扫描

图 15.17 显示了图 15.16 中两个轮廓的比较。轮廓相似，但两者之间偏差较小。图 15.18 显示了沿孔径的两个方向的残余误差 Pt 和 Pq（原始轮廓的均方根偏差）值，而图 15.19 显示了沿孔径的两个方向的误差均值 Pt 和 Pq。图 15.20 显示了误差图形。短语"形状误差"指的是与理论面形的偏差。在决定结果是否可接受时，应将结果与规定的要求进行比较。

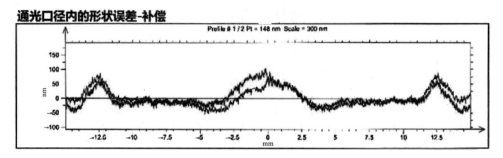

图 15.17 Talysurf PGI 3D 设备 90° 轮廓图两个不同角度扫描

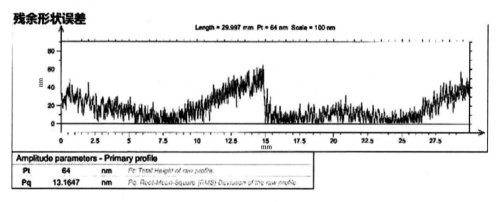

图 15.18 Talysurf PGI 3D 显示了图 15.6 中沿孔径的两个方向的残余误差

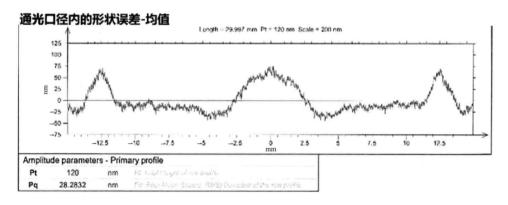

图 15.19 Talysurf PGI 3D 设备显示了图 15.6 中沿孔径的两个方向的误差均值

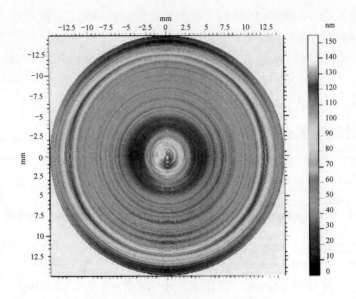

图 15.20 图 15.16 ~ 图 15.19 的像散图

15.1.2 接触式轮廓测量仪测试方法

图 15.21 中的表 1 包括测量凸球面的半径,即 85.30345mm。表 2 列出了 PV (不规则),包括其组成部分 (波纹度、粗糙度和倾斜) 和 RMS 值。

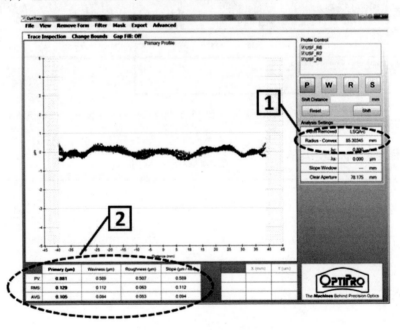

图 15.21 Optitrace 5000 轮廓图

Optitrace 5000 的数据分析软件可以通过二维接触式轮廓仪生成多个轮廓创建三维表面误差图。图 15.22 显示了指定角度（0°、45°、90°和 135°）的 4 条轮廓轨迹的示例。

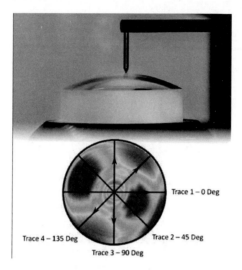

图 15.22　4 条轮廓扫描轨迹三维图

图 15.23 在前面显示了一个由 4 条轮廓轨迹的轮廓重构曲面的真实示例，PV（2.462μm）、rms（0.403μm）和半径（凸面，−51.511mm）。图像的背景包含用于重构曲面的 4 条轮廓轨迹（及其结果）的曲线图。

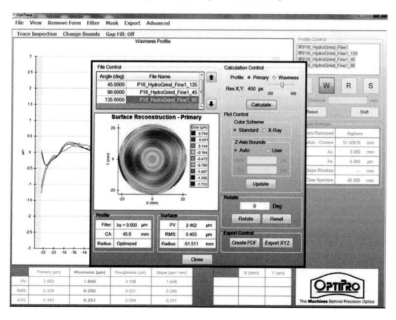

图 15.23　OptPro 测量系统 4 条轮廓扫描轨迹重构面形轮廓图

15.1.3　非接触三维测试方法

图 15.24 显示了 VeriFire™ Asphere（VFA）3D 系统进行的二维、三维和两个不规则截面结果的典型剖面图扫描。

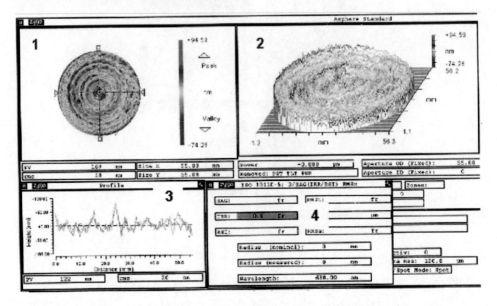

图 15.24　VFA 3D 非球面扫描系统两个方向横截面面形结果

测量结果如下：

（1）测试表面的二维图，其具有下面表示的两个横截面曲线，具有 PV 和 RMS 结果；

（2）测试表面的三维地图；

（3）两个横截面（0°~180°和 90°~270°）的剖面以及 PV 和 RMS 结果；

（4）根据二维图的 PV 计算出条纹不规则性。

在二维面形的情况下，主要的不规则性（PV），值等于 169nm（0.169μm）。如果 1 条纹 = 0.5λ（λ = 0.6328mm），则 0.169/（0.5 × 0.6328λ）= 0.53 条纹（0.267λ），并且大约等于 0.5 条纹。

在取两个横截面轮廓的情况下（图 15.24 中的图 3），PV 等于 122nm（0.122μm），这比二维结果的值小，因为该不平整度仅是整个被测表面的一部分的横截面。122nm（0.122μm）的不规则性（PV）等于 0.122/（0.5 × 0.6328λ）= 0.39 个条纹（0.19λ）。

15.1.4　粗糙度

光学表面主要有两种误差，即面形误差和粗糙度。面形误差是指峰谷（PTV 或 PV）或均方根（RMS）的表面偏差，通常以微米或纳米表示。PTV 通常表现为不规则的条纹或波长（在大多数情况下，1 个条纹等于 0.5 个波长 λ）。光学平面也可能有偏差，用 power 表示，该偏差是对理想平面的径向偏差。由于金刚石车削加工而产生的非球面或衍射表面有一种额外的误差，称为粗糙度。表面粗糙度是一个关于表面变化量的通用术语，通常是在给定表面一非常小的尺寸下，但可以代表整体。有时粗糙度这个术语通常用来检测最终表面的光洁度。

有两种测试粗糙度的方法：

（1）接触法，基于触控设备（最易于使用的方法）；

（2）非接触式方法，基于干涉测量的检测设备，使用光波干涉图案。

金刚石车削过程的粗糙度最重要的标志是 Ra 和 Rq；后者在大多数情况下是首选的（大多数粗糙度图提供 Ra、Rq 和 Rz 值）。Ra 是表面轮廓坐标绝对值的算术平均值，以微米或微英寸为单位。它是一般工程实践中通常采用的最有效的表面粗糙度测量之一，它提供了良好的一般描述表面的高度变化。Rq 是均方根粗糙度（以微米或微英寸为单位），即粗糙度轮廓的均方根平均值，该均方根平均值是根据沿采样长度的测量次数 x 计算得出的，有

$$\mathrm{RMS} = \sqrt{\frac{1}{n}(x_1^2 + x_x^2 + \cdots + x_n^2)} \qquad (15.2)$$

Rz 是 ISO 规定 10 点高度或评估长度上 5 个最高和 5 个最低山谷的平均绝对值。

所需的粗糙度通常以 nm 为单位测量。如果结果以 μm 为单位（如以下示例所示），则以下公式可以转换单位，即

$$0.001 \mu\mathrm{m} = 1\mathrm{nm} \ \text{或者} \ 1\mu\mathrm{m} = 1000\mathrm{nm}$$

1. 探针接触法测量

这种方法使用接触式轮廓仪测量粗糙度，接触式轮廓仪基于沿被测表面移动的接触式探针。使用此方法的典型系统包括：

（1）Talysurf PGI 3D Optics（Tylor Hobson）；

（2）Talysurf PGI 840（Tylor Hobson）；

（3）超高精度三维轮廓仪 UA3P – 300/4/5（松下）；

（4）OptiTrace 5000 Asphere 测量系统（OptiPro）；

（5）MarSurf LD 130/260 非球面高精度二维/三维测量设备（马尔联邦）。

图 15.25 至图 15.29 说明了不同类型的粗糙度形状和数值，由不同类型的系统沿表面直径的全孔径测量。

2. 基于干涉法的非接触式测量

图 15.29 和图 15.30 由 4 幅图组成：

（1）倾斜图，即扫描区域的三维图；

（2）由 Δ 符号标记的横截面线扫描区域（0.14mm × 0.105mm）；

（3）由 Δ 符号标记的横截面的曲面轮廓图；

（4）光强度图。

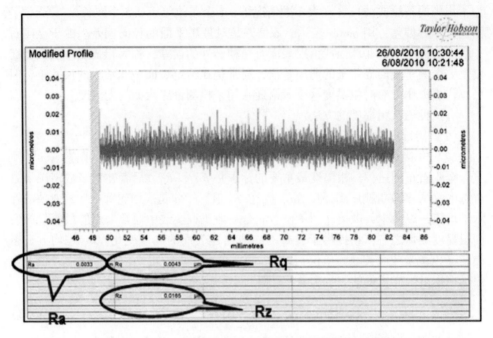

图 15. 25　Talysurf PGI 1240 检测金刚石车削表面粗糙度

（34mm 处，$Ra = 0.0033\mu m$，Rq（RMS）$= 0.0043\mu m = 43nm$，$Rz = 0.0165\mu m = 165nm$）

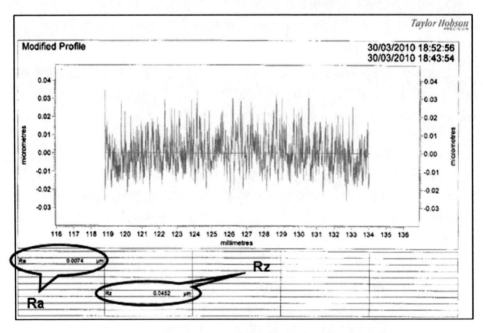

图 15. 26　Talysurf PGI 1240 检测金刚石车削表面粗糙度

（15mm 处，$Ra = 0.0074\mu m = 74nm$，$Rz = 0.0452\mu m = 452nm$）

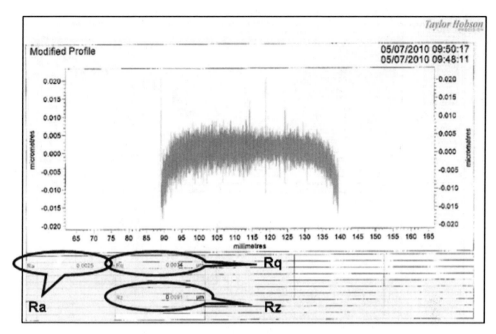

图 15.27　Talysurf PGI 1240 检测金刚石车削表面粗糙度

(50mm 处, $Ra = 0.0025\mu\text{m} = 25\text{nm}$, Rq（RMS）$= 0.0034\mu\text{m} = 34\text{nm}$, $Rz = 0.0091\mu\text{m} = 91\text{nm}$)

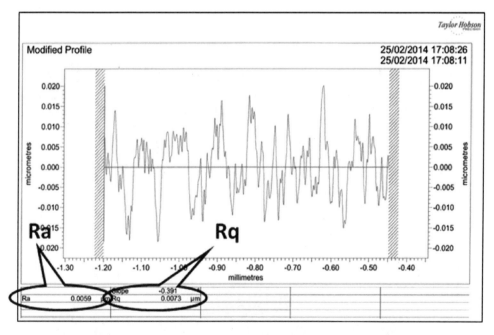

图 15.28　Talysurf PGI 3D 1240 检测金刚石车削表面粗糙度

(0.75mm 处, $Ra = 0.0059\mu\text{m} = 59\text{nm}$, Rq（RMS）$= 0.0073\mu\text{m} = 73\text{nm}$)

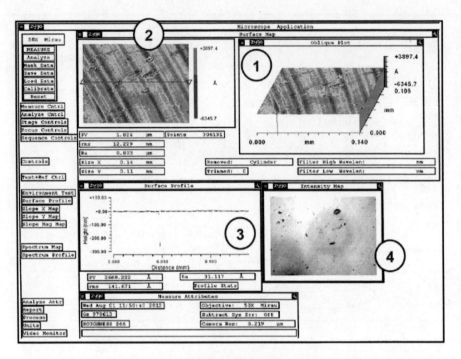

图 15.29　显微镜下的粗糙度面形图像

（Zygo 软件图像处理）

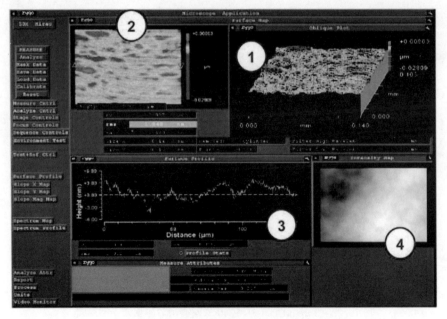

图 15.30　另一幅显微镜下的粗糙度面形图像

（Zygo 软件图像处理）

粗糙度值表示如下。

（1）整个区域的粗糙度值（在典型面形图）：在图 15.29 中，$Ra = 0.003\mu m$ 和 RMS（Rq）＝12.229nm，图 15.30 的 $Ra = 1.470$nm 和 RMS（Rq）＝1.848nm。

（2）在传统面形轮廓图中，由 Δ 符号标记的横截面的粗糙度值：图 15.29 中 $Ra = 31.117$A（像散），RMS（Rq）＝141.671Å（请注意，$1\text{Å} = 10^{-10}\text{m} = 10^{-8}$ cm＝0.1nm＝0.0001μm），图 15.30 中 $Ra = 0.01\mu m$，RMS（Rq）＝0.002μm。

15.1.5 倾斜误差

没有经过任何抛光的金刚石车削非球面光学表面永远不会像传统抛光工艺那样光滑。除了众所周知的不规则性外，它们总是存在某种误差，无法完全描述表面精度要求，特别是当瞳孔尺寸与表面直径相比较小时（激光和紫外（UV）应用以及广角系统的某些功能所需）。

这种误差被称为倾斜误差，并且金刚石车削非球面光学表面具有许多局部倾斜误差，在某些情况下，这些局部倾斜误差会降低光学系统性能。在这种情况下，光学设计者应在相关图纸或规范中定义最大允许倾斜误差。其数值应由制造商向客户报告。

金刚石车削光学表面的倾斜误差可以指定（峰值倾斜或均方根倾斜）为每厘米或每英寸的波数、弧度（毫弧度或微弧度）或度（分钟或秒）。倾斜误差是形状误差的一部分（以条纹或波浪表示的不规则性）。计算倾斜误差的参数如图 15.31 所示。

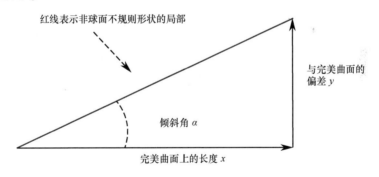

图 15.31 计算倾斜误差的参数

以下公式可用于计算倾斜误差（度），即

$$\tan\alpha = \frac{y}{x} \tag{15.3}$$

图 15.32 和图 15.33 中给出了金刚石车削非球面真实纵断面图中获取的局部坡度误差的示例。其中 $y = 0.2$mm 和 $x = 0.025$mm：

$\tan\alpha = 0.000025/0.2 = 0.000125 = 0.00000209° = 0°0'0.007524'' = 0.00012$rad ［rd］＝0.12milliradian ［mrd］。

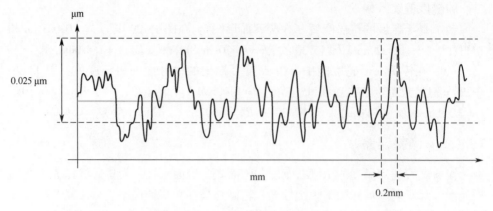

图 15.32　计算倾斜误差的参数示例

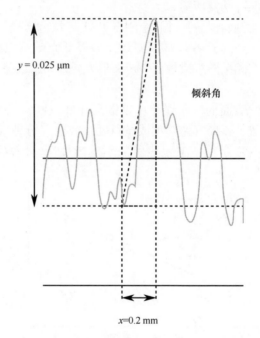

图 15.33　计算倾斜误差的参数局部放大（红色三角表示图 15.32 中的三角）

　　本节中的示例反映了倾斜误差的"人手"测量，但实际应用程序不需要此类计算。现有的测量金刚石车削表面的方法提供了自动、精确的测量系统，可以得出所需的结果。其中一些系统包括：

　　（1）各种 Talysurf 设备，如 PGI 1240、PGI 840、PGI 3D 和 PGI Blu（Taylor Hobson）；

　　（2）VeriFire Asphere（VFA）干涉仪（Zygo）；

　　（3）超高精度三维轮廓仪 UA3P-300/4/5 或 UA3P-500h/650h（松下）。

　　图 15.34 说明了由 Zygo VFA 干涉仪计算的倾斜误差的示例图。该图由两个

方向的面形组成，即 x 斜率为 $0.52\mathrm{wv/cm}$ （$\mathrm{wv}=\lambda$）和 y 斜率为 $0.51\ \mathrm{wv/cm}$。非球面金刚石车削表面通常是对称的，这可以从两个图（0.52 和 0.51）的结果看出。

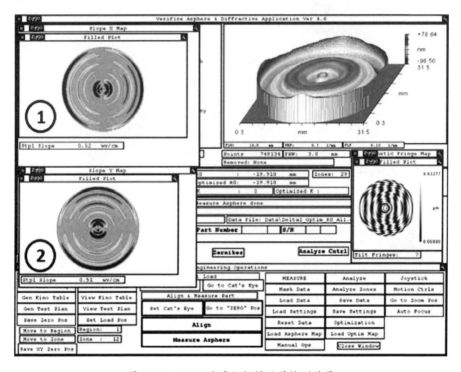

图 15.34　VFA 干涉仪倾斜误差检测结果

15.2　衍　射　面

衍射面由一系列径向对称环组成，称为宽度递减的"区域"（菲涅耳波带片）（从中心到外径）。因为射到镜头外部区域的光线比射到中心的光线偏离更多，所以这些区域的结构可以"校正"光的方向，并将光聚焦到正确的点（图 15.35）。大多数衍射表面具有动形轮廓（图 15.36）。衍射表面是通过金刚石车削过程产生的。

1. 使用衍射表面的主要优点

（1）更大的光圈。

（2）校正的波前像差。

（3）仅使用单一光学材料的消色差镜头。

（4）比传统的全折射系统提高了性能。

（5）显著降低了元件和系统重量。

（6）降低复杂性和成本。

图 15.35　凹非球面衍射和没有发生衍射对比

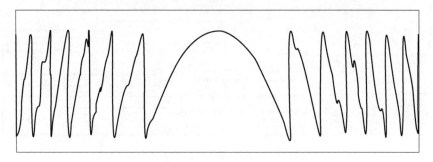

图 15.36　衍射表面衍射像图

2. 衍射表面的主要确定属性

（1）衍射剖面公式。

（2）表面不规则性（包括衍射和基本表面轮廓）。

（3）波带半径（每个波带编号的波带编号半径）。

（4）波带直径公差。

（5）每个波带的中心误差。

（6）公称波带深度，包括深度公差。

（7）波带过渡间隙宽度，包括宽度公差。

（8）粗糙度（RMS），即 RQ（或 PQ），通常以 nm 为单位。

3. 图 15.37 描述的衍射表面特性

（1）D，即区域直径，在位于以下位置的两个点之间测量，区域过渡间隙高度的一半。在本例中，它表示第一个分区的直径。

（2）E，它是标称区域深度，即 $\lambda/(n-1)$，其中 λ 是主要波长。

（3）G，即区域过渡间隙宽度。

此外，基本曲面的参数（平面、球形或非球面）也包括在内。

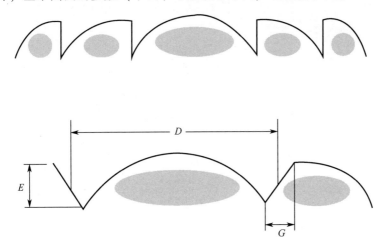

图 15.37　凸球面衍射示意图

15. 2. 1　衍射面的测量与检测

衍射表面的测量和测试主要通过以下两种方法进行，即接触式轮廓仪方法和非接触式三维方法。

图 15.38 描绘加工完成的衍射（非球面）表面的全直径修改轮廓。有关主要参数（指给定轮廓的衍射部分）如下：

（1）当前测量点和参考点是轮廓仪的设定点，计算和表示不同的所需值（Δx 和 Δz）。这些点由灰线和红线组成，值由 x 和 z 给出；

（2）标记为 1 号的圆圈表示区域 2。

（3）Δx 显示区域 2 的位置，并反映过渡区域半高宽与衍射区域中心点（C. P.）之间的距离。

（4）Δz 显示中心点的顶部和过渡间隙 2 的顶部之间的差异（标记为 1）。

（5）PV 表示峰谷，即剖面的最高点（标记为 2 号）和剖面的最低点（标记为 3 号）之间的差值。

（6）R 表示非球面的基本半径（（ – ）符号表示凹面）。

（7）K 和 A2 – A16 是非球面的参数，与衍射物质无关。

图 15.38 表示全口径的总体轮廓。每个所需区域的具体参数在附加剖面图中给出，如图 15.39 和图 15.40 中 2 号区域所示。

图 15.39 显示了具有与图 15.38 相同的参数的有 13 个波带片的衍射区域的特定分辨率。图 15.40 比较高的分辨率聚焦于图 15.39 中相同部分的区域#1；可以获得更精确的区域值（图 15.40）：Δx 是波带过渡间隙宽度（ – 0.0270mm），

Δz 是最大区域深度 (3. 3830mm)。

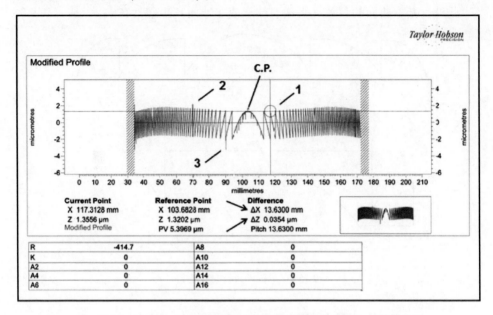

图 15. 38   Talysurf PGI 1240 测量非球面衍射表面全口径轮廓

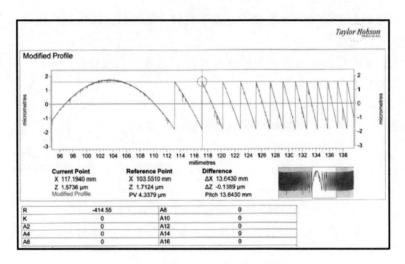

图 15. 39   Talysurf PGI 1240 测量 13 个非球面衍射区域

图 15. 41 显示了 Nexview™3D 光学表面轮廓仪，这是一种针对非接触式表面测量的优质设备。除了测量平面度、粗糙度、大台阶和分段、薄膜和陡坡（特征高度范围从小于 1nm 到 20000μm）外，它还可以测量衍射（非球面）表面和槽参数的轮廓（图 15. 42 ~ 图 15. 44）。

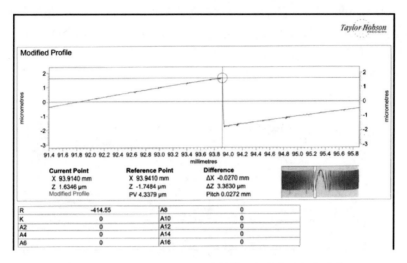

图 15.40　Talysurf PGI 1240 测量第一个非球面衍射区域

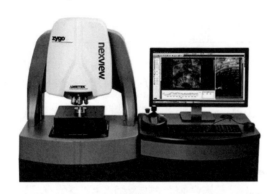

图 15.41　Nexview™设备测量三维衍射表面轮廓形状

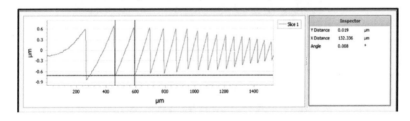

图 15.42　Nexview™设备测量二维衍射表面

图 15.43 显示了台阶/槽的三维衍射表面轮廓（顶部），左上角的虚线圆圈表示轮廓的选定参数。

（1）算术平均高度（S_a），它是表示测量区域中 $S(x, y)$ 绝对值平均值的三维参数（也称为根据 ISO/DIS 25178-2 和 ASMEB46.1 得出的平均表面粗糙度）。

（2）均方根高度（S_q），它是表示测量区域中 $S(x, y)$ 的均方根三维参数（也称为根据 ISO/DIS 25178-2 和 ASMEB46.1 得出的均方根表面粗糙度）。

（3）最大高度（S_z），它是表示峰值高度 S_p 最大值与谷深 S_v 最大值之和的三维参数（也是指测量区域内表面上最高峰与最低谷之间的高度，根据 ISO/DIS 25178-2）。一些来源将 S_z 称为 10 个最高点和最低点的平均值，参见 15.1.4 小节。

右下角的虚线椭圆表示三维衍射曲面轮廓（顶部视图）切割区域的选定二维参数。

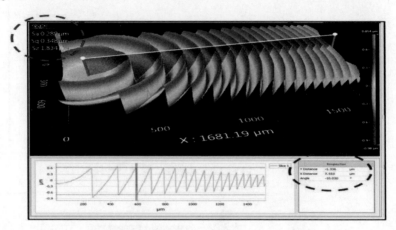

图 15.43　Nexview™ 设备测量三维衍射表面（图像上方）、
二维轮廓（图像下方）计算结果（虚线圈出）

图 15.44 显示了由 Nexview™ 设备测量的三维衍射表面轮廓形状（顶部视图）。左上角的虚线圆中是当前截面轮廓的参数。下图表示三维衍射曲面轮廓的二维剪切区域（顶部视图）。

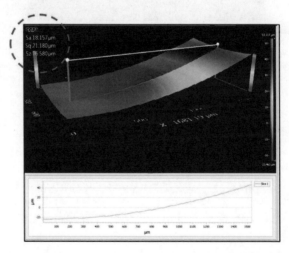

图 15.44　Nexview™ 设备测量三维衍射表面（图像上方）、
二维轮廓（图像下方）测量结果（虚线圈出）

15. 3 蓝宝石晶体

蓝宝石（氧化铝，Al_2O_3）是光学工业中最坚硬、最耐用和抗刮伤的材料之一。蓝宝石提供从紫外到中红外波长（250~5000nm，见图 15.45）的广泛透射范围。它广泛用于制造窗（图 15.46）和穹顶（图 15.47）。蓝宝石镜片很少生产，因为材料的双折射导致图像模糊，降低了光学质量。

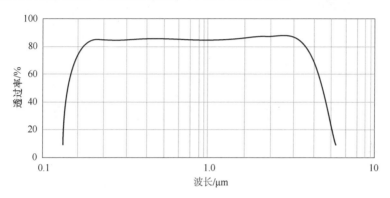

图 15.45　蓝宝石无涂层表面传函

图 15.46　蓝宝石橱窗

光学蓝宝石作为单晶生长。蓝宝石组件绘图中可能出现的两个特殊属性涉及原材料缺陷和方向。

（1）晶界。晶界是多晶材料中两个晶粒或微晶之间的界面。晶界是晶体结构中的缺陷，往往会降低材料的电导率和热导率以及光学波前质量。蓝宝石中的晶界通常是固体结晶和形成多个晶体后不均匀生长的结果。

（2）方向的轴（平面）。蓝宝石有 7 个结晶方向，但最常见的是 c 轴和 a 轴，它们彼此垂直。c 轴是基轴（平面），所有其他轴都是相对于它定义的。双折射

沿晶体的 c 轴消除。因此，对于某些光学应用，应指定蓝宝石组件中的 c 轴方向以避免这种影响。

图 15.47　蓝宝石球

　　这两个特性可以用两个偏振器和单色光来观察。设置方案如图 15.48 所示。如果蓝宝石生长过程正常，则可以使用交叉偏光片和单色光看到清晰且对称的方向图，如图 15.48 所示。图 15.49 显示了白光下 c 轴取向的两个例子，图 15.50 显示了 a 轴取向的一个例子。图 15.51 至图 15.54 显示了非常明显的晶界。

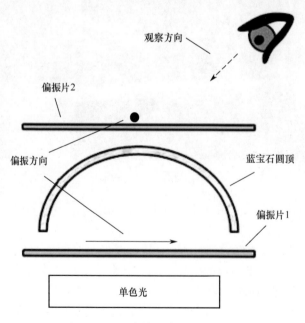

图 15.48　观看判断蓝宝石晶界方向

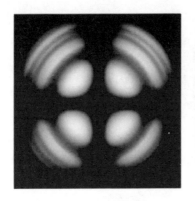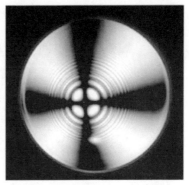

图 15.49　蓝宝石结构中清晰对称轴 c

图 15.50　蓝宝石结构中清晰对称轴 a（照片的观察角度造成不对称的视觉效果）

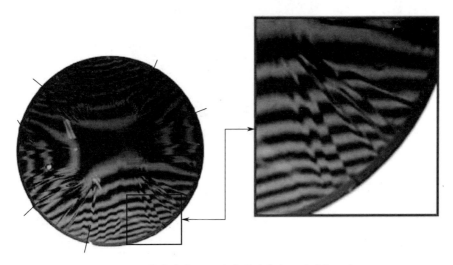

图 15.51　带有非常明显的晶界的蓝宝石对称轴 a 轴

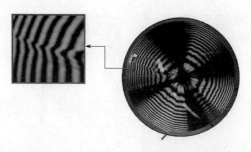

图 15.52　带有非常明显的晶界的蓝宝石对称轴 c 轴（没有图 15.51 明显）

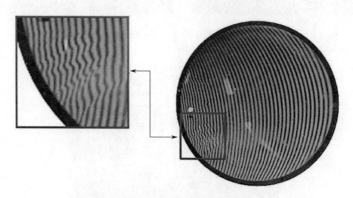

图 15.53　带有模糊晶界的蓝宝石倾斜轴 a

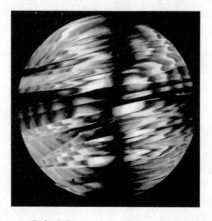

图 15.54　带有非常明显的晶界的蓝宝石对称轴 c 轴

　　晶界（如果允许）定义为项目整个表面的最大允许正方形面积。例如，"颗晶界：最大 20%"。无法进行精确的测量，通过测量晶界的面积并将其与整个面积进行比较来评估。图 15.51 或图 15.54 所示的颗粒边界覆盖了穹顶的整个区域，因此它们不符合示例要求，应予以拒绝使用。另外，图 15.53 所示的晶界覆盖的面积远远小于 10%，导弹头罩圆将被接受。方向的轴（平面）（主要是 a 或 c），如果需要，应使用两个偏光片和一个单色光进行目视检查。

参 考 文 献

R. Leach, L. Brown, X. Jiang, R. Blunt, M. Conroy, and D. Mauger, "Guide for the Measurement of Smooth Surface Topography Using Coherence Scanning Interferometry," Measurement Good Practice Guide 108, National Physical Laboratory, Teddington, UK (2008).

Zygo Corp., "Advanced Texture, OMP-0362G MetroPro Application."

Trelleborg Sealing Solutions, "Aerospace Engineering Guide."

Anderson Materials Evaluation, Inc., "Surface Roughness," http://www.andersonmaterials.com/surface-roughness.html.

Zygo Corp., "Surface Texture Parameters."

Innovative Organics, "Surface Roughness Value Conversions," http://www.innovativeorganics.com/uploadedFiles/SGinnovativeorganics/Documents/Reference_Materials/Surface-Roughness-Value-Conversions.pdf.

R. L. Rhorer and C. J. Evans, "Fabrication of Optics by Diamond Turning," Chapter 41 in the *Handbook of Optics*, 3rd ed., McGraw-Hill, New York (2010).

J. J. Kumler and J. Brian Coldwell, "Measuring surface slope error on precision aspheres," *Proc. SPIE* **6671**, 66710U (2007) [doi: 10.1117/12.753832].

B. Light, "Specifying and Measuring Slope Error of Optical Surface," Optimax Systems, http://www.optimaxsi.com/PDFs/SlopeErrorRevA.pdf (2009).

M. G. Martucci, "Specifying More Than Peak to Valley," Optimax Systems, http://www.optimaxsi.com/PDFs/MoreThanPeakToValley.pdf.

D. C. Harris, "A century of sapphire crystal growth," *Proc. SPIE* **7425**, 74250P (2009) [doi: 10.1117/12.824452].

S. Biderman, G. Ben Amar, Y. Einav, A. Horowitz, U. Laor, M. Weiss, and A. Stern, "Crystal Growth of Optical Materials by the Gradient Solidification Method," *Proc. SPIE* **0819**, 157–165 (1987) [doi:10.1117/12.941813].

V. A. Tatartchenko, "Sapphire Crystal Growth and Applications," Chapter 10 in *Bulk Crystal Growth of Electronic, Optical & Optoelectronic Materials*, P. Capper, Ed., 299–338, John Wiley & Sons, New York (2010).

F. Schmid and D. J. Viechnicki, "Growth of Sapphire Disks From the Melt by a Gradient Furnace Technique," U.S. Army Materials and Mechanics Research Center, Watertown, Massachusetts (1970).

S&D Materials, "Features, Defects, Specifications & Fabrication Challenges," http://www.sdmaterials.com/features_defects_specs_fab_challenges.html.

D. Kopeliovich, "Synthetic Sapphire," SubsTech, http://www.substech.com/dokuwiki/doku.php?id=synthetic_sapphire.

V. N. Kurlov, "Sapphire: Properties, Growth, and Applications," in *Encyclopedia of Materials: Science and Technology*, K. H. J. Buschow, R. Cahn, and M. Flemings, Eds., 8259–8265, Elsevier, New York (2001).

第3部分　检验和质量保证

第16章　验收取样（标准与方法）

16.1　概　述

当质检过程中发现异常时，选择正确的验收取样方式（方案或过程）并且做出正确的决策将会影响预算（质检成本）、计划（不妥当的取样和对异常元素的处理将浪费时间）与功能性（受限或失败）。本章将讨论确定正确的验收取样方式的意义与重要性和当质检中发现异常时所需要考虑的问题。

16.2　术语与定义

以下词汇与定义对于光学元件的检测和测试至关重要（章末的参考文献含有更多细节）。

（1）验收取样（验收抽样）：决定某批次的产品是否通过验收的过程。首先通过建立一个验收计划（或抽样计划），制定产品检验评判标准。一批产品的取样应当在完全不进行检验（指在完全不了解产品质量、产品性能与技术要求符合度的情况下允许全部产品通过检验）和对产品进行100%的单独检验（往往会带来高额的质检成本，同时结果不一定完全可信）之间的一个合理的权衡方案。

（2）用以从该批产品中挑选出具有代表性的样品并加以检验，再最终决定该批产品是否过验（兼有可统计的一定风险）的计划被称为抽样计划。在绝大部分企业中，抽样计划由抽样计划流程或检验程序支持。验收计划的分类有两种：一种为计数值检验；另一种则为计量检验。在检验光学组件与成品时，前者的运用更加普及。

（3）统计验收抽样：基于国际标准或方案。

（4）异常样品（瑕疵，偏差）：任何与蓝图、规格、合同中所描述的要求不

300

符的产品特征。异常样品按严重程度可分为 3 类。

① 轻微瑕疵：任何对产品性能、持久性、交互性、可靠性、可修复性、有效使用，或运行不产生负面影响的不符合项。多项轻微瑕疵可能会在叠加后上升至严重瑕疵乃至危重瑕疵。

② 严重瑕疵：任何可能导致产品主要功能失效、材质失效，且无法归类于危重瑕疵的不符合项。

③ 危重瑕疵：任何可能导致直接伤害使用者或使其无法安全使用该产品的不符合项。

（5）批/次：抽取和检验样品的（一个或多个）产品单元的集合（可能不同于为其他目的制定为批/次的单元集合，如生产、装运等）。

（6）样品：一个或多个从某特定批次中随机（不考虑其质量）挑选出的产品。样品数量即为样本量。

（7）验收合格标准（（接收质量限）／（AQL））：从样品检验的目的出发，在确保此批产品的质量为满意（过验）的前提下，所能接受的异常样品的最大百分比（亦或每 100 个样品中所能接受的异常样品的最大个数）。

16.3　如何决定是否有必要进行 100％检验

1. 可能不适于对 100％的产品进行检验的因素

（1）检验过程具有破坏性。

（2）检验成本极高。

（3）该批次产品数量庞大，同时检验出错的可能性较高。

（4）无论何时检验都有一定产生错误的概率。

（5）时间限制。

（6）可用技术有限。

（7）生产过程和质量程序有良好的监控。

2. 可能需要对 100％的产品进行检验的因素

（1）批次数量小（标准验收计划强制要求对小批量产品进行 100％检验）。

（2）工程设计方面带有正当原因的诉求。

（3）受检验产品仍在研发阶段。

（4）在未来步骤中失败的风险与代价较高。

（5）受检验的样品批次属于首件检验（FAI）批次。

（6）与客户所签署的合同有相关要求。

（7）材料审查委员会（MRB）在样品检验过程中发现异常后决策。

（8）有重要的务必核对的参数。

16.4　取样计划流程

取样计划流程对于任何有意打造一套清晰且通用的样品检验规定的企业组织都十分重要。对于生产商（供应商）、企业本身及客户也是如此。程序的类别将受从生产商购买的产品、企业本身及客户要求的影响，以及相关的领域，如商业或军事。

大部分程序都由企业建立且基于目前已存在的取样标准。可选的标准有以下几个：

（1）美国质量协会发布的标准《计数检验的抽样程序和图表》（ANSI/ASQC Z1.4）规定的接收质量限（AQL）；

（2）ANSI/ASQC Z1.4 和零合格数抽样计划规定的接收质量限（AQL）；

（3）Nicholas Squeglia 编写的《零合格数抽样计划》规定的相关接收质量限（AQL）；

（4）根据组织的程序和需要的其他变体。

第一次和每一次都把事情做对！

16.5　决　策　种　类

在样品已被检验之后，将有可能做出以下几种决策。

（1）若该批次未出现异常指标（缺陷），该批次应当被授权发往下一目的地。

（2）若发现存在瑕疵，该批次应被送至材料审查委员会为做出以下决策之一提供依据：

① 退还该批次所有产品至生产商以进行基于瑕疵/瑕疵特征的筛选，再寄回进行二次检验；

② 无视瑕疵的影响依旧使用该批次的产品（仅当异常为轻微瑕疵）；

③ 重做有瑕疵的部分；

④ 修理有瑕疵的部分；

⑤ 根据相关标准规定施行对应措施；

⑥ 如果该批次批量较小，在对 100% 的产品进行针对该瑕疵的质检后做出以下决定之一：退还全部带有瑕疵的产品至生产商以交换完好产品、直接使用现有带瑕疵产品、发往至生产商以重做（若产品可被再加工）、修复瑕疵（仅在特定情况下）、拒收该批次的产品。

最终决策应由被授权的人员根据企业组织的相关规定做出。此决策应充分考虑到其对性能的影响、生产及交付周期、对异常产品的责任归属（谁应当为此承担后果：消费者还是供应商）、同款产品的存货储备、合同规定（合同条例是否准许内部 MRB 进行决策，还是说该决策应和客户一并做出，或者在获得授权后让企业内部 MRB 进行决策）。

若发现产品有瑕疵，应实施矫正措施以在下一批次中消除瑕疵。矫正措施诉求（CAR）应根据企业相关程序规定递交整改项，并且应当在该正式报告中提及造成本批次产品出现瑕疵的根本原因和在未来如何预防的具体步骤。

16.6　主要统计检验抽样表格参考

表 16.1 至表 16.3 提供了抽样计划的参考值。

表 16.1　样本大小代码字母

（来自于 ANSI/ASQ Z1.4，数据转载于美国质量学会（ASQ））

批量大小范围	特殊检验水平				一般检验水平		
	S-1	S-2	S-3	S-4	Ⅰ	Ⅱ	Ⅲ
2 ~ 8	A	A	A	A	A	A	B
9 ~ 15	A	A	A	A	A	B	C
16 ~ 25	A	A	B	B	B	C	D
26 ~ 50	A	B	B	C	C	D	E
51 ~ 90	B	B	C	C	C	E	F
91 ~ 150	B	B	C	D	D	F	G
151 ~ 280	B	C	D	E	E	G	H
281 ~ 500	B	C	D	E	F	H	J
501 ~ 1200	C	C	E	F	G	J	K
1201 ~ 3200	C	D	E	G	H	K	L
3201 ~ 10000	C	D	F	G	J	L	M
10001 ~ 35000	C	D	F	H	K	M	N
35001 ~ 150000	D	E	G	J	L	N	P
150001 ~ 500000	D	E	G	J	M	P	Q
500001 以上	D	E	H	K	N	Q	R

表 16.2　针对正常检验的一次抽样计划（主表）
（来自于 ANSI/ASQ Z1.4，图像转载于美国质量学会（ASQ））

样本大小代码字母	样本大小	可接受质量水平（正常检验）

说明（图表下方）：

↓ = 使用箭头下第一个抽样计划。如果样本大小等于或超过批量范围时，就采用100%检验。
↑ = 使用箭头上第一个抽样计划。
Ac = 允收数
Re = 拒收数

样本大小代码字母与样本大小：
A=2，B=3，C=5；D=8，E=13，F=20；G=32，H=50，J=80；K=125，L=200，M=315；N=500，P=800，Q=1250；R=2000

可接受质量水平（AQL）表头：0.010　0.015　0.025　0.040　0.065　0.10　0.15　0.25　0.40　0.65　1.0　1.5　2.5　4.0　6.5　(10)　15　25　40　65　100　150　250　400　650　1000

表 16.3　$C=0$ 的抽样计划索引值（来自于 Nicholas Squeglia 写的《零合格数抽样计划》。注意所有的合格数都为零，其中星号标识整批都需要检验。数据转载于美国质量学会（ASQ））

批量范围	0.01	0.02	0.03	0	0.07	0.1	0.2	0.3	0.4	0.7	1	2	3	4	7	10
						样本大小										
2~8	*	*	*	*	*	*	*	*	*	*	*	*	5	3	2	2
9~15	*	*	*	*	*	*	*	*	*	*	13	8	5	3	2	2
16~25	*	*	*	*	*	*	*	*	*	20	13	8	5	3	3	2
26~50	*	*	*	*	*	*	*	*	32	20	13	8	5	5	5	3
51~90	*	*	*	*	*	*	*	80	50	32	13	8	7	6	5	4
91~150	*	*	*	*	*	125	80	50	32	20	13	12	11	7	6	5
151~280	*	*	*	*	200	125	80	50	32	20	19	13	10	7	6	6
281~500	*	*	*	315	200	125	80	50	32	47	29	21	16	11	9	7
501~1200	*	800	500	315	200	125	80	75	48	47	34	27	19	15	11	8
1201~3200	1250	800	500	315	200	125	120	116	73	53	42	35	23	18	13	9
3201~10000	1250	800	500	315	200	192	189	116	86	68	50	38	29	22	15	9
10001~35000	1250	800	500	315	300	294	189	135	108	77	60	46	35	29	15	9
35001~150000	1250	800	500	490	476	294	218	170	123	96	74	56	40	29	15	9
150001~500000	1250	800	750	715	476	345	270	200	156	119	90	64	40	29	15	9
500001 +	1250	1200	1112	715	556	435	303	244	189	143	102	64	40	29	15	9

16.7 总　　结

建立正确的验收抽样方式（计划、流程）是能够服务于企业组织以力求达到其目标，提升客户满意度，完成相关授权机构在 ISO 9001 或 AS 9100 的规范与要求的过程中提供协助与便利。因而，此方式须对所有相关部门而言都简易清晰、广受认同且合情合理。

参 考 文 献

There are many standard and some plans dealing with sampling procedures. The most important are

- **MIL-STD-105E "Sampling Procedures and Tables for Inspection by Attributes" (1989).** Canceled in 27/02/1995 but still in use.
- **ANSI/ASQC Z1.4 "Sampling Procedures and Tables for Inspection by Attributes" (1993).**
- **"Zero Acceptance Number Sampling Plans"** by Nicholas Squeglia. (= ASQ H0862).
- **ASQ H1331-2008 "Zero Acceptance Number Sampling Plans"** (Superseded: ASQ H0862).

Additional standards include the following:

Military standards

- **MIL-STD-1916 (1996)** DOD Preferred Methods for Acceptance of Product.
- **MIL-HDBK-1916 (1999)** Companion Document to MIL-STD-1916.
- **MIL-STD-690C (1974)** Failure Rate Sampling Plans and Procedures.
- **MIL-STD-1235C (1974)** Single and Multi-Level Continuous Sampling Procedures and Tables for Inspection by Attributes. Canceled in 16/04/1997.

ANSI (American National Standards Institute) standards

- **ANSI/ASQC Z1.4-1993** Sampling Procedures and Tables for Inspection by Attributes.
- **ANSI/ASQC Q3-1988** Sampling Procedures and Tables for Inspection of Isolated Lots by Attributes.
- **ANSI/ASQC S1-1987 (R1995)** An Attribute Skip-Lot Sampling Program.
- **ANSI/ASQC S2-1995** Introduction to Attribute Sampling.
- **ANSI/EIA 584-1991** Zero Acceptance Number Sampling Procedures and Tables for Inspection by Attributes of a Continuous Manufacturing Process.
- **ANSI/EIA 585-1991** Acceptance Number Sampling Procedures and Tables for Inspection by Attributes of Isolated Lots.

ISO (International Standards Organization) standards

- ISO 2859-0:1995, "Sampling procedures for inspection by attributes – Part 0: Introduction to the ISO 2859 attributes sampling system."
- ISO 2859-1:1999, "Sampling procedures for inspection by attributes –

Part 0: Introduction to the ISO 2859 attributes sampling system."
- ISO 2859-1:1999, "Sampling procedures for inspection by attributes – Part 1: Sampling plans indexed by acceptable quality level (AQL) for lot-by-lot inspection."
- ISO 2859-2:1985 "Sampling procedures for inspection by attributes – Part 2: Sampling plans indexed by limiting quality (LQ) for isolated lot inspection."
- ISO 2859-3:1991, "Sampling procedures for inspection by attributes – Part 3: Skip-lot sampling procedures."
- ISO/DIS 2859-4, "Sampling procedures for inspection by attributes – Part 4: Sampling plans for assessment of conformity to stated quality levels."
- ISO 2859-5, "Sampling procedures for inspection by attributes – Part 5: System of sequential sampling plans indexed by acceptance quality limit (AQL) for lot-by-lot inspection."
- ISO 7966:1993, "Acceptance control charts."
- ISO 8422:1991, "Sequential sampling plans for inspection by attributes."
- ISO/TR 8550:1994, "Guide for the selection of an acceptance sampling system, scheme or plan for inspection of discrete items in lots."
- ISO/DIS 10725, "Acceptance sampling plans and procedures for the inspection of bulk materials."

第17章　检验/测验的地点与过程

17.1　地　　点

　　检验与测验进行的地点称为"源头"，即指某光学元件或过程生产的地点或客户（消费者）所处位置。在何处进行检验（企业内或源头）将根据企业组织内部的程序以及附加条款中所阐明的担责方（工程、质量保证（QA）、采购、项目经理或企业高层）而定。相关问题包括以下几个：

　　（1）该批次的产量（大或小）；

　　（2）生产商的地理位置（远或近）；

　　（3）检验/测验所需的器械是否可供随时调用；

　　（4）产品经过质检的紧迫性（在某些特定情况下，哪怕距离更远，在源头进行质检会使整体效率更高）；

　　（5）成本；

　　（6）其他务必在源头同时进行的任务（如审计）；

　　（7）分包人/公司是否须被雇佣以进行检验/测验的某一组成部分；

　　（8）该批次是否为务必经过首件检验的第一批次；

　　（9）受过培训和有经验的检验员的能力；

　　（10）采购合同中与检验相关的条款。

17.2　基本需求

开展某一产品的质检过程，并确保能拿到真实且准确结果的前提如下：

（1）合适、完好无损、已校准过并可随时供使用的检验器械；

（2）对图纸标准的规格要求有明确的认知；

（3）对企业组织的检验流程有着明确的认知；

（4）对光学元件的检验过程有足够的经验。

以上任一要点的缺乏都有可能导致错误的结果及决定。

17.3 过　　程

进行质检有着众多基本且必要的前置需求，具体如下。

（1）与有利益相关的团体（客户）希望合作，与生产商代表协商任务日程（若将在源头进行质检）及期望值。

（2）正确认知相关要求（图纸、规格及检验流程）。

（3）核对生产商履历：

① 原材料试验证书（COT）；

② 一致性/符合性证书（COC）（若需要）；

③ 分析鉴定证书（若需要）；

④ 检验记录（图纸上所有的要求是否都有包涵）；

⑤ 程序记录（膜层：光谱及耐久性、核查用试样、特殊要求）。

（4）生产记录审查：每项要求是否都存在，结果是否符合客户在图纸、规格、合同中的要求。

（5）根据"验收抽样程序"实施的样品检验。若在源头检验，检验过程可由生产方的检验员协助，尤其是当操纵贵重器械时，如测验表面时所用的干涉仪或轮廓曲线测定仪，或光谱测试时所用的分光光度计。该检验的审核内容应包括产品的几何形状、肉眼可辨别外表、光谱要求、膜层耐久性等特征。

（6）结果概要：

① 若样品成功通过全部测验，则接收该批次产品；

② 若在源头进行质检的过程中发现异常，则应当即时与客户方质量经理和工程方面主管进行有关下一步行动的交涉，并同时向生产商递交一份矫正措施诉求（CAR）；

③ 若在对一批近期抵达的产品进行质检的过程中发现异常（即在客户位置），则应当即时将该异常报告并将产品发往材料审查委员会（MRB），再之后递交一份矫正措施诉求（CAR）至生产商。

（7）若有特殊要求（如产品损坏程度上限或膜层对盐雾的耐久性），同时生产商与客户都不具备测验这类指标的条件（器械），可在能提供这类设备的第三方地点对产品进行检验。

光学检验员的基本职责在于核实产品与要求的符合度并将调查结果上报。在某些情况下（由于企业机构的程序规定），当发现不合格项并需要评判严重程度以做出是否接收该批产品的决策时，检验员也将拥有代表企业质量保证经理和/或工程负责人的权力（如何处理异常光学元件的简易流程图可见图17.1）。

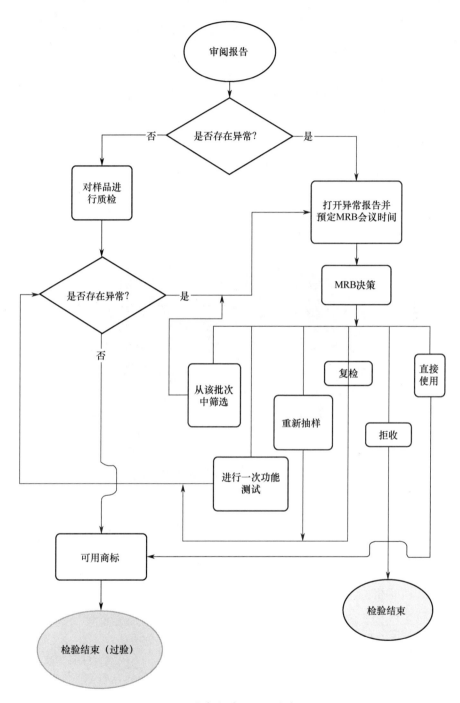

图 17.1　处理异常光学元件的简易流程框图

第18章 目视检验

18.1 介　　绍

以肉眼（图 18.1）或在器械（高倍放大镜或显微镜）协助下对光学组件进行检验是在确保其品质并及时做出补救的过程中非常重要的环节。此环节的重要性显示在以下 3 个方面。

图 18.1　在黑色背景前以霓虹灯与产品对比标准进行目检
（转载于 Savvy 光学公司）

（1）在这一阶段发现的疵病有可能影响到产品的性能。

（2）此时发现的瑕疵很可能会引导出其他影响产品性能的潜在问题。

（3）所有相关人员（理解与不理解产品原理的人员）都将会看到，并能够辨识产品外观上的瑕疵。即使该瑕疵并不违背产品规格方面的要求，也将对产品的呈现有一定的负面影响。客户往往会期望产品完好无损。

由于其肉眼可辨别性，在目检时发现的瑕疵被称为"光学表面疵病"（直译为"美"的瑕疵）或"外观瑕疵"（直译为"装饰"瑕疵）。这类瑕疵很可能隐瞒了须被妥当处理的严重问题。

标准化检验安排见以下文档：

（1）MIL-O-13830A，第 4.2.2 段，与 MIL-PRF-13830B，第 4.2.2 段；

（2）MIL-C-14806A，第 4.4.3 段（和图 1）；

（3）MIL-C-48497A，第4.5.2段（和图1）；

（4）MIL-C-675C，第4.5.3段（和图3）；

（5）MIL-F-48616，第4.6.4、4.6.5与4.6.7段（和图1）；

（6）BS 4301：1991，图19；

（7）ISO 14997：2001，"光学与光电学——光学元件表层疵病的测试方法。"

18.2　定　　义

此处全部定义都应用于光学元件。

18.2.1　目视检验

根据所引用领域，目视检验有着多项释义。

（1）在航天领域，美国联邦航空管理局（美国交通部）在咨询通告 AC-43-204，"飞行器目检"中如此注释该词："目视检验为单独基于肉眼或运用多种设备辅助肉眼针对某一单元的质量进行判断的过程。"

（2）美国无损检测学会的《无损检验手册，第八卷》（McIntire 和 Moore 于1993 年所著）在不同章节有着部分释义。在第 1 部分第 1 小节"视觉与光学测验描述"（第 2 页）中有："运用电磁波谱的可见光波段作为探测能量即为视觉与光学测验。在光与被测验物品接触后所产生的特性变化可被人体或机械视野捕捉到。该探测可在使用反射面、孔探仪或其他视力增强设备时展开，其效果也可能被此类仪器增强。

（3）维基百科解释其为："目检是一种把控质量、收集数据、分析数据常用的方式。目视检验，在设施的维护保养中，指运用如视力的部分或全部人体感知来检验设备与结构。

18.2.2　光学表面瑕疵

（1）根据 MIL-STD-150A 的 3.8 节"摄影物镜"的内容，"光学表面瑕疵是指光学系统的组件与元件上不影响其光学功能的瑕疵。此类瑕疵并不理想，但在不显著降低成像质量或对外在环境耐久性的情况下可被酌情接受。

（2）《光电子学词典》将光学表面瑕疵描述为："在一光学组件之上或之内，并不明显削弱光学表面功能的瑕疵。

18.2.3　外观瑕疵

由于膜层属于已完工光学组件的一部分，所以膜层瑕疵应像未镀膜的元件一样处理。图 18.2 与图 18.3，转载自 MIL-F-48616 与 MIL-C-675C，涉及了另外类型的瑕疵，如可能会出现在光学膜层上的划痕与麻点。

Vivitar 集团的 David C. Goux 在"外观瑕疵对于量产摄影光学产品的性能影响"中写道:"外观瑕疵为可通过镜头观察到的瑕疵。划痕、麻点、气泡、夹杂、膜层瑕疵、灰尘、纤维、尘垢,与清洁时留下的残渣都可被归类为外观瑕疵。外观瑕疵会如何影响成像质量的问题或许和成像分析这一课题同样久远。"

3.4.1.4 外观——如条痕、抹痕、污渍、污点、褪色等瑕疵(表面膜层与基底)都不应允许出现在位于焦平面的光学组件上。除非在组件图纸或购买文件上另有标注(见 6.2h),当光学系统中一光学组件位于焦平面外的瑕疵能被证实不会削弱该组件光谱性能与耐久性要求时,组件应被允许并接受。

图 18.2　外观(根据 MIL-F-48616 的 3.4.1.4 节
"过滤材料(膜层),红外干扰的通用规范")

3.4.2 外观——污渍、抹痕、条痕或混浊都不应被允许出现在位于焦平面的光学组件上,组件图纸上特批的产品除外。除非在组件图纸或购买文件上另有标注,当位于一光学系统焦平面之外的光学组件上出现如污渍、抹痕、条痕、混浊等可视变色时,若已完成镀膜产品的瑕疵区域符合以下条件也应当被接受:
a. 3.5 与 3.7 的传播和/或反射要求。
b. 3.8.5 的附着力要求。
c. 3.8.4.1 中为努普硬度超过 450kg/mm² 的基底设定的剧烈磨损抗性要求;或 3.8.4.2 中为努普硬度少于 450kg/mm² 的基底设定的磨损抗性要求。
注:若无法判定或对一光学组件是否位于焦平面而有疑惑,须假设该组件位于焦平面,此方法专门针对此类目检。

图 18.3　外观(根据 MIL-C-675C 的 3.4.2 节"玻璃材质光学元件膜层(防反射)")

在目检时发现的规格范围内的瑕疵在大部分情况下都可被接受,并且该产品会被授权发往下一站。若所发现的瑕疵不符合相关要求,该产品将会被当作瑕疵(异常)产品被拒收,并根据企业组织相关程序处理(往往发往 MRB 协助决策)。

规格范围之外的光学表面瑕疵产品可被当作不影响产品性能的瑕疵产品来处理(根据企业组织相关程序及 MRB 决策而定),代表该产品将会被直接接受使用,在合同有相关要求的情况下同时需要客户的应允。

18.3　完成合格目检的要求

(1)经验与知识对于完善的检验而言至关重要。而达成这两点则需对相关问题的细致学习及长时间从事该工作的阅历。检验员将会由此在处理问题时自信地做出决策及提出建议。

(2)人类的肉眼是一种能帮助检验者分辨出光学元件瑕疵及可疑处(基底、表层和膜层)的光学侦测工具。目检主要牵涉有色光学材料、滤光片及不同膜层色度差的颜色准确度的鉴定。状态健康的肉眼足以辨别当前膜层与由于瑕疵导致的色差。较好的视力同样能帮助检验者分辨原材料或光学膜层上的细小瑕疵。因此，检验者应具有较完好的视力，即指良好的洞察力及颜色辨别能力（非色盲），此技能在目检时尤为重要。检验员应常规性接受视力检验（图18.4），并在长时间操纵视觉辅助器械（图18.5和图18.6）时间断性休息以保护视力。

图18.4 视力检查所用的基本视力表

图18.5 不同种类的放大镜和高倍放大镜

（3）检验实验室维持合适的温度、湿度与洁净度对于受检元件及检验员都十分重要，因此企业组织应为检验区域营造一个合适的工作环境。

（4）目检一般根据客户要求或企业组织的相关程序实施。这类要求在图纸、规格、流程及另外与生产过程有关的要求中阐明。部分要求基于军用标准与规格，以及国际通用标准（ISO、ANSI等）。因此，检验员应阅览并理解所有相关文件及标准以正当地进行检验。认识到并理解相关要求将会协助进行正确、合理的检验。

（5）清理光学元件的表面须用到工具与溶剂，此举有以下两个原因：一处被初步判定的"瑕疵"有可能仅仅是尘垢，同时在检验过程中元件表面有可能会被污染。有关清洁工具、溶剂及步骤的细节可见第19章。

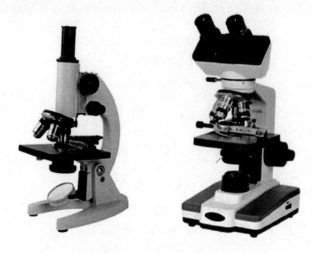

图18.6　不同种类的显微镜

（6）以下工具可用于增强观测效果与结果调研：放大镜（高倍）、显微镜和数字（硬件与软件）站。

18.4　瑕疵种类

可被肉眼辨别的瑕疵可分为4类，且全部可由正当操作而避免发生（详见第19章）。最常见的材料瑕疵为气泡（在透明与半透明物质中）、裂缝、结石和条纹（若严重）。最常见的产品制造瑕疵为划痕、光滑纤细裂痕、麻点、缺损、裂痕、粗糙表层、模具痕迹、污渍、磨痕与磨合（黏结制品）。最常见的膜层瑕疵为划痕、光滑纤细裂痕、麻点、裂痕、污渍、易脱落、易蜕皮、变色、产生纹裂、飞溅痕迹、乳白色浑浊、针孔、泡疤与颗粒。最常见的处理瑕疵为划痕、光滑裂缝、转轮、磨痕、麻点、缺损、裂痕、破碎、尘垢、污斑、水斑与指纹。

18.5　目 检 方 法

以下方法是被广泛接受的美国军用规范标准：

（1）MIL-PRF-13830B（图18.7）；

（2）MIL-0-13839A（图18.8）；

（3）MIL-G-174B（图18.9）；

（4）MIL-F-48616（图18.10）；

（5）MIL-C-48497A（图18.11）；

（6）MIL-C-675C（图 18.12）；

（7）MIL-C-14806A（图 18.13）。

4.2.2 表面质量。应利用以下符合 3.5.2、3.5.5、3.6.1、3.6.1、3.7.9.1、3.7.10.1 的方法进行元件的检验。

4.2.2.1 检验方法 1。待检元件应该置于精磨玻璃或乳白玻璃之前观测，距离玻璃大约 3 英寸的位置，同时用 40W 白炽灯泡或 15W 冷白荧灯照射其背面。大约占据 1/2 玻璃面的两个或多个不透明水平棒应被置于玻璃前或与玻璃相连。

4.2.2.2 检验方法 2。从 40W 或 15W 发出的光穿过精磨玻璃时也应当穿过元件。光径与黑色背景成大约 90°时，由此可通过散射光观察到瑕疵。

图 18.7　MIL-PRF-13830B 中的目检方法

4.2.2 表面质量。应利用以下符合 3.5.2、3.5.5、3.6.1、3.6.1、3.7.9.1、3.7.10.1 的方法进行元件的检验。

4.2.2.1 检验方法 1。待检元件应该置于精磨玻璃或乳白玻璃之前观测，距离玻璃大约 3 英寸的位置，用 40W 白炽灯泡照射其背面。大约占据 1% 玻璃面的两个或多个不透明水平棒应被置于玻璃前或与玻璃相连。

4.2.2.2 检验方法 2。从 40W 发出的光穿过精磨玻璃时也应当穿过元件。光径与黑色背景成大约 90°时，由此可通过散射光观察到瑕疵。

图 18.8　MIL-O-13839A 中的目检方法

4.4.8.1 方法一。如图中所示，受检样品由一束来自侧面的光照亮，并在黑色背景前被正常观测。在黑色背景下夹杂类瑕疵会形成光斑。此方法适用于拥有光滑表面的样品。

图 18.9　MIL-G-174B 中的目检方法及装置

B—箱子；L—灯泡（100W）；O—光学镜片毛坯；P—黑纸；
R—被气泡和其他瑕疵散射的光线；S—遮光板；T—试验台。

相似的目检方法可在民用标准中找到。

（1）《表面瑕疵公差》（ISO 10110-7：2008（E））适用于已完工光学元件的透射面与反射面（已有膜层或尚未进行镀膜）以及光学组件。根据此文件判断部件或光学组件上受瑕疵影响的区域是否可接受。

（2）《光学与光学仪器——光学元件表面瑕疵的测验方法》（ISO 14997：2011）为测量表面瑕疵方法的实践提供了行为准则及实际实施途径。在表层区域被瑕疵掩盖或影响时适用。

4.6.4 内部缺陷。对于可见光辐射而言透明或半透明的衬底材料应由传播性依3.3.1节的要求进行无器械协助的目检。该检应使用两枚15W冷白荧光灯管作为光源。衬底表面到眼睛的观测距离不应超过18英尺（45.7cm）。基底材料应在黑色亚光背景前观测。检验区域唯一的照明应是来自用于该检测的光源。此检验方法示于下图。

4.6.5 衬底表面缺陷。通过反射或传导检查组件基底是否有划痕及戳痕，在适用时使用4.6.4节中阐明的检验技巧。同时在需要时对局部进行放大来辅助检验。划痕的长度与宽度，戳痕直径应通过干涉仪、显微测量装置、校准后的精密比较仪或类似适用的静谧测量装置来测定。

4.6.7.3 外观。受检物的衬底及涂层应通过传导或反射进行检查，并在适用时使用4.6.4节中阐明的检验技巧。

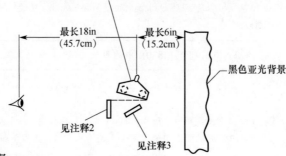

含有两枚15W冷白荧光灯的商用固定装置（见注释1）

最长18in
（45.7cm）

最长6in
（15.2cm）

黑色亚光背景

见注释2

见注释3

注释：
1. 检验区域的唯一的照明应来自测验用光源。
2. 组件经受反射检验时的相对位置。
3. 组件经受传导检验时的相对位置。

图18.10　MIL-F-48616中所述的内部、衬底表面和外观缺陷的目检方法及检验装置示意图

4.5.2 膜层质量

4.5.2.1 内在质量。以无器械辅助的肉眼通过反射检查组件上的涂膜是否有剥落、脱皮、碎裂或气泡。该检验应在使用两枚15W冷白荧光灯管作为光源的情况下进行。膜层表面离眼睛的观测距离应在15in（38.1cm）之内。涂层表面应在黑色亚光背景前被观测。该检验方法在下图中已做描绘。该涂层应遵守3.3.1中所述要求。

4.5.2.2 外观质量。已涂覆组件应根据4.5.2.1中所述测试方法受检验，以寻找表明变色、污渍、抹痕、条纹、浑浊等的证据。涂层应符合3.3.2中的要求。

包含两枚15W冷白荧光灯的商用固定装置（见注释1）

最大距离18in

最大距离6in

黑色亚光背景

图1

须通过反射检查的组件（见注释2）

注释：
1. 检测区域唯一的照明应来自于测验用光源。
2. 将其以合适的角度倾斜。

图18.11　MIL-C-48497A 内在与外观质量检验要求、方法与纲要

316

4.5.3 镀膜质量。

4.5.3.1 内在质量。反射光下，用裸眼检查零件的膜层：膜色、脱皮、龟裂、砂眼。检查时，使用两盏15W的白色荧光灯作为光源，膜层与眼睛的距离不超过45.7cm。背对着一个黑色背景，光源的光直接照射到检测区域上，这种检测方法下图所示。膜层应符合3.4.1节的要求。

4.5.3.2 外观质量。用4.5.3.1节的检测方法检查零件的膜层：膜色均匀性、污物、脏点、纹路、印迹等。膜层呈现的膜色不均匀应符合4.5.4节、4.5.6节、4.5.10节、4.5.11节和4.5.12节的规定。膜层应符合3.4.2的要求。

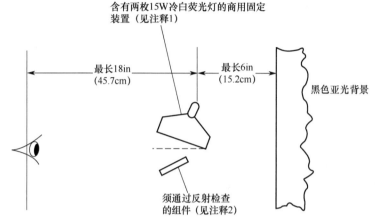

注释：
1. 照到检测区域上的光线是来自检测光源的光线。
2. 用一个倾斜角度看镀膜表面。

图18.12　MIL-C-675C中所述的膜层内在与外观质量目检要求、方法与纲要

4.4.3 镀膜质量。检测镀膜面是否与3.6节要求一致。

4.4.3.1 检测膜层的透射和反射情况，判定是否存在破损、剥离、起泡现象。检测方法如图I-b所示。若存在所述缺陷应当拒收。

4.4.3.2 检测膜层的透射和反射情况，判定是否存在变色、褪色、污斑、条纹缺陷。检测方法如图（b）所示。若存在所述问题，应当使用镜面反射的方法继续判定缺陷区域，若与3.4节要求不符应当拒收。

4.4.3.3 依照图（c）所示方法检测膜层是否存在云状或雾状外观。若存在所述缺陷应当拒收。

4.4.3.4 对照图（a）和图（b）所示方法分别检测膜层的透射情况和小孔、道子、麻点是否与要求相符。若超出3.6.4节和3.6.5节要求的范围，则应当拒收。

4.4.3.5 膜层应通过透射法进行检查。如图（b）所示，应提供变色、染色、拉伸和试验方法的证据。此类证据应作为拒收的理由。

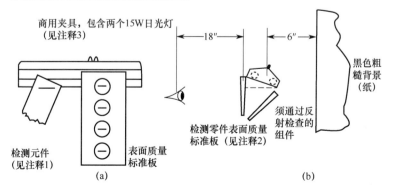

317

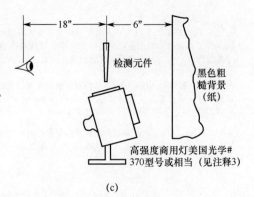

注释:
1. 检测元件的道子应当与配对的元件表面质量标准板的平行。
2. 为检测小孔、道子和麻点,标准板的表面和元件表面都应当使用透射光照射观察。
3. 应用于检测的光源是唯一光源。
4. 为检测破损、剥离、起泡及雾状外观,不应当使用道子、麻点标准。

18″   6″

检测元件

黑色粗糙背景(纸)

高强度商用灯美国光学#370型号或相当(见注释3)

(c)

图 18.13　MIL-C-14806A 中所述的可见镀膜质量检查要求、方法和纲要

18.6　光学元件中的主要瑕疵

能直接被肉眼观测到并可被当作光学表面瑕疵来处理的瑕疵都源起于原材料和元件表面的生产及处理。以下为会出现在光学元件上的主要瑕疵。

（1）泡疤：在膜层之内或之下，使薄层隆起的夹杂或气泡。

（2）破损：在光学元件边缘，体积较大的崩坏。

（3）气泡：光学材料内夹杂的气体。

（4）缺损：光学材料上已从表面、边缘或斜角剥落的一片区域（一块物质）。

（5）麻点：小而粗糙，在表面且类似于坑的一点。

（6）腐蚀伤痕（非直译，原文"消化"）：由化学或环境影响而导致的某种瑕疵（图 18.25）。

（7）尘垢：在光学表面（已有膜层或尚未进行涂覆）可在不对表面造成损伤的情况下被常规清洁程序去除的污渍。

（8）变色：在单一表面上同时存在不同颜色的膜层。

（9）粉尘：在薄膜上的微小颗粒物质（往往数量众多）。

（10）指纹：在与指尖肌肤直接接触后留在光学表面的油腻且具有独一性的图案。

（11）剥落：因膜层内部区域导致薄膜的一部分脱落。

（12）浑浊：光学材料上的混浊区域。

（13）模痕：模制过程中在表面留下的痕迹。

（14）橘皮状（疙瘩颗粒状表面）：不正规或未经足够打磨的镜片，导致类似橘子皮的质感。

（15）颗粒：存在于薄膜之上或之内的微小物质。

（16）脱皮：膜层边缘区域产生的部分薄膜分离。

（17）针孔：薄膜上非常小的针孔。

（18）摩擦痕：表面上的一系列小划痕，通常由不当处理造成。

（19）脱胶：胶合组件的边缘胶合剂的分离。

（20）划痕：由尖锐或粗糙器物在表面造成的斑痕或裂缝。

（21）毛道子：非常纤细、精确、平整的划痕。

（22）污斑：已蒸发及尚未蒸发的潮气残留。

（23）溅落：少量膜层材料在镀膜时落至衬底表面并在涂覆时被黏合。

（24）污渍：发生变色的一点或一片区域（可能由化学反应导致）。不正当或未经足够打磨的镜片，导致类似橘子皮的质感。

（25）结石：包含在不透明物质中未溶解或已结晶化的不透明夹杂。

（26）波浪状条纹：玻璃内部呈现为波浪形状扭曲的条纹。只可在格外严重时被肉眼观测。

（27）水斑：在水分蒸发后仍存于表面上的斑点。

18.7　光学元件的可见瑕疵实例

本节中，图 18.14 ~ 图 18.27 描述了可以以目视方法观察到的基底和膜层上的各种瑕疵。

图 18.14　单面透镜边缘的裂痕（1）

图 18.15　双透镜边缘的崩边

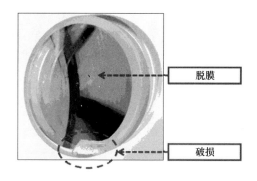

图 18.16　膜层中央产生的脱膜及边缘的破损

图 18.17　单面透镜边缘的裂痕（2）

图 18.18　大面积破损

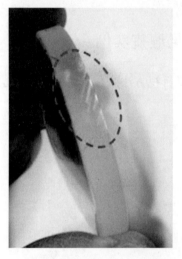
图 18.19　单面透镜边缘的裂痕（3）

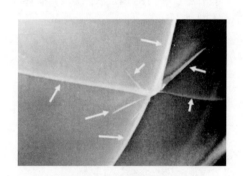
图 18.20　外部光学元件上的裂痕

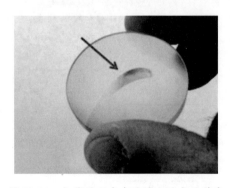
图 18.21　打磨过程中在透镜上造成的裂痕

图 18.22　因不正当处理在膜层上造成的划痕

图 18.23　原材料上的污染

图 18.24　膜层脱落

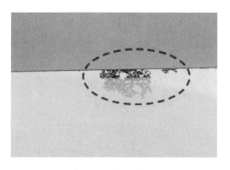

图 18.25　在反射镜边缘的反射膜层上
开始的腐蚀伤痕（1）

图 18.26　在反射镜边缘的反射膜层上
开始的腐蚀伤痕（2）

图 18.27　在 ϕ44mm 的 Ge 透镜凹面上的膜层膨胀
（底部箭头表示 ϕ0.45mm（（0.4 + 0.5）/2）的膨胀，
而顶部箭头表示 ϕ0.55mm（（0.6 + 0.5）/2）的膨胀）

18.8　可视瑕疵的测量与计算

当前主要有 7 种讲述可视瑕疵的测量、计算与评判的源文件。这 7 份文档包含 3 份军用规格及两份 ISO 标准。这两份 ISO 标准是《光学元件和系统——光学元件和系统的绘图准备》（ISO 10110）的组成部分。

（1）MIL-PRF-13830B：1997（替换 MIL-O-13830A：1963）*Optical Components for Fire Control Instruments*；*General Specification Governing the Manufacture*，*Assemble and Inspection of*。

（2）MIL-C-48497（1980）Coating，Single or Multilayer，Interference：Durability Requirements for。

（3）MIL-F-48616（1977）*Filter（coatings），Infrared Interference：General Specification for*。

（4）ISO 10110-3：1996 *Material imperfection—Bubbles and Inclusions*。

（5）ISO 10110-7：2008 *Surface Imperfection Tolerances*。

（6）ISO 14997：2011 *Optics and photonics - Test methods for surface imperfections of optical elements*。

（7）ANSI/OEOSC OP1.002-2009 *Optics and Electro-Optical Instruments—Optical Elements and Assemblies—Appearance Imperfections*。

客户可能会根据自身需求而要求使用不同方法。但最终其特殊要求应首先建立在先前阐明的测量计算标准之上。

18.8.1　划痕与麻点

图 18.28（a）～（c）来自于 MIL–PRF-13830B，与处理划痕与麻点相关。

3.5.1.1 缺陷尺寸限定。对于表面缺陷的确定，通常用两个数字表示，这两个数字表示两个方面的级别标准。第一个数字表示划痕，第二个数字表示麻点。该表示方法来源于制图标准 C7641866中表面质量标准的两套等级分类体系。

6.3 定义。

6.3.1 划痕。表面上的破裂现象。划痕类型如下：

a. 类似于块状、链状或插入的划痕；

b. 滚动切割状或切割痕——精磨时引起的曲线划痕；

c. 光滑的——细丝状划痕；

d. 挤压或摩擦——因操作不当引起的表面细小的划痕。

6.3.2 麻点。在抛光面上的一个小的粗糙点，在外观上类似于凹坑。通常是由于铣磨时造成的表面损伤。能通过研抛的方式全面去除，也有可能是把基底原来的气泡磨穿造成的开放性孔洞。

(a)

3.5.2 划痕。

3.5.2.1 圆形元件。位于光学元件每个表面上的最大尺寸划痕的组合长度不应超过该元件直径的¼。

3.5.2.1.1 划痕的最大组合长度。当存在最大尺寸划痕时，则这类划痕等级的总和乘以元件长度与直径的比值不得超过最大划痕等级的一半。

3.5.2.2 非圆形元件。非圆形元件的直径应该是同面积圆形元件对应的直径。在指定光学元件图纸或详图中透光区之外的划痕不被考虑在内，应用3.5.2.1.1节规定的对应公式。

3.5.2.3 表面质量，外部区域。任意元件透光区之外的表面质量应为80-50，除非另有要求。

3.5.2.4 镀膜划痕。镀膜划痕不透入玻璃表面，应与3.5.2节的规定一致。镀膜划痕应与基底划痕的要求分开考虑。

(b)

3.5.3 匪点。
3.5.3.1 麻点认定。麻点等级应为所允许瑕疵的实际直径，用1/100mm为单位。对于形状不规则的麻点，其直径取最大长度和最大宽度的平均值。
3.5.3.2 最大尺寸麻点。最大尺寸麻点允许的数量应该是直径20mm或单个面的20mm区域里有1个。所有麻点直径的总和有检验员估计，不应超过最大尺寸麻点直径的2倍，小于2. 5μm的麻点可忽略不计。
3.5.3.3 表面质量。有10个或者更少麻点的表面上，所有麻点心须间隔至少lmm。麻点数多于所要求的10个时，并不需要检测它的散射。

(c)

图 18. 28 摘自于 MIL-PRF-13830B

表 18. 1 同样来自于 MIL-PRF-13830B，显示了中心区域（表面直径的一半）和外围区域的光束直径（mm）内的划痕与麻点数量，分别对应于焦平面和近焦平面（表中的数据只代表一般建议，设计人员可以自由确定适合自己系统需求的不同定义）。

光学元件上的表面瑕疵（划痕与麻点）用两个数字表示：第一个数字表示划痕宽度；第二个数字表示麻点直径。例如，80-50 表示允许的最大划痕宽度为 80，而允许的最大麻点直径为 50，通常将这两个数字与表面质量标准即美国装备部制图标准 C7641866 进行比较。

表 18. 1 划痕和麻点等级

焦平面和近焦平面的光束直径/mm	中心区域（表面直径的一半）		外围区域	
	划痕	麻点	划痕	麻点
大于 5	80	50	80	50
5. 0 ~ 6. 0	60	40	60	40
3. 2 ~ 4. 0	60	30	60	40
2. 5 ~ 3. 2	40	20	60	40
2. 1 ~ 2. 5	40	15	60	30
1. 6 ~ 2. 1	30	10	40	20
1. 0 ~ 1. 6	20	5	40	15
0. 6 ~ 1. 0	15	3	30	10
0. 4 ~ 0. 6	10	2	20	5
0. 2 ~ 0. 4	10	1	15	3

1. 划痕

注意位于圆形元件表面划痕的最大尺寸的组合长度不应超过表面直径的 1/4。另外，还要注意以下几点：

（1）计算圆形以外的表面时，计算直径应为等面积的圆形直径。

（2）在计算现有划痕的相等值时，不应考虑在元件表面上的透光区（即透明孔径或者 CA）以外的划痕。

（3）除非另有要求；否则元件透光区外的表面质量应视为 80 – 50。

（4）膜层划痕应与基底划痕分开计算，除非另有要求，否则基底划痕应具有相同的尺寸。

划痕实例 1

对直径为 60mm 的表面划痕 – 麻点要求为 80 – 50。发现两个划痕，其最大尺寸为 80。一个划痕是 10mm 长，另一个是 12mm 长。这两个划痕的组合长度为 22mm。这个表面直径的 1/4 为 15mm。这个组合长度 22mm 大于 1/4 表面直径 15mm，所以该表面不符合要求，应予以拒收。

划痕实例 2

对直径为 120mm 的表面划痕 – 麻点要求为 80 – 50。发现两个划痕，其最大尺寸为 80。一个划痕是 12mm 长，另一个是 17mm 长。这两个划痕的组合长度为 29mm。这个表面直径的 1/4 为 30mm。这个组合长度 29mm 小于 1/4 表面直径 30mm，所以该表面符合要求，应予以接收。

划痕的最大尺寸（在待测圆形元件每个表面上的各种尺寸划痕数量的总和）乘以它们的长度与相关表面直径或者相关区域的比值（即 MIL-PRF-13830B 的 3.5.2.1.1 节提出的划痕 – 麻点等级只在特定表面的部分区域中需要）应不大于最大划痕数的一半。

划痕实例 3

对直径为 120mm 的表面划痕 – 麻点要求为 80 – 50。发现了以下划痕：一个 40 号的划痕，其长度为 12mm；一个 60 号的划痕，其长度为 20mm；一个 80 号的划痕，其长度为 25mm。计算公式为

$$1(40 \times 12)/120 + 1(60 \times 20)/120 + 1(80 \times 25)/120 = 4 + 10 + 16.67 = 30.67 \approx 31$$

划痕等级 31 比最大尺寸的一半（80/2 = 40）要小，所以结论是该表面符合要求，应予以接收。

划痕实例 4

对直径为 100mm 的表面划痕 – 麻点要求为 80 – 50。发现了以下划痕：一个 40 号的划痕，其长度为 14mm；两个 60 号的划痕，其长度为 20mm；一个 80 号的划痕，其长度为 20mm。计算公式为

$$1(40 \times 14)/100 + 2(60 \times 20)/100 + 1(80 \times 20)/100 = 5.6 + 24 + 16 = 45.6 \approx 46$$

划痕等级 46 比最大尺寸的一半（80/2 = 40）要大，所以检验结论是该表面不符合要求，应予以拒收。

当没有最大尺寸划痕时，划痕数乘以其长度与光学元件或适当区域直径的比值不应大于最大划痕号。

划痕实例 5

对直径为 60mm 的表面划痕 – 麻点要求为 60 – 40。发现了以下划痕：一个

40 号的划痕，其长度为 12mm；一个 40 号的划痕，其长度为 20mm；一个 20 号的划痕，其长度为 25mm。计算公式为

$1(40 \times 12)/60 + 1(40 \times 20)/60 + 1(20 \times 25)/60 = 8 + 13.33 + 8.33 = 29.66 \approx 30$

划痕等级 30 比最大尺寸划痕号（60）要小，所以检验结论是该表面符合要求，应予以接收。

划痕实例 6

对直径为 60mm 的表面划痕 – 麻点要求为 60 – 40。发现了以下划痕：一个 40 号的划痕，其长度为 12mm；4 个 40 号的划痕，其长度为 20mm；两个 20 号的划痕，其长度为 25mm。计算公式为

$2(40 \times 12)/60 + 4(40 \times 20)/60 + 4(20 \times 25)/60 = 16 + 53.33 + 33.33 = 102.66 \approx 103$

划痕等级 103 比最大尺寸划痕号（60）要大，所以检验结论是该表面不符合要求，应予以拒收。

2. 麻点

（1）麻点号是允许的以 1/100mm 为单位的规则麻点实际尺寸。对于形状不规则的麻点，其直径应为最大长度和最大宽度的平均值。

（2）在任意单个光学表面上的每 20mm 直径范围内允许最大尺寸麻点的麻点号应为 1。所有麻点直径的总和，如检验员估计的，不应超过最大尺寸指定的每 20mm 直径最大直径的 2 倍。

（3）小于 2.5μm 的麻点可以忽略不计。

（4）每个表面上的麻点质量是 10 或者更小麻点的边缘之间至少要相隔 1mm。

（5）膜层瑕疵，如划痕，应该与基底的麻点要求分开考虑，除非另有要求；否则基底瑕疵的尺寸应相同。

麻点实例 1

透镜表面上允许的最大麻点尺寸为 50(0.5mm)。一个表面直径为 40mm，其上有形状不规则的瑕疵，该瑕疵的长度是 0.7mm、宽度是 0.2mm。计算公式为

$$\frac{(0.7 + 0.2)}{2} = 0.45mm = \text{dig no. 45}$$

45 比允许的最大麻点尺寸（50）小，所以该瑕疵是可接受的。

麻点实例 2

透镜表面上允许的最大麻点尺寸为 40(0.4mm)。一个表面自由口径的直径为 40mm，其上发现有以下瑕疵（麻点）：一个形状不规则的麻点，该麻点的长度是 0.5mm、宽度是 0.3mm；两个形状规则的尺寸为 0.3mm 的麻点；两个形状规则的尺寸为 0.2mm 的麻点。所有麻点都是在直径 20mm 的范围内找到的。计算公式为

$$\frac{(0.5 + 0.3)}{2} + 2 \times 0.3 + 2 \times 0.2 = 0.4 + 0.6 + 0.4 = 1.4mm = \text{dig no. 140}$$

140 比允许的最大麻点尺寸（40）大，所以该元件应拒收。

本节仅以划痕号表示宽度划痕，而麻点则以单位为毫米的麻点直径表示麻点号。

18.8.2　军用规范定义的瑕疵

图 18.29（a）和图 18.29（b）（出自于 MIL-C-48497）以及图 18.30（a）和图 18.30（b）（出自于 MIL-F-48616）中的段落是本节的主题。由于这两份规范都涉及膜层，它们的质量要求和对可见瑕疵的处理是相同的。以下解释描述了这两个规范。

3.3 镀膜质量。膜层的质量与状态应符合以下要求：

3.3.1 物理质量。膜层应无明显脱落、剥落、开裂或起泡现象。

3.3.2 表面质量。规定图应与部件图纸和其他文件上的表面要求（污渍、污迹、变色、条纹、云雾）一致。

3.3.3 环境和溶解性缺陷。膜层表面应无可能导致不符合组件图纸或其他规定膜层光谱要求的污渍、变色、条纹、云雾等。

3.3.4 飞溅物和孔洞。膜层上的飞溅物和孔洞应符合且不应超过组件图纸或其他文件上规定的允许麻点尺寸和数量。

3.3.5 表面瑕疵（划痕和麻点）。膜层上的划痕和麻点不应超过组件图纸或其他文件上规定的对基底材料的要求。膜层上的划痕和麻点应该和基底上的划痕和麻点分开考虑。

3.3.5.1 透明膜层表面。根据MIL-0-13830，对于透明膜层表面的划痕和麻点的要求应由连字符连接的两个数字分别指定（如60-40）。

3.3.5.2 不透明膜层表面。对于不透明膜层表面的划痕和麻点的要求应由连字符连接的两个字母分别指定（如F-C）。第一个字母表示最大划痕值，第二个字母表示最大麻点值。

(a)

3.3.5.2.1 划痕。下表列出了表示划痕的字母与划痕宽度的对应关系。

表示划痕的字母	划痕宽度/μm	划痕宽度/in
A	5	0.0020
B	10	0.0039
C	20	0.0079
D	40	0.00157
E	60	0.00236
F	80	0.00315
G	120	0.00472

3.3.5.2.1.1 最大尺寸划痕密度。所有最大尺寸划痕的累积长度不应超过镀膜表面平均直径的1/4。

3.3.5.2.1.2 所有划痕的密度。当存在最大尺寸划痕时，由表示划痕字母指定的宽度乘以其长度与镀膜表面直径比值的乘积不应超过划痕字母指定宽度的一半。当不存在最大尺寸划痕时，由表示划痕的字母指定的宽度乘以其长度与镀膜表面直径比值的乘积不应超过划痕字母指定的宽度。

3.3.5.2.2 麻点。下表列出了表示麻点的字母与麻点平均直径的对应关系。

表示麻点的字母	麻点直径/mm	麻点直径/in
A	0.05	0.0020
B	0.10	0.0039
C	0.20	0.0079
D	0.30	0.00118
E	0.40	0.00158
F	0.50	0.00197
G	0.70	0.00276
H	1.00	0.0394

在每20mm直径范围的镀膜表面上，最大尺寸麻点的允许数量不应超过1个。所有麻点直径的总和不应超过20mm直径范围内有麻点字母指定的最大尺寸麻点直径的2倍。

(b)

图 18.29　出自于 MIL-C-48497

3.4.1 表面质量。

3.4.1.1 膜层。膜层应无明显的脱落、剥落、裂开、指纹、刷痕、背涂、细裂纹等。膜层上或膜层内的飞溅和孔洞应视为麻点，且不应超过允许的麻点尺寸和数量（3.4.1.3节）。

3.4.1.2 划痕。表面划痕（膜层和基底）不应超过组件图纸或采购文档中规定的值（见6.2f）。划痕的宽度不应超过划痕字母指定的宽度。所有最大划痕的累积长度不应超过元件平均直径的¼。划痕字母与对应的宽度见表1。

3.4.1.2.1 合并划痕。当表面划痕（膜层和基底）未超过3.4.1.2节的要求时，每个表面都应进一步评估其合并划痕。所有宽度小于或等于最大允许划痕宽度和宽度大于或等于最小划痕宽度的划痕（见表1）都应该考虑到合并划痕中。将每个划痕的宽度乘以其长度。将这些乘积相加，然后除以元件的平均直径，得到结果。当存在最大划痕时，该结果不应超过最大允许划痕宽度的½。当不存在最大划痕时，该结果不应超过最大允许划痕宽度。

3.4.1.3 麻点。表面麻点（膜层和基底）不应超过组件图纸或采购文档中规定的值（见6.2g）。等效平均直径范围内表面允许的麻点直径不应超过麻点字母指定的直径，且不应大于基底上任意20mm（0.80in）直径范围内的最大尺寸麻点。麻点字母与对应的平均直径见表2。

3.4.1.3.1 合并麻点。当表面麻点（膜层和基底）未超过3.4.1.3节的要求时，每个表面都应进一步评估其合并麻点。所有直径小于或等于最大允许麻点直径和直径大于或等于最小麻点直径的麻点（表2）都应该考虑到合并麻点中。所有麻点直径的总和不应超过任意20mm（0.80in）直径范围内的最大允许麻点直径的2倍。所有直径为B或更小的麻点之间的间隔应至少大于1.0mm（0.04in）。

(a)

表1　划痕定义（见6.3.1）

表示划痕的字母	划痕宽度/mm	划痕宽度/in	宽度小于此尺寸的划痕可忽略不计/μm	宽度小于此尺寸的划痕可忽略不计/in
A	0.005	0.00020	0.010	0.0004
B	0.010	0.00039	0.025	0.0010
C	0.020	0.00079	0.050	0.0020
D	0.040	0.00157	0.100	0.0039
E	0.060	0.00236	0.100	0.0039
F	0.080	0.00315	0.200	0.0079
G	0.120	0.00472	0.200	0.0079

表2　麻点定义（见6.3.1）

表示麻点的字母	麻点直径/mm	麻点直径/in	直径小于此尺寸的麻点可忽略不计/μm	直径小于此尺寸的麻点可忽略不计/in
A	0.05	0.0020	0.010	0.0004
B	0.10	0.0039	0.025	0.0010
C	0.20	0.0079	0.050	0.0019
D	0.30	0.0118	0.100	0.0019
E	0.40	0.0157	0.100	0.0039
F	0.50	0.0197	0.200	0.0039
G	0.70	0.0276	0.200	0.0079
H	1.00	0.0394	0.500	0.0099

(b)

图18.30　出自于 MIL-F-48616

（1）对于不透明的膜层表面，划痕和麻点要求用两个字母表示。第一个字母表示最大划痕值，第二个字母表示最大麻点值。例如，F-C，第一个字母 F 表示 0.08mm 的划痕宽度，第二个字母 C 表示 0.2mm 的麻点直径（图 18.28 和图 18.29）。

（2）对于透明的镀膜表面，按照 MIL-O-13830 的规定，这两个规范都使用数字（60-40）指定划痕和麻点。

（3）由于 MIL-O-13830 已被 MIL-PRF-13830B 替换，且规范（MIL-C-48497 和 MIL-F-48616）未更新，尽管 MIL-O-13830 中有相同的方法，但仍使用 MIL-PRF-13830B 计算瑕疵。

（4）膜层划痕应与基底划痕分开考虑，除非另有要求；否则基底瑕疵的尺寸应相同。

（5）除了划痕和麻点外，膜层上的瑕疵应根据规定的膜层要求和附加考虑因素进行单独处理（见 18.8.9 小节）。

18.8.3　ISO 标准定义的瑕疵

ISO 标准在欧洲广泛使用，所以这里加入相关的内容。关于本章，ISO 10110 的第 7 章值得关注。ISO 14997：2011 建立了实施这些方法的物理原理和使用手段，如 ISO 10110-7 对表面瑕疵测量作了规定。此处的处理包括必要时参考适当标准。

对 ISO 10110-7 的介绍如下：只有确定位置和选择值得研究的表面瑕疵所需的检查之后，才要求将测量作为第二阶段的操作，见 ISO 14997。在这种情况下，需要一个表示该检查水平的图纸符号，并可添加到规范中。该过程不依靠眼睛，因此更耗时，通常仅在表面瑕疵可能影响性能（如在激光或者微光系统中）或者需要更精确的测量时执行。

这是一个很重要的段落，把目测检验作为第一阶段，把测量检验作为第二阶段。不要忘记！

ISO 10110-7 是指以平方根面积为单位的局部表面瑕疵（单位：mm）和以宽度为单位的长划痕（单位：mm）。然而，不同于军用标准中的划痕和麻点定义，ISO 还包括局部表面瑕疵、长划痕和崩边。该标准也适用于成片光学元件和光学组件的透射和反射膜层以及未镀膜的表面。

在表面的有效孔径内允许的表面瑕疵数量和尺寸的图样标注为

$$5/N \times A$$

对于光学组件中的局部表面瑕疵，可标注为

$$15/N \times A$$

式中：5 为表面瑕疵的代码；15 为光学组件中局部表面瑕疵的代码；N 为最大允许尺寸的允许瑕疵数量；A 为等级数，其数值等于最大允许瑕疵区域面积的平方根（单位：mm）。

如有需要，可将镀膜瑕疵与局部表面瑕疵分开指定。镀膜瑕疵在表面瑕疵标注后，用分号隔开。在表面或组件的有效孔径内允许的镀膜瑕疵可标注为

$$C/N' \times A'$$

式中：C 为表面瑕疵的代码；N' 为允许的最大尺寸瑕疵的数量；A' 为通用标注定义的等级数。因此，包含镀膜瑕疵的表面瑕疵标注为

$$5/N \times A; C/N' \times A'$$

而对于光学组件的标注为

$$5/N \times A; C/N' \times A'$$

如果现有的唯一标注是

$$5/N \times A \ 或 \ 15/N \times A$$

那么在允许的表面瑕疵标注中应包含镀膜瑕疵。

长划痕是指长度超过 2mm 的划痕,其标注为

$$L/N'' \times A''$$

式中:L 为长划痕的代码;N'' 为允许的长划痕数量;A'' 为划痕的最大允许宽度(单位:mm)。包含长划痕和镀膜瑕疵的标注为

$$(5 \ 或 \ 15)/N \times A; CN' \times A'; L/N'' \times A''$$

如果仅标注为

$$(5 \ 或 \ 15)/N \times A$$

那么长划痕或镀膜瑕疵应该包含在表面允许瑕疵的标注中。

崩边的标注为

$$EA'''$$

式中:E 为崩边的代码;A''' 为以毫米为单位的最大允许崩边。如果未给出崩边标注,就说明只要崩边未在光学有效孔径范围内就是允许的。

此处提到的所有缺陷的完整标注为

$$(5 \ 或 \ 15)/N \times A; CN' \times A'; L/N'' \times A''; EA'''$$

式中:5 为表面瑕疵;15 为光学组件中的表面瑕疵;$N \times A$ 为表面瑕疵;$CN' \times A'$ 为膜层瑕疵;$L/N'' \times A''$ 为长划痕;EA''' 为崩边。

短划痕是小于 2mm 的划痕,用 L 表示,表面瑕疵用 $5/N \times A$ 表示,光学组件中的表面瑕疵用 $15/N \times A$ 表示,膜层瑕疵用 $CN' \times A'$ 表示。这些短划痕与其他局部瑕疵(凹坑、光滑裂缝、擦伤、固定标记或膜层瑕疵)一起计入最大允许缺陷的面积的平方根,单位为毫米。与 ISO 10110-7 中的局部表面瑕疵作比较的参数是军用规范中的麻点。

18.8.4 军用规范中定义的崩边

在部件制造、处理或者装配过程中,可能会产生崩边或者断裂。应在图纸或与部件图纸相关的规范中说明崩边的参考(要求主要指崩边,而不是断裂)。使崩边表面粗糙的主要原因如下。

(1)减少从光滑的崩边表面反射的可能性。不需要的和计划外的反射可能会破坏组件的性能。

(2)减少由可见或者不可见的小裂纹产生额外崩边的可能性。

MIL-O-13830A 中对崩边的要求和 MIL-PRF-13830B(图 18.31)的一样,只

是后者改变了崩边总长度的百分比，用30%代替了10%。由于MIL-O-13830A仍在某些地方继续使用，因此最好记住这一区别，必要时使用调整后的参数。

3.7.9 透镜。
3.7.9.2 破口和崩边。如果崩边不影响透镜在底座中的密封性，那么未发生在透镜透光区上的崩边是允许的。在最大末端测量大于0.5mm的崩边必须打磨成毛边，以减少反射和进一步破裂的可能。所有在透镜边缘测量大于0.5mm的崩边的宽度的总和不应超过周长的30%。表面和边缘上的任何碎片都应磨掉。
滚边区域应保持在本段要求的磨削范围内。总面积超过底面
面积2%或深度超过2mm的磨边和裂缝应拒收。如果磨达区会影响光路、安装和密封时，无论尺寸大小都应拒收。
3.7.10 棱镜和反射镜。
3.7.10.2 破裂和崩边。满足以下限制的，未发生在棱镜透光区上的崩边是允许的：崩边宽度的总和不超过崩边发生边缘的长度的30%。应从倒角处测量崩边，而不是从尖边，也就是说，倒边后而不是倒边前。小于0.5mm的崩边可忽略不计，也不用打磨。大于0.5mm的崩边须打磨。从倒角处棱镜面测得崩边的侵入。如果紧靠抛光面的棱镜最短边的正常长度（测得倒边前尖角）小于25.4mm，崩边可以侵入表面1mm；如果长度大于25.4mm，崩边可以侵入表面2mm。如果崩边未影响安装或密封，未侵入透光区内，上述崩边可以存在。任何表面或边缘上都不允许有肉眼可见的破裂。
3.7.11 分划板。
3.7.11.2 崩边。崩边限制根据3.7.9.2进行评估。

图18.31 出自于 MIL-PRF-13830B：1997——关于破裂和崩边

18.8.5 军用规范和标准中定义的玻璃瑕疵、气泡和杂质

MIL-O-13830A中对玻璃瑕疵、气泡和杂质的要求与MIL-PRF-13830B一样，只是后者未引用MIL-G-174（图18.32和图18.33）。

（1）气泡和杂质应分类并当作表面瑕疵处理。

（2）除表面瑕疵外，气泡和杂质也要分开处理。

（3）任意单个元件内每20mm光路或其中一部分光路的最大尺寸气泡的允许数量是1。

（4）所有气泡直径的总和，由检验员估计，应不大于每20mm直径指定的最大直径的2倍。

（5）当表面麻点质量数是10或更小时，气泡和杂质的边与边的间隔应至少为1mm。

3.4.1 玻璃瑕疵。压膜过程中产生的条纹、条痕、孔、气泡、裂纹、折叠等瑕疵或存在于点、面或其他损坏元件性能的材料应该拒收。
3.5.4 气泡和杂质。气泡应归为表面麻点，玻璃中的杂质应视为气泡。不规则杂质的尺寸应为最大长度和最大宽度之和的½。气泡尺寸公差与麻点的一样，但气泡公差在麻点公差之外。
3.5.4.1 最大尺寸气泡。最大尺寸气泡可允许的数量应该是光径20mm或单个元件20mm区域有一个。所有气泡直径的总和由检验员估计，不应超过最大尺寸气泡直径的2倍。表面麻点数量为10个或更少，气泡应参照3.5.3.3节的麻点的要求。

图18.32 出自于 MIL-PRF-13830B：1997——关于玻璃瑕疵、气泡和杂质

> 3.4.1 玻璃瑕疵。军用规范MIL-G-174所允许的条纹、条痕、浮渣、气泡、裂纹、折叠或其他任何瑕疵，如果位于会使零件性能降低的点、面或区域内，均可造成零件不合格。

图 18.33　MIL-O-13830A 定义的玻璃瑕疵

MIL-G-174B 对原材料的要求如图 18.34 所示。该要求不包含在 MIL-PRF-13830B 中，但是如果 MIL-O-13830A 如其 3.4.1 节提到的那样被使用时，应该考虑这些要求。

> 2.3 优先权顺序。如果本文件与本文件引用的参考文件的内容存在冲突，应以本文件为准。本文件中的任何内容均不得超过试用的法律和法规的具体解释。
> 3.3.10 杂质。杂质应按表1中的数字0~50进行分类。由所有横截面之和得到的每100cm³体积内的允许的横截面面积（单位为cm²）之和应符合表1的规定。在1mm³（cc）内允许的最大尺寸杂质的数量为1，前提是得到的横截面不超过表1的规定。小于最小尺寸的杂质应忽略不计。
> 3.3.10.1 最大尺寸杂质。杂质的最大允许尺寸见表1。
> 3.3.10.2 最小尺寸杂质。在评估杂质数量时应考虑的最小尺寸杂质见表1。
>
> 表1　杂质和横截面积
>
> | 杂质数量 | 横截面积之和的最大值/ (cm²/100cm³) | 最大尺寸直径/mm | 最小尺寸直径/mm |
> |---|---|---|---|
> | 0 | 0.03 | 0.20 | 0.06 |
> | 1 | 0.12 | 0.39 | 0.06 |
> | 2 | 0.25 | 0.57 | 0.06 |
> | 3 | 0.50 | 0.60 | 0.06 |
> | 5 | 0.20 | 0.05 | 0.02 |
> | 10 | 0.80 | 0.10 | 0.03 |
> | 15 | 1.80 | 0.15 | 0.05 |
> | 20 | 3.15 | 0.20 | 0.05 |
> | 30 | 7.10 | 0.30 | 0.10 |
> | 40 | 12.60 | 0.40 | 0.10 |
> | 50 | 19.70 | 0.50 | 0.10 |

图 18.34　参考 MIL-G-174B 中的一级标准玻璃的杂质

大多数情况下，在透明或者半透明的材料中或者已完成的光学组件中的气泡和/或杂质可用肉眼直接检验，依据 18.7 节中的方法。如果需要，也可以使用额外的仪器设备，如高倍放大镜或者显微镜。市场上也有一些额外的观察设备可用于确定已有瑕疵的尺寸。这里提到了两种这样的设备，分别显示在图 18.35 和图 18.36中。

（6）SIF-4（如美国 Savvy 光学公司的 SavvyInspector）：制造商网站的介绍为，SavvyInspector 提供计算机辅助的光学平面的划痕/麻点评估，消除了使用人眼检验表面质量的主观性。该系统的测试结果可根据 MILPRF-13830B、MIL-C-675C、ANSI/OEOSC OP1.002：2009 和 ISO 10110-7 的要求定制。SavvyInspector™的在线标准检验头使用恒定照明和检测光学系统以及适当的分析软件，可以对划

331

痕/麻点表面质量进行客观、可重复和可记录的评估。

（7）电子显微镜（如MaxMAX的XNiteQX75紫外/可见/红外）：不透明的光学材料需要特定的设备来观察如气泡和杂质等瑕疵。一个图像实例如图18.37所示。

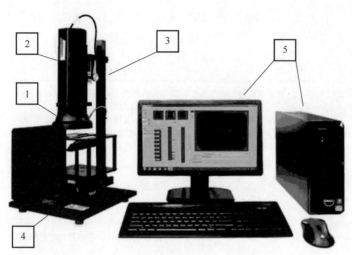

1. 定制的LED照明组件
2. 带有数字高分辨率相机和遮光板的测量头
3. 手动Z向载物台
4. 带有编码的手动XY向平移台，有固定部件的轨道，行程为100mm
5. 一台独立的带有分析软件的计算机

图 18.35　SIF-4 的典型设置
（转载于 Savvy 光学公司网站）

图 18.36　电子显微镜
（转载于 MaxMAX）

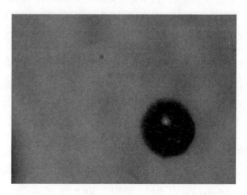

图 18.37　使用 830nm 谱段的滤光片和 200 倍放大倍数
检查一块肖特滤光玻璃中的气泡的图片
（转载于 MaxMAX）

18.8.6　污渍

生产商（分包商）检验员、客户（承包商）检验员或者主要客户可在部件的以下区域中识别出污渍：

（1）镀膜前的元件表面，此阶段的污渍是由于清洁和处理不当造成的；

（2）指纹残留未被完全清除；

（3）清洁剂中存在的污染物留在干燥和未完全去除的表面上；

（4）膜层上，同样，清洁和处理不当是造成污渍的主要原因；

（5）膜层下；

（6）膜层里面，膜层里面的污渍是由于镀膜机中的镀膜过程造成的。

在某些情况下，污渍可以通过标准流程（见第 22 章）清理干净。如果污渍无法被清除，那么应视为瑕疵，而且其严重程度应由授权人作出判断。

18.8.7　胶合瑕疵

胶合瑕疵是指目测到的用于将光学元件黏合在一起（如双胶合透镜、三胶合透镜、分束器等）的胶合剂中的瑕疵。这些瑕疵包括气泡、空隙、未溶解颗粒、干点、水泡或者胶合件的透光区内的污垢。这些瑕疵按照制图规范和相关规范中的规定可视为麻点和气泡。

造成这些可见瑕疵的原因可能是胶合表面未清洁干净、所处环境区域不洁净（空气中有颗粒物），或是不正确的黏结和固化流程。这些可见瑕疵还有可能是由于黏结剂已过期或者黏结剂未存储在要求的合适温度中。

在胶合面的边缘观察到胶合物的分离现象（图 18.38），可能是由于表面黏结剂量不足或者有溶剂（均匀湿度）造成的损坏。此分离一旦开始出现，就意味着会加剧。在判断瑕疵的严重程度时，对这一点应该充分考虑。

> 3.6 胶合瑕疵。胶合透镜透光区内的胶合气泡、空隙、不可分解杂质、干污点、气孔、灰尘不应超过3.5.3.1节、3.5.4.1节规定的麻点、气泡的限制要求。
>
> 3.6.2 边的分离。光学元件的边的分离和胶合瑕疵不应超过棱镜或透镜胶合面的倒边，距离上为大于光学元件胶合面倒边与透光区半径之间距离的½。边的分离与胶合瑕疵的最大尺寸不应超过元件胶合面的1mm。边的分离与胶合瑕疵尺寸总和测得高于棱镜、透镜表面倒边的0.5mm时，应不超过圆周的10%。

图 18.38　MIL-PRF-13830B 和 MIL-O-13830A 中提到的胶合瑕疵和边缘分离

可能发生但不能通过目视观察到，只能通过其他方法发现的两种瑕疵是变形和偏心。胶合过程中的变形会使薄的元件扭曲，从而影响通过该元件的波前。偏心是指两个胶合表面的偏移，会导致光束通过该胶合面时偏离。

胶合剂与黏合剂在功能上没有区别，它们都是用来把两个表面黏结固定到一起。更多细节可参见第 7 章。

18.8.8 美国装备部制图标准 C7641866：光学元件的表面质量标准

该制图标准是 MIL-PRF-13830B 和 MIL-O-13830A 的重要组成部分，是测量光学表面上的划痕和麻点的比较标准。该制图标准引起了专业人员对如何测量光学元件划痕的混淆和争议。但对于测量麻点是没有问题的。

该制图标准的最初发布日期是 1945 年 1 月 24 日，如图 18.39 的第 2 节所述。该节内容是发布于 1974 年 3 月 8 日的修订版本 H 的制图标准的一部分，如图 18.39 的第①节所述。第③节明确规定：划痕号表示划痕宽度（单位为 μm）。例如，80 号划痕表示 80μm 宽的划痕，60 号划痕表示 60μm 宽的划痕，以此类推。此外，该制图标准的第④节表示应使用标准的测量仪器来测量划痕的宽度。这对于选择和使用显微镜、高倍放大镜或者标准比较器等测量设备当然是很有意义的。

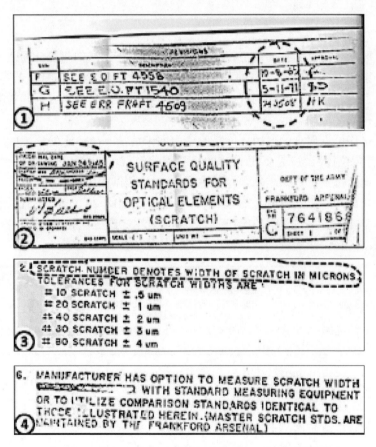

图 18.39 修订版本 H 的制图标准 7641866 中的四节内容

在发布修订版本 H 的两年后，又发布了新的修订版本 J，其将划痕号定义为 1/10 的划痕宽度。也就是说，80 号划痕表示 8μm 宽的划痕。这个变动引起了混乱。皮卡蒂尼兵工厂（一个美国的军事研究和制造工厂）仍然沿用的是旧版本中的定义，也就是说，该制图标准还是一个可见的标准，但不是宽度的标准。

最新的修订版本 R 发布于 1997 年 6 月 13 日，引用了注释 2 中的划痕标准定义，即"划痕应具有基本的矩形截面，宽度不大于 10μm。划痕号等于在光度图像比较器（如 SIRA 公司的显微镜图像比较仪）上测量得到的偏振角度"。该注释还列出了标准的划痕号 10、20、40、60 和 80（图 18.40）。因此，应达成以下共识：该论述用 μm 为单位定义了划痕号，但是用于测量的标准应该与上面提到的图像比较器的测量结果一致。

记录：

1. 表示划痕大小的标记

2. 划痕标准定义如下：划痕的横截面应基本呈矩形，宽度不大于10mm。当在光度图像比较仪（如Sira的显微镜图像比较仪，简称MIC）上测量时，划痕数等于偏振角。

标准划痕数	偏振角
10号	10°~12°
20号	17°~19°
40号	24°~26°
60号	31°~33°
80号	38°~40°

该仪器应根据制造说明进行校准，并保证国家标准的可追溯性。划痕的边缘在整个长度上的变化不得超过1度。

3. 在RI上涂上防反射涂层。

4. 无可能影响标准查看的缺陷。

5. 序列号的意义：P（生产年份的最后两位数字）——001-（生产单位的数量）

6. 建议源头：布莱森光学公司，佛罗里达州安全港主大街946号

电话：(813) 726-0555

传真：(813) 726-2362

图 18.40　修订版本 R 的制图标准 7641866 中的记录

由于制图标准 7641866 不够清楚和简洁，在目标用户中引起任何混淆都是有可能的。由于绝大多数瑕疵都是良性的，不会影响系统功能，因此划痕和麻点之间没有明显的区分。按照 MIL 给出的划痕宽度的定义来定义麻点，将更加便于理解，消除相关要求的混淆性，并可促进测量仪器的多样化（不仅仅局限于 Sira 公司的显微镜图像比较仪）。在很多情况下，生产商或客户（通过设计师）使用数字和宽度（以微米或者 0.1μm）来定义划痕宽度要求（以 μm 或者 0.1μm）。这是有意义的，可以避免所有可能的误会和分歧。如果划痕不具有均匀的宽度，可参见 18.10.7 节的处理方法。

现有的比较仪的标准采用的都是美国军方所有的 Sira 公司的显微镜图像比较仪使用的测量标准。图 18.41 是一个表面质量标准样板。划痕可以与先前认证的划痕集进行比较而进行认证，每一套都包含一份合格证书。这套标准比较器是基

于光学表面瑕疵标准 ANSI/OEOSC OP1.002（图 18.42）制作的。该标准是使用字母表示划痕 – 麻点名称，划痕宽度和麻点直径的单位都是微米。

图 18.41　NIST 认证的划痕和麻点标准器

（转载于 Edmund 光学公司）

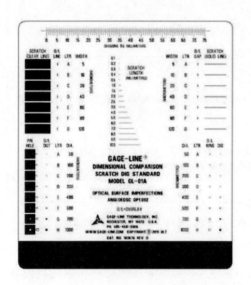

图 18.42　光学表面瑕疵标准板和三位置夹具

（转载自 Gage-Line Technology，Inc.）

18.8.9　常识和考虑

制图标准和规范中的最大允许原材料、表面和镀膜瑕疵的定义由设计人员根据经验和知识定义。虽然可见瑕疵会影响组件，但是应该像其他参数一样定义。对于所有相关人员来说，完善对瑕疵的要求是非常重要的问题。

（1）设计人员担心异常瑕疵可能会影响整个组件或部件的功能。

（2）生产商希望执行其流程并验证是否符合要求。

（3）顾客想要符合要求的产品。

（4）检验员负责判断是否合格。

现有的标准提供了如何使用标准比较仪器来评估现有瑕疵是否符合标准和要求的指导。然而，通过比较进行评估时，不同的检验员得出的结果可能存在较大的偏差（见 ASC OP1 ASC OP/TF 2，"Performance-Based Optical Imperfections Task Force Draft Standard Meeting," August 26，2007）。为了尽量减小差异，应将这些偏差带入到检验员和设计人员的检验结论中。

当出现某些偏差时，应考虑偏差的尺寸（大或小）、偏差在元件表面上的位置（中心或边缘）、元件的所处位置（内部或外部）、元件使用的波长（可见或红外谱段），有时甚至包括合同要求。

军用规范和 ISO 标准的缺点在决策中使用了常识。它们没有说明麻点（军用规范）或局部瑕疵（（ISO 10110-7）什么情况下可视为划痕，也没有说明如果划痕沿着长度方向的宽度不相等或不连续时应该怎么处理。ISO 10110-7 提到了长划痕，但是未涉及短划痕。

本书建议（在相关组织程序中）声明：长度小于宽度 10 倍的表面瑕疵应视为麻点，而长度大于宽度 10 倍的表面瑕疵应视为划痕。例如，一个长 0.9mm、宽 0.1mm 的瑕疵应视为麻点，而一个长 0.11mm、宽 0.08mm 的瑕疵应视为划痕。

应记住，在绝大多数情况下，麻点的直径比划痕的宽度要大！

应考虑的另一个因素是样本（试验）盘或镀膜项目中经过环境试验后的瑕疵（见第 14 章）。按组织流程中处理表面瑕疵，并应采取正确的措施来消除未来可能的不合格。以下场景是一些在决策过程中常识问题的真实例子。

（1）划痕的不同宽度（图 18.43）。如果考量沿着长度方向的划痕的最宽区域，那么该划痕符合规范要求，应该予以接收。但是，如果该划痕最宽的区域比划痕允许的最大宽度要大，那么该区域应视为麻点，而其他区域仍视作划痕。

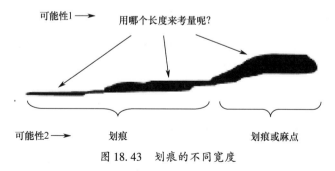

图 18.43　划痕的不同宽度

（2）断裂的划痕（图 18.44）。由检验员决定是长划痕还是短划痕。使得值最小的选择是最好的选择。

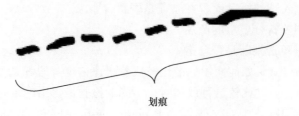

图 18.44 断裂的划痕

（3）边缘有麻点的划痕（图 18.45）。划痕是划痕，麻点是麻点，所以要分别处理和评估它们。

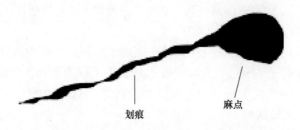

图 18.45 末端有麻点的划痕

（4）麻点和划痕的组合（图 18.46）。这种情况与图 18.45 所示的情况类似，应该分别处理和评估。但是如果麻点的直径比最大允许宽度要小，那么整个瑕疵都可视作麻点。

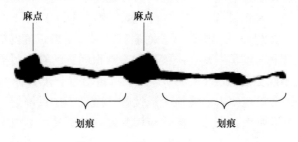

图 18.46 划痕和麻点的混合体

（5）麻点结构的特殊情况（图 18.47）。根据军用规范，麻点以其直径定义或者以其最大长度和最大宽度的平均值定义。在图 18.47 所示的实例中：

① 麻点 1 $(x + y)/2$

② 麻点 2 $(x + y)/2$

麻点 2 的面积几乎是麻点 1 的 2 倍。举例说明，对划痕 – 麻点号的要求是 $80 - 50$（或 F – F），$x = 0.7\text{mm}$，$y = 0.5\text{mm}$，则实际直径为 $(0.7 + 0.5)/2 = 0.6\text{mm}$，这意味着这两个麻点有偏差（50 号麻点表示麻点直径为 0.5mm）。

如果两个麻点都转化成一样的表面，则

$$0.7 \times 0.5 = 0.35 \text{ mm}^2$$

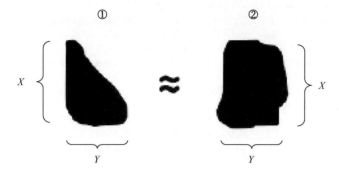

图 18.47　麻点结构的特殊示例

圆形表面的面积公式为

$$A = \pi r^2$$

则表面直径为

$$D = 2r = \sqrt{(A/\pi)}$$

所以，麻点 2 的等效直径应为

$$2 \times \sqrt{(0.35/3.14)} = 0.67\text{mm}$$

麻点 1 的面积（$0.35/2 = 0.175\text{mm}^2$）只有麻点 2 面积的一半，所以麻点 1 的等效直径为

$$D = 2 \times \sqrt{(0.175/3.14)} = 0.47\text{mm}$$

　　根据 MIL 的要求，0.6mm 表示应拒收该元件，因为它不满足 0.5mm 的要求。然而，进一步考虑，使用常识会建议接受这种偏差（仅根据规定的组织程序）并接收该元件。对于目前示例这种情况，ISO 10110-7 提到了使用局部表面瑕疵面积的平方根作为测量结果，结果会更加精确和方便。

参 考 文 献

D. Avenkens, "Software Assisted Scratch Visibility Measurements, The SavvyInspector™," Savvy Optics Corp., http://www.savvyoptics.com/files/The_SavvyInspectorTM.pdf.

Savvy Optics Corp., SavvyInspector™ SIF-4 Technical Specification, http://www.savvyoptics.com/SavvyInspectorTM.html.

Lambda Photometrics Ltd., SavvyInspector™ SIF-4 Technical Specification, http://www.lambdaphoto.co.uk/pdfs/SIF-4_Technical_specifications.pdf.

D. Takaki and D. M. Aikens, "Objective Scratch and Dig Measurements," Savvy Optics Corp, http://www.savvyoptics.com/files/Objective_scratch_and_dig_measurements_-_Takaki_2012.pdf.

U.S. Department of Defence, MIL-PRF-13830B:1997, "Optical Components for Fire Control Instruments; General Specification Governing the Manufacture, Assemble and Inspection of" (1997).

U.S. Department of Defence, MIL-O-13830A:1963, "Optical Components for Fire Control Instruments; General Specification Governing the Manufacture, Assemble and Inspection of" (1963).

Summers Optical, "The Bonding of Optical Elements Techniques and Troubleshooting" and "Bond Failures - Causes and Remedies," https://www.optical-cement.com/cements/manual/manual.html.

A. Clements, "Selection of Optical Adhesives," FiberRep, http://www.fiberopticcleaners.net/articles/category/Epoxy,_Adhesives,_Curing/Selection_of_Optical_Adhesives.htm (2006).

Nordland Products, "Preventing Lens Separations with Norland Optical Adhesives," http://www.norlandprod.com/techrpts/preventsep.html.

C. G. Drury and J. Watson, "Good Practices in Visual Inspection," Federal Aviation Administration Flight Standards Service (May 2002).

U.S. Federal Aviation Administration, "Visual Inspection for Aircraft," Advisory Circular AC No 43-204, http://www.faa.gov/documentLibrary/media/Advisory_Circular/43-204.pdf (1997).

D. C. Goux, "Performance impact of cosmetic defects on mass-produced photographic optics," *Proc. SPIE* **0181**, 104 (1979) [doi: 10.1117/12.957353].

U.S. Department of Defence, MIL-STD-150A, "Photographic Lenses" (1959).

U.S. Department of Defence, MIL-F-48616 "Filter (Coatings), Infrared Interference: General Specification For," paragraph 3.4.1.4 (1977).

U.S. Department of Defence, MIL-C-675C, "Coating of Glass Optical Elements (Anti-Reflection)," paragraph 3.4.2 (1980).

T. Herbeck, "Understanding Optical Inspection," *Quality Magazine*, http://www.qualitymag.com/articles/86659-understanding-optical-inspection (July 2009).

International Standards Organization, ISO 9211-1:2010(E), "Optics and photonics — Optical coatings, Part 1: Definitions" (2010).

U.S. Department of Defence, MIL-PRF-13830B:1997 (replaced MIL-O-13830A:1963), "Optical Components for Fire Control Instruments; General Specification Governing the Manufacture, Assemble and Inspection of" (1997).

U.S. Department of Defence, MIL-C-48497, "Coating, Single or Multilayer, Interference: Durability Requirements for" (1980).

U.S. Department of Defence, MIL-F-48616, "Filter (coatings), Infrared Interference: General Specification for" (1977).

International Standards Organization, ISO 10110-3, "Material imperfection – Bubbles and Inclusions" (1996).

International Standards Organization, ISO 10110-7, "Surface Imperfection Tolerances" (2008).

International Standards Organization, ISO 14997, "Optics and photonics Test methods for surface imperfections of optical elements" (2011).

American National Standards Institute, ANSI/OEOSC OP1.002-2009, "Optics and Electro-Optical Instruments - Optical Elements and Assemblies - Appearance Imperfections" (2009).

ASCOP Task Force 2, "Design Guide for the Revision of OP1.002-2009," Version 01-01, Optics and Electro-Optics Standards Council, http://www.optstd.org/OP1%20Meeting%20Documents/2011/TF%202/Meeting%208-11-11/OP1.002--2009+;%20design%20guide%20over01-01.pdf (Aug. 2011).

D. Y. Wang, R. E. English, and D. M. Aikens, "Implementation of ISO 10110 optics drawing standards for the National Ignition Facility," *Proc. SPIE* **3782**, 502–509 (1999) [doi: 10.1117/12.369230].

D. Takaki and D. M. Aikens, "Objective Scratch and Dig Measurements," Savvy Optics Corp. (2012).

M. J. Broyles, "Scratch & Dig Analysis of Optical Elements," Presentation, College of Optical Sciences, University of Arizona, http://www.slideserve.

College of Optical Sciences, University of Arizona, http://www.slideserve. com/ostinmannual/scratch-dig-analysis-of-optical-elements (2006, revised 2010).

M. Young, "Scratch-and-dig standard revisited," *Appl. Opt.* **25**(12), 1922–1929 (1986).

D. Aikens and A. Siletz, "Software Assisted Scratch Visibility Measurements," Savvy Optics Corp., http://www.savvyoptics.com/files/Software_assisted_scratch_inspection.pdf (May 2009).

D. M. Aikens, "The Truth About Scratch and Dig," Optical Fabrication and Testing 2010, Jackson Hole, WY (June 13–17, 2010).

Schott, TIE-28, "Bubbles and Inclusions in Optical Glass," http://www. schott.com/advanced_optics/english/download/schott_tie-28-bubbles_and_inclusions_optical_glass_eng.pdf (2014).

第 19 章　光学件处理

19.1　概　　述

处理光学件时，需要考虑以下两个方面的问题。

（1）保证光学件在生产、检验、组装、包装、储存等过程中清洁且无任何损伤，直至完成交付（装运）至客户（内部或外部）；污染或受损将使产品功能受限或丧失，造成交付延误，损害公司声誉并加大成本。

（2）当光学件的处理过程中存在有害物质时，要保证员工的健康及安全，如原材料、镀膜材料、清洗溶剂等。

本章并不涉及生产后和镀膜前的清洗过程，这部分过程十分重要，包括一些特殊的清洗过程，但这不是质量检验员或装配工所关心的内容。

19.2　清洁和处理

19.2.1　清洗溶剂（解决方案）

光学镀膜和非镀膜表面在清洁时均需采用"湿接触法"，用以清洁光学表面的基本溶剂（超纯无水类），主要有以下几种：

（1）丙酮 [也称 2 - 丙酮，二甲基酮，二甲酮（C_3H_6O）]；

（2）异丙醇（IPA）[也称 1 - 丙醇，异丙醇（C_3H_8O）]；

（3）乙醇（也称酒精、谷物醇（C_2H_6O））；

（4）乙酸乙酯 [也称乙醇酸乙酯（$C_4H_8O_2$）]；

（5）乙酸丁酯 [也叫醋酸正丁酯（$C_6H_{12}O_2$）]；

（6）甲基乙基酮（MEK）[也称丁酮，2 - 丁酮，甲乙酮，甲基丙酮（C_4H_8O）]；

（7）二氯甲烷（MEC）[也称亚甲基氯，亚甲基二氯，甲叉二氯（CH_2Cl_2）]；

（8）甲苯 [也称为苯基甲烷，poluol，茴香（C_7H_8）]；

（9）甲醇 [也称木酒精、甲基水合物、木醇、木挥发油、木精（CH_4O）]。

最常用的溶剂是丙酮、异丙醇和乙醇。美军标关于镀膜耐久性明确定义了"溶解性和清洁性"相关内容，要求光学镀膜浸入三氯乙烯、乙醇和丙酮中时，采用粗棉布擦拭没有明显的镀膜去除和划痕，见图 19.1，引自《镀膜，单层或多层，干涉：耐久性要求》（MIL-C-48497A）（1980）。

图 19.2 中引自《用于武器火控系统仪器的光学件；通用规范，管理生产，装配检验》（MIL-PRF-13830B）（1997），明确采用丙酮、异丙醇、乙醇或其混合物。

注意，最近的出版物并未提到三氯乙烯，这是因为三氯乙烯已被列为致癌物，不再适用于光学件的清洁。根据相关论文可知其他可推荐清洁方案包括：

（1）60% 丙酮，40% 甲醇；

（2）50% 异丙醇和 50% 蒸馏水，加入若干滴洗洁精；

（3）蒸馏及去离子水。

按加工人员常规方法，指纹和大的灰尘颗粒可以通过适度清洁解决，将其浸入蒸馏水和光学肥皂中。镜片浸入时间不应超过污染物去除的必要时间，然后采用洁净的蒸馏水冲洗干净。

乙醇有时是首选溶剂，这是由于它挥发速度快于异丙醇（IPA）、慢于丙酮，且易于溶解指纹油污。但有些污渍仅可通过丙酮去除，一些专家使用丙酮和乙醇或异丙醇的混合物来实现更广泛的污渍去除。

3.4.2.2 溶解性和清洁性。在三氯乙烯、丙酮和乙醇中浸泡后，用粗棉布擦拭，镀膜的光学表面应无膜层脱落或划痕，且满足 3.3.1 和 3.3.3 的要求。

图 19.1　美军标 MIL-C-48497A（1980）中关于溶解性和清洁性要求

C.4.5 检查方法

C.4.5.1 清洁。对镀膜样品进行检查或测试前后，镀膜样品都应彻底、认真地清洁，以除去灰尘、指纹、污渍等。清洁液应该是丙酮、乙醇或混合液。清洁后，镀膜样品应使用镜头纸或柔软的清洁布认真擦干。清洁时的环境温度不应超过 80°F（26.7℃）。

图 19.2　美军标 MIL-PRF-13830B（1997）关于清洁性要求

警告：某些溶剂禁止在某些塑料材料上或不作保护的铝镜（铝也是镜子的基材）上使用。使用前应检查清洗说明，若不确定则向相关人员咨询。

19.2.2　辅料及配件

（1）木制存储盒，并采用海绵附在盒子内壁保护光学物品边缘。

（2）塑料存储盒，专用于盒内壁和镀膜表面之间没有接触时。

（3）聚酯材料防护袋，用于为光学件提供柔软保护。

（4）镊子（聚四氟乙烯或不锈钢材质，可带或不带碳纤维头），用于夹持比较小的组件。

（5）指套（无粉乳胶），用于保护光学表面不被手指、手部的油或污渍污染。

（6）手套（无粉乳胶或无绒棉），用于保护光学表面不被手指、手部的油或污渍污染。

（7）吸耳球（具有或不具有内置镜头刷），用于吹走或刷去小尘埃颗粒。

（8）罐装干风除尘器，相比于球形吹灰器可更强力吹走小尘埃颗粒。

（9）溶剂滴瓶，用于将溶剂清洗剂置于镜头纸，完成拖拉式清洗方法。

（10）溶剂分液瓶，用于存储和分配清洁剂来清洁光学表面。

（11）棉签（无绒），用于清洁小面积光学表面（且经洁净的清洁剂浸泡）。

（12）镜头清洁纸或清洁布，用于清洁光学表面（且经洁净的清洁剂浸泡）。

（13）不锈钢止血钳，用于夹持折叠的清洁布清洁光学表面（清洁布须经洁净的清洁剂浸泡）。

（14）放大镜，用于更好地进行光学表面清洗后洁净度的视觉检查。

（15）荧光，配备黑色背景的冷白色光源，用于更清晰地进行光学表面清洗后洁净度的视觉检查（详见第18章）。

19.2.3 清洗和处理流程

光学件的清洁与处理十分重要，且直接决定光学件后续装配和测试中的性能。这里将提供清晰的流程，但知识和经验同样至关重要。

在核实各项参数符合性之后，检验员的责任就是保持组件清洁，因此检验员必须清楚正确的清洗流程，具体如下：

（1）准备洁净表面，必要时需准备洁净及柔软的平台来放置组件；

（2）准备所有必需的材料、附件（清洁剂、镜头纸以及其他19.2.1所描述的必需品）；

（3）确保手部清洁，必要时进行清洗；

（4）佩戴指套或手套，避免手部与待清洁产品接触，尽管经过清洗，手部依然可能存在污渍和油渍。双手是否都需要进行防护，决定于技术人员的经验以及镜头的尺寸、外形。在某些情况下，镜头可以用洁净、裸露的手指或手掌面夹持。如果表面的通光口径到达表面边缘，不要冒险，务必将所有手指和手部做好防护。皮肤表面的酸性物质可能污染手指和光学表面之间的交叉地带，从而要额外清洁。

（5）夹持组件，目视检验是否存在污点、团状污渍、污垢以及其他外在颗粒。

① 如果存在外在颗粒，将其利用吸耳球或罐装干风除尘器产生洁净空气吹掉。

② 如果存在污点或污垢，则继续下一步。如果表面洁净就不要尝试清洗它们，以免浪费时间。

警告：压缩气体从干燥的气体罐释放出来时，会产生强有力的气体冲击力，将有可能破坏组件对热冲击的敏感性，如 CaF_2、BaF_2。务必明确罐装压缩空气除尘器在某些材料上的使用限制。

（6）"擦拭法"。将一片镜头纸或清洁布浸入洁净的清洗溶剂中，然后轻柔地擦拭组件表面，主要根据经验不要使用过大压力。匀速完成连续动作，清洁方向类似于弹簧运动（或S运动），从一侧的点开始逐渐将湿润的镜头纸逐渐拉向另一侧的点，或者从表面的中心点开始以螺旋的形式向外擦拭。

（7）有些规范建议采用图19.3所示的方向清洁光学表面，而有些建议采用图19.4所示的方向进行清洁。实际操作中大家更倾向于自己的经验，各种方向都是可接受的且能实现好的清洁效果。

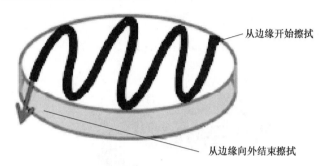

从边缘开始擦拭

从边缘向外结束擦拭

图19.3　弹簧（S、之字形）运动清洁方向

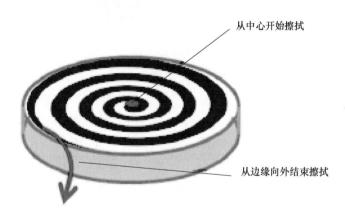

从中心开始擦拭

从边缘向外结束擦拭

图19.4　螺旋运动清洁方向

（8）"拖放法"。该方法非常适合未安装的平面组件的轻度清洁。将组件置于洁净柔软表面，必要时吹去灰尘；然后将一片洁净清洁布覆在待清洁表面，用滴瓶滴几滴清洗溶剂，等几秒直到清洗溶剂逐渐扩散并覆盖光学表面，此时把清洁布从光学表面缓慢拖离。另一种方法是夹持清洁布在光学表面上方，滴几滴清洗溶剂，然后将浸润的清洁布覆盖在光学表面，等待几秒后将其缓慢拖离。如果物品足够大，可以用一只手拿着，然后用另一只手拉走清洁布，如图19.5所示。有一种特殊的光学清洁夹具可以用来夹持光学件以采用拖放技术清洁，如图19.6所示，产自THORLABS。

图 19.5　将清洁布缓慢从表面拉走来清洁用手夹持的光学件
（图片由 THORLABS 提供）

图 19.6　特殊的光学清洁夹具以夹持光学件
（图片由 THORLABS 提供）

（9）"笔刷法"。该方法非常适合于小组件。将镜头清洁布折叠成与表面宽度一致以便清洁。由于清洁布边缘可能存在绒线，注意将折叠后的边缘远离与表面接触的折叠部分。用止血钳夹住折叠清洁布，注意与折叠部分边线平行并靠近边缘，如图 19.7 所示。用清洗溶剂浸泡这把"刷子"后，在待清洁表面施加轻微的压力，慢慢地把表面从一边擦到另一边。在擦拭之前，抖掉多余的清洗溶剂。

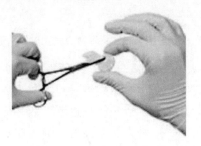

图 19.7　用"笔刷法"清洁表面
（图片由 THORLABS 提供）

（10）"棉签法"用清洗溶剂浸泡后的棉签（无绒，包裹木棍一端）广泛应用在光学表面清洁中，但仅限特殊情况，如图 19.8 所示，在溶剂分液瓶中实现棉签浸泡。该方法使用与局部或小尺寸表面清洗。当采用棉签对局部表面清洗后，可以采用其他方法完成表面的清洁。在清洁小尺寸表面时，应当从中间向边缘移动。

当各项清洁流程完成后，都要进行目视检验。必要时采用放大镜确认表面是否洁净。

木棒

棉签

溶剂分液瓶

图 19.8　棉签法相关配件

19.2.4　清洁和处理安装好的光学件

光学件包括机械组件，有时也包括电子组件。在后一种情况下，需考虑静电放电（ESD）以保护电子设备。目视检验组件的完整性，注意不要造成机械破坏。在清洁的过程中要注意镜头和外壳是如何相连的，是采用紧固螺母还是采用室温（RTV）硅橡胶（一种双组分硅橡胶）。

（1）如果采用紧固螺母连接，应特别注意清洗镜片时不要让清洗溶剂浸入螺母螺纹，使用尽可能少的清洗溶剂。

（2）如果采用 RTV 硅橡胶连接，不要使用可能溶解 RTV 的清洗溶剂，使用异丙醇或乙醇，而非丙酮。

新的和用过的组件均可采用这种处理方法。

19.2.5　裸露在外面的光学件维护期间的清洁和处理流程

光学件在使用过程中需要进行维护，清洗流程与新组件一致，但对于外部组件（镜头、窗口、穹顶）需特殊强调 3 点。

（1）由于直接暴露在环境中以及不当的操作，镀膜可能被破坏或者削弱，清洁时可能脱落。

（2）在这种情况下，不同种类的污垢和污渍可能附着在表面上，而且传统的清洁方法几乎起不到作用。这时则需要耐心并采用不同的清洁方案重复进行清洗。

（3）损伤，如划痕、麻点、裂缝需根据已制订的方案区别对待（测量、报告、决策、制订和实现）。

19.3　光学件清洗或处理方法指导

1. 如有可能应确保进行的操作

（1）如果你不了解如何清洁表面，处理之前进行询问。

（2）在处理之前明确光学材料以及清洗溶剂健康和安全方面的信息。

（3）始终夹持光学件边缘或非光学表面位置。

（4）使用空气除尘始终是清洁光学件的第一步。

（5）使用罐装干燥气体除尘时，确保气体来自于气体罐且没有液滴。

（6）当完成各项清洁流程，都要进行一次目视检验（必要时使用放大镜），观察表面是否洁净。

（7）将光学件放置于受限区域，防止未经训练和未授权人员处理。

（8）如果清洗过程需要重复，必须使用新的镜头纸或清洁布（始终经过清洗溶剂浸泡）。

（9）所有负责清洗光学件的人员应阅读相关材料安全数据表（MSDS）；MSDS应当由主管或网站提供，且免费发放。

2. 应注意的警告

（1）清洁光学玻璃时，必须首先轻轻吹扫或刷掉小灰尘颗粒。

（2）不要采用任何材质的干燥清洁布清洁光学表面，有可能造成划痕，即使硬镀膜也不可以。

（3）不要摩擦光学表面（镀膜或未镀膜）。

（4）不要把光学件放在坚硬和粗糙的表面上。

（5）不要用裸露的手部触摸光学表面。

（6）不要重复使用清洁纸或清洁布。

（7）不要在裸露的金属镀膜（铝、金）或者未镀膜（铝有时经金刚石车削后可用作平面镜）上使用任何类型的清洁布，以免造成划痕。使用适用于清洁裸露材料的棉签和溶剂去除局部斑点。

（8）不要采用可能破坏表面的清洗方案清洁塑料组件。检查适合于清洗塑料组件的清洁解决方案。

（9）不要在对热冲击敏感的组件（如 CaF_2）上使用罐装的干燥空气除尘器。

注意使用罐装干燥气体在某些材料使用的局限性。

相比于光学件，镜头清洁布和其他配件以及清洁材料是比较便宜的。在明亮的可见光下，检查光学件是否存在灰尘、污渍。灰尘和污渍可以通过不同角度下的散射来区分。

19.4 包装、存储和运输

产品的包装、储存和运输（交付）到目的地是客户和生产商共同关心的，生产商更关心产品的运输。

客户，如果他是项目的设计者或者图纸和要求的作者，则有可能这样写："每件物品都应采用'光学件软包装纸'独立包装"。包装好的物品应该采用质地较硬的包装，以便进行海外运输时防止转运和运输过程中可能产生的任何损坏。允许在硬质包装内放置多个组件产品（符合光学件转运的同一类型），允许在特定情况下定制特殊的包装，这一点应在图纸或包装规范中明确且作为采购订单的一部分。

产品供应商和生产商在定制产品或货架产品存在客户包装要求缺失时，都有包装和运输产品的责任，以确保产品安全顺利地提供给客户。

19.4.1 包装

有下面多种不同的包装形式适用于光学件包装。

（1）大多数光学镜头清洁布可用于包装光学镜片，进而存储在专门设计的塑料光学存储盒内，如图 19.9 所示。镜片纸应符合美国政府规定的镜头清洁布规范 A-A-50177B，如图 19.10 所示。

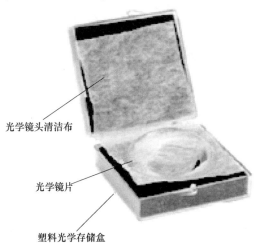

光学镜头清洁布

光学镜片

塑料光学存储盒

图 19.9　在塑料盒中采用镜头纸覆盖镜头
（图片由 THORLABS 提供）

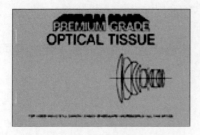

图 19.10　镜头清洁布的保护层应符合美国政府规定的镜头清洁布规范 A-A-50177

(2) 透镜垫的包装。

(3) 包装层（尼龙和尼龙覆盖的纸张）。

(4) 聚苯乙烯板。

(5) 硬纸箱。

(6) 泡沫尼龙卷非常适用于覆盖大的产品邮寄填充纸箱、塑料箱或木箱的空隙，进而避免包装好的产品发生移动。泡沫尼龙在这种应用目的下可以取代聚苯乙烯板。

19.4.2　存储

一般情况下，任何一种包装好的光学件都应该保存在低湿度、低污染和温度可控的环境中，以防止可能损坏光学仪器及其膜层的问题发生。有时硅胶应该加入到包装中以保持尽可能低的相对湿度（硅胶可以吸收湿气，保持干燥）。硅胶是有毒的（见《材料安全数据表》），带有不同的颜色和包装，如图 19.11 所示，当吸湿后颜色会发生变化（如橙色到绿色、橙色到无色等）。

图 19.11　不同包装的硅胶

19.4.3　运输

将存储的物品运送或交付到目的地（外部或内部客户）不是生产链的最后一步，但它是链接供应商和产品组装站点的最后一环。正确处理包装、储存和运输步骤，可以确保产品能够在保证与包装阶段相同状态下到达下一目的地，即对产品、膜层、黏合（如果有的话）等没有任何破坏。

19.5 健康和安全方面

如前所示，在光学件处理过程中维护员工的健康和安全是一个主要问题，这是因为在此过程中存在一些危险材料（原材料、膜层材料及清洗溶剂）。在使用这些材料时是有危险的，雇主有义务告知员工这些材料，且员工有责任了解这些风险。按照材料生产商推荐的方式进行正确使用这些材料是没有危险的。

任何具有健康和安全风险的材料都应依法具有《材料安全数据表》，该表包含16段与材料相关的信息。比如：清洁材料，如丙酮、酒精；光学原料，如氟化钙（CaF_2）、硅（Si）、锗（Ge）和硫化锌（ZnS）。

在一些涉及商业机密的情况下（如关于镀膜工序中使用的相关材料的机密流程），生产商应该提供生产流程中有害物质的声明。另一个重要问题在光学材料和膜层中可能会存在放射性元素钍（ThF_4，主要用于红外区域）。

《联邦法规法典》第40部分第10条规定了原料中放射性物质的允许含量最高限额。放射性物质的最大允许含量不应超过总重量的0.05%。这一要求也在美军标 MIL-G-174B 第3.1.3段"玻璃，光学"指出，见图19.12。

> 3.1.3 放射性物质。此处制定，光学玻璃应不包含钍或《联邦法规法典》第40部分第10条规定的其他原材料，放射性物质的最大允许含量不应超过总重量的0.05%。

图 19.12　美军标 MIL-G-174B "玻璃，光学"段落中关于放射性物质的最大允许含量的定义

19.6 环境以及其他健康和安全方面

随着关于光学件（及其他）对环境和安全方面的考虑和认识日益增长，在欧洲联盟法规的带领下，REACH（注册、评估、授权和限制化学品）和 RoHS（限制有害物质，即"限制在电子、电路中使用若干有害物质的指示"）已经明确了光学材料中的有害物质。该规例根据《RoHS 指令 2002/95/EC》公布，并于2003年2月由欧盟采纳。2011年7月，欧盟委员会（European Commission）在官方杂志上发布了 RoHS 指令修订版。

以下列举已经在产品中去除有害成分的光学材料制造商。

1. 肖特

砷氧化物被从 BK7 光学玻璃中除去，现在被称为 N-BK7。根据肖特的说法，他们的光学材料不含任何汞（汞）、6价铬（CrVI）、镉（Cd）或阻燃剂 PBB 和 PBDE。

玻璃仍然有一些问题的材料，但均确保其特定的光学特性符合 RoHS 条例（RoHS II 附录二和附录三）。

2. 小原

小原玻璃上的代号 S 表明它们是生态（环境和保护组织）光学玻璃，因而在环境上是"安全"的。这些玻璃类型（如 S-BSL7 和 S-TIM3）不含任何铅或砷。

3. 豪雅

豪雅在他们的玻璃中完全消除了镉、钍和其他放射性物质。

欧盟法规采取的行动以及光学玻璃生产商对从原始玻璃中去除有害物质非常积极和重要的，但要记住，光学材料包含的其他材料——晶体、塑料和组件的硫族化合物材料以及几乎所有的光学件都采用膜层材料——也可能是有害的。

总之，为了保护人类健康：

① 如果可能，查找有关涂层材料及其风险的信息；

② 与光学件直接接触后要彻底洗手（镀膜或未镀膜）；

③ 识别材料后，参照相应的《材料安全数据表》。

为了保护环境，废弃光学件的处理应按照组织规定的程序，并遵守法律规定。

19.7　First Contact™清洁方法

First Contact™清洗液是一种单组分、易拉伸的带涂层聚合物，如图 19.13 所示。它可以清洁和保护精密光学仪器，望远镜，使用、储存、装配、运输过程中镜子和表面，以及在储存、组装过程中的望远镜、镜子和表面。First Contact™聚合物是特殊设计的，具有表面黏附力小、安全有效、无残留的特点，如图 19.14 所示。该解决方案可以使用手动或加压喷淋系统。

图 19.13　RSFCDA-红色高级天文工具套装及其配件

（图片由光子清洗技术有限公司提供）

图 19.14 从光学表面去除清洗聚合物的两个步骤
（图片由 Altechna 提供）

参 考 文 献

关于光学件清洗和处理的文章很多，大部分来自网站，其他的来自已出版的书籍。这些出版物中的信息是基于制造商的关于光学件、镀膜和光学检验的经验。当然，由于不同的赞助和经验可能会有些差异。但基本上方法非常相似，并且来自以下参考文献信息非常好，对于想了解更深的人们非常有帮助。

Laser Beam Products, "Cleaning of CO_2 laser optics – cleaning of lenses and mirrors," www.lbp.co.uk.

I. F. Stowers and H. G. Patton, "Cleaning Optical Surfaces," *Proc. SPIE* **0140**, 16 (1978) [doi: 10.1117/12.956265].

H. Gourley, "Demonstration – Cleaning Optics," in *Workshop on Optical Fabrication and Testing Digest*, Optical Society of America, Washington (1980).

"Cleaning and Handling of Optical Components," in *The Photonics Design and Applications Handbook*, T. C. Laurin, Ed., Laurin Publishing Co., Pittsfield, MA (1988).

J. D. Rancourt, "Substrate Cleaning," in *Optical Thin Films: User Handbook*, SPIE Press, Bellingham, WA (1996) [doi: 10.1117/3.242743].

"Optical Components," in the *Optical Industry and Systems Encyclopedia & Directory*, Laurin Publishing Co., Pittsfield, MA (1979).

D. F. Horne, "Cleaning glass surfaces before coating," in *Optical Production Technology*, 2nd ed., pp. 391–393, Adam Hilger Ltd., Bristol (1972).

Coherent, "Lens Cleaning Procedure," SVS-LMT-Procedure, http://www.coherent.com/downloads/LMT_Lens_Procedure.pdf.

Coherent, "Mounted Optics Cleaning – Cleaning guidelines for mounted optics," http://www.coherent.com/Service/index.cfm?fuseaction=Forms. page&PageID=40&ParentID=39.

Coherent, "Mounted Optics Cleaning – Cleaning guidelines for removed optics," http://www.coherent.com/Service/index.cfm?fuseaction=forms. page&pageID=38.

R. Rottenfusser, E. E. Wilson, and M. W. Davidson, "Microscope Cleaning and Maintenance," Zeiss, http://zeiss-campus.magnet.fsu.edu/articles/basics/care.html.

G. L. Herrit, and D. Scatena, "Cleaning and handling Laser Optics –

Practical maintenance tips to keep CO_2 lasers running smoothly," II-VI INFRARED, http://www.iiviinfrared.com/pdfs/II-VI_CleaningHandling TDS.pdf.

II-VI INFRARED, "Optics Handling & Cleaning," http://www.iiviinfrared. com/resources/optics_handling_cleaning.html.

II-VI INFRARED, "Infrared Optics - Handling and Cleaning Procedures," http://www.nutfieldtech.com/nutfield/wp-content/uploads/2011/05/ opticscleaning.pdf.

Astro-Physics, "Cleaning Instructions for Optical Surfaces," http://www.astro-physics.com/products/accessories/cleaningproducts/optcs-instructions.pdf.

Edmund Optics, "Cleaning Optics," http://www.opticsjournal.net/upload/ post/PT110525000235LhOk.pdf.

Newport, "Care and Cleaning of Optics," http://www.newport.com/ Technical-Note-Care-and-Cleaning-of-Optics/141176/1033/content.aspx.

THORLABS, "Optics Cleaning," http://www.thorlabs.com/tutorials.cfm? tabID=26066.

E. Kubacki, "The Dirt on Cleaning Optics," CVI Laser LLC, http://www. cvimellesgriot.com/products/Documents/TechnicalGuide/CVICleaning Optics.pdf.

P. Allard and K. Patel, "Cleaning Procedure for MELLES GRIOT Optics," CVI Laser LLC, http://www.cvimellesgriot.com/products/documents/ generalinfo/cleaning_methods.pdf (Oct. 1999).

M. Swanson, "Cleaning Optics – Part 1 – Glass Surfaces" and "Cleaning Optics – Part 2 – Mirrors," NexStar Resource Site, http://www.nexstarsite. com/OddsNEnds/CleaningOpticsGlass.htm and http://www.nexstarsite. com/_RAC/articles/cleaningmirrors.htm.

Company Seven, "How to Clean Optics on $500 or Less," http://www. company7.com/library/clean.html.

L. Abbey, "Cleaning Optics," Astro-Tom.com, http://www.astro-tom.com/ tips_and_advice/cleaning_optics.htm.

Tydex J. C. Co., "Handling and cleaning of optical components," http://www. tydexoptics.com/pdf/Handling&cleaning_of_optics.pdf.

Eksma Optics, "Optical Components Cleaning Instructions," http://www. eksmaoptics.com/repository/catalogue/pdfai/NLOC/Optical%20component %20cleaning%20instruction.pdf.

Eksma Optics, "Optical Components Cleaning Instructions," http://www. eksmaoptics.com/repository/catalogue/pdfai/Product%20Catalogues/ Cleaning_Instructions.pdf.

ISP Optics Corp., "Cleaning Procedures for Infrared Optics," http://www. ispoptics.com/cleaningproceduresforinfraredoptics.htm.

I. Cordero, "Cleaning Optical Surfaces," Community Eye Health 23(74), 57 (2010).

M. Blanken, "Cleaning and handling of optical parts," Isaac Newton Group of Telescopes, http://www.ing.iac.es/~eng/optics/documents/cleaning_ handling_optics.htm.

Sinar AG, "Cleaning of Optical Elements Made of Glass or Plastic," http:// www.image2output-support.com/downloads/sinar/Miscellaneous/How% 20To%20Clean%20Optical%20Components.pdf.

Jenoptic, "Optic Cleaning Procedure," http://www.jenoptik-inc.com/ literature/doc_view/25-1-lens-cleaning.html.

Ophir, "Cleaning and Handling Methods for CO_2 Optics," http://www. ophiropt.com/user_files/co2/co2_optics_cleaning_data_sheet.pdf.

Crystran Ltd., "Guide to Cleaning Optics," http://www.crystran.co.uk/ userfiles/files/cleaning-optics.pdf.

Ophir, "Cleaning and Handling Methods for CO_2 Optics," http://www. ophiropt.com/user_files/co2/co2_optics_cleaning_data_sheet.pdf.

Crystran Ltd., "Guide to Cleaning Optics," http://www.crystran.co.uk/ userfiles/files/cleaning-optics.pdf.

B. Hass, "Cleaning Optics," personal website, http://astronomynut.tripod. com/id46.html.

JDS Uniphase Corp., "Cleaning and Handling Infrared Filters," http://www. jdsu.com/en-us/Custom-Optics/sample-filter-catalog/cleaning-and-hand ling-infrared-filters/Pages/default.aspx.

CVI Laser, "Optics Handling and Inspection," http://www.cvimellesgriot. com/products/Documents/Catalog/CF-C_FSC_LAB.pdf.

LIGO Caltech, "Small Optics Cleaning Procedures," Rev. C, http://www.ligo. caltech.edu/docs/E/E990034-C.pdf.

Newport, "Cleaning and Other Lab Assemblies," http://www.newport.com/ Cleaning-Other-Lab-Essentials/994166/1033/content.aspx.

L. Nagy, "The Care and Cleaning of Optics," The Hamilton Centre of the Royal Astronomical Society of Canada, http://course1.winona.edu/fotto/ optics/pdf/Cleaning%20Optics.pdf.

H. K. Pulker, *Coatings on Glass*, pp. 52–63, Elsevier, New York (1984).

E. B. Brown, "Optical Instruments," pp. 403–409, Chemical Pub. Co., New York (1945).

Oklahoma State University Photonics Laboratory, "Cleaning Optics," http:// cheville.okstate.edu/photonicslab/resources/tutorial/Alignment/cleaning_ optics.htm.

"The ASO fine optics CLEANING SYSTEM: Part I - PRECISION COATED OPTICAL Lenses, Corrector Plates and other REFRACTIVE GLASS" by P. Clay Sherrod, Arkansas Sky Observatories. Web: http:// www.arksky.org/asoclean.htm.

P. C. Sherrod "The Cleaning of Optical Surfaces: Mirrors. Part Two: Front COATED OPTICAL Lenses, Corrector Plates and other REFRACTIVE GLASS" by P. Clay Sherrod, Arkansas Sky Observatories. Web: http:// www.arksky.org/asoclean.htm.

P. C. Sherrod "The Cleaning of Optical Surfaces: Mirrors. Part Two: Front surface mirrors, secondary mirrors and mirrored diagonals," Oceanside Photo & Telescope, https://www.optcorp.com/pdf/DocClay/Cleaning Mirrors.pdf.

K. Nordsieck and J. A. Schier, "RSS Optics Cleaning Procedures," Department of Astronomy, University of Wisconsin–Madison, http:// www.sal.wisc.edu/PFIS/docs/rss-vis/archive/protected/pfis/3120/3125AM0 005_Optics_Cleaning_Procedures_v1.0.pdf (2010).

U.S. Department of Defense, A-A-50177B, "Paper, lens," http://everyspec. com/COMML_ITEM_DESC/A-A-50000_A-A-50999/download.php? spec=A-A-50177B.013093.pdf (Mar. 2007).

U.S. Department of Defense, MIL-O-16898B, "Optical Elements; Packaging of," canceled in 1997 without replacement (1967).

Photonic Cleaning Technologies, "Frequently Asked Questions," http://www. photoniccleaning.com/FAQ-s/107.htm.

Altechna, "First Contact Optics Cleaner," http://www.altechna.com/product_ details.php?id=1213.

第20章 光学系统测试

20.1 引　言

　　除了前面几章描述的组件外，大部分光学系统由机电组件以及不同的软件组成，如图 20.1 所示。对于每一个系统都会在相关规范中定义特殊要求。这些要求直接与光学系统的最终性能相关，而且需要建立特殊的测试设备和软件开发，并由光机、电子、硬件和软件工程师完成设计。这些测试将在产品研制过程中以及最终状态下有专门的检验人员完成。本章将介绍最终光学系统可能会需要进行光学测试的参数基本内容。光学系统参数主要包括以下几个：

（1）分辨（能）力；

（2）调制传递函数（MTF）；

（3）视轴；

（4）噪声等效温度（NET）或噪声等效温差（NETD）；

（5）最小可分辨温差（MRTD）；

（6）最小可分辨对比度 t（MRC）；

（7）弥散斑。

图 20.1　简单的光学系统——双筒望远镜（包括金属或塑料固定的透镜或棱镜)

（图片由 Pixabay 提供）

20.2 光学系统主要参数

20.2.1 分辨力（R）

分辨力是指光学系统分辨出紧密相邻的两个点源的能力，即分辨物体在标称距离下所成像的细节。分辨力测试是一种进行成像光学系统分辨力极限的视觉测试。该项测试通过观察照亮的测试图形来完成，测试图由对比度为 100% 的黑白条纹组成，如图 20.2 所示。每一组均表示单位为 cy/mm 的不同空间频率。待测系统不能分辨的最大空间频率则是其分辨极限。

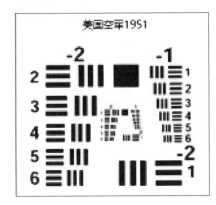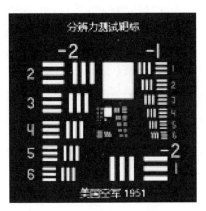

图 20.2 美国空军 1951 分辨力测试靶标（黑背景及白背景）

20.2.2 调制传递函数（MTF）

MTF 是准确评价光学系统成像性能的准则，它代表物像调制对比度的转换，可由空间频率的函数表示，如图 20.3 所示。换句话说，它描述系统分辨细节的能力，并由调制度随频率变化的表格给出，且用百分比表示。

低频   高频

图 20.3 低频和高频示意图

原则上，当平行光束入射光学系统时，物方可视目标将成像于焦点位置，并由传感器接收，如图 20.4 所示，然后将识别的信号输入计算机。MTF 结果将由特殊设计的软件生成图表，如图 20.5 所示。此外，计算机屏幕上的成像目标由观察员决定哪一组黑白条纹可以被识别出。

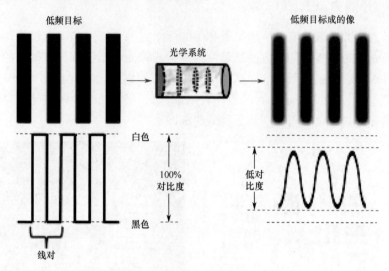

图 20.4　将信号输入计算机

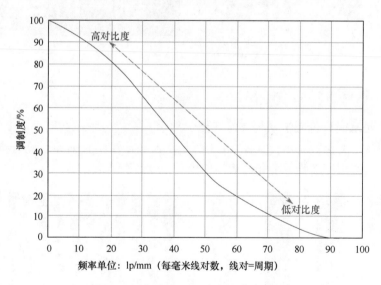

图 20.5　典型的 MTF 曲线（实线所示）

MTF 的正式定义为

$$\text{MTF}_v = \frac{\text{像方对比度（频率为 } v)}{\text{物方对比度（频率为 } v)} \tag{20.1}$$

对比度的定义为

358

$$对比度 = \frac{最大强度 - 最小强度}{最大强度 + 最小强度} \tag{20.2}$$

20.2.3 视轴

视轴（或视轴误差）是系统光轴和机械轴偏差（装调误差）的测量，通常采用角度表示，典型的要求一般是 3mrad（约 0.17°）。测量视轴之前，机械轴的参考平面必须与目标轴相一致，进而测量两轴之间的角度偏差，如图 20.6 所示。

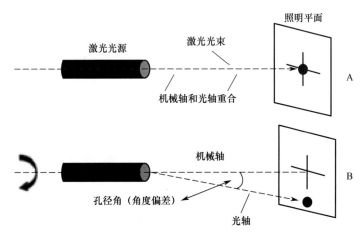

图 20.6 瞄准线原则

A—机械轴和光轴重合；B—机械轴和光轴有瞄准角度的偏差。

20.2.4 噪声等效温差（NETD）

噪声等效温差可表征热红外相机的灵敏度，定义为系统自身噪声所等效的输出信号所对应的红外辐射量（其定义是系统所产生的信号及噪声（均方根值）之比为 1 时，所需的大空间目标和背景的温差（或红外辐射量））。这个值代表系统的噪声等级，且应尽可能小，如图 20.7 所示。NETD 的计算原则如图 20.8 所示。

NETD 的计算方程为

$$NETD = \frac{T - T_B}{S/N} \quad (℃) \tag{20.3}$$

式中：T（或 T_t）为目标温度（℃）；T_B（或 T_b）为背景温度（℃）；S/N（或 V_s/V_n）为信噪比（无量纲）。

NETD 考虑了系统的电子噪声，代表一个给定的信号将会随目标温度发生变化。NETD 可以通过温度差进行计算得到，可以被认为是在某个特定温度下噪声与输出信号相当时，系统的最小输出信号。ASTM E 1543 – 94 描述了该测试方法。比如，一个 1℃ 的温度差与 100μV 的信号相当，且内部电子噪声时 10μV，则 NETD 为 0.1℃，只有在温度被校准的情况下有效。另一种表达 NETD 的方式是产生的输出信号值等于噪声均方根值时的目标和背景之间温度差。

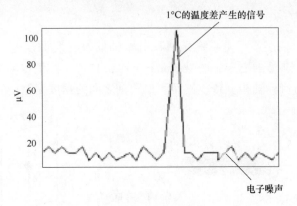

图 20.7 0.1℃下的 NETD
(文字和图片部分转自"红外系统规范：它意味着什么？"，
由澳洲航空公司 NDT 主管科林·霍克斯所著，航空公司版权所有)

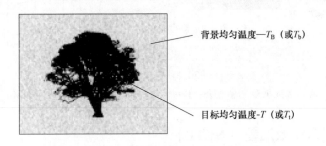

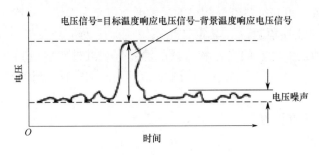

图 20.8 NETD（NET）计算

20.2.5 最小可分辨温差（MRTD）

MRTD 是一种以摄氏度或开尔文评价热红外成像系统性能的测量方法，特别是衡量在非均匀背景下探测和识别目标的能力；MRTD 与 MTF 成反比（MRTD 值越低，分辨率越高）。测量是在已知距离下利用可控缓慢变化的热辐射目标进行。

靶标由不同空间频率的黑白条纹组成。为获取特定测量频率下的 MRTD，目标的温度将以小间隔从冷至热变化，反之亦然，直至目标无法识别。此时，两个温度的差值即为 MRTD，用于 MTF 的类似方法也可以用于 MRTD。可根据不同需要使用不同的模型。如果需要，MRTD 测试也是光学件规定要求的一部分。

20.2.6　最小可分辨对比度（MRC）

MRC 是可见成像系统评价指标，其作用相当于 MRTD 用于红外成像系统。它描述光学系统对噪声的敏感度，即靶标条和背景之间的对比度差异。其测量是通过观察每个特定频率下所要求的最小对比度来进行的。

美国空军 1951 年的靶标板可用作 MRC 测量的标准靶标，与美军标 MIL-STD-150A 符合，如图 20.9 所示。分辨率条纹组在不同频率下按照不同大小分组和单元排列（水平方向和垂直方向）。对比度的变化是通过从前方照亮背景实现，最小可分辨组将由经训练的观察者选择，并提供给定照明水平下的对比度与空间频率的关系。根据光学系统的需要，可以使用不同类型的靶标。

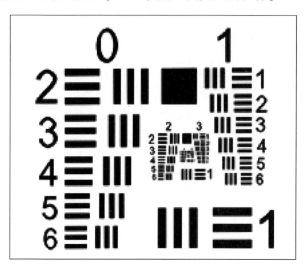

图 20.9　白色背景的美空军 1951 靶标板

20.2.7　弥散斑

弥散斑，也称弥散圆、弥散盘、模糊圈，表征当对点源成像时，经由镜头组或组件会聚后并非会聚于理想焦点的光学点。这种非理想会聚是由不同类型的像差引起的，目前尚不知晓哪种像差造成非完美聚焦，但可通过斑点形状识别。可实现的最小弥散斑称为艾里斑或艾里圆，是由于完美无像差系统衍射形成的。

通过能量集中度，系统最锐焦点可生成最小可能像面，称为点扩散函数（PSF）。该参数表征在给定圆直径内点源所成像测量得到的能量百分比。除圆形能量集中度外，有时也用方形能量来量化能量百分比，或者数字成像系统在方形内的清晰度，如一个像元。

20.3　光学系统其他测试

光学系统的额外测试可能包括以下内容：

（1）振动测试（在一个、两个或 3 个轴向）；

（2）高、低温测试；

（3）湿度测试；

（4）目视检验；

（5）系统功能所需特殊测试（功能测试和环境测试）。

参 考 文 献

ASTM International, Standard E1543 – 00, "Standard Test Method for Noise Equivalent Temperature Difference of Thermal Imaging Systems" (reapproved 2011).

ASTM International, Standard E1213, "Test Method for Minimum Resolvable Temperature Difference for Thermal Imaging Systems" (2014).

R. G. Driggers, *Encyclopedia of Optical Engineering*, Marcel Dekker, New York (2003).

T. L. Williams, *The Optical Transfer Function of Imaging Systems*, CRC Press, Boca Raton, FL (1998).

R. G. Driggers, M. H. Friedman, and J. Nichols, *Introduction to Infrared and Electro-optical Systems*, Artech House, Boston, (2012).

M. J. Riedl, *Optical Design Fundamentals for Infrared Systems*, SPIE Press, Bellingham, WA (2001) [doi: 10.1117/3.412729].

第 21 章　不合格光学组件的处理

21.1　引　言

对不符合技术要求的不合格元件或系统的处理是减少或解决在设计、生产、装配、测试和交付流程中问题的重要过程。适当的处理可以提高生产率，减少损失，提高利润。图 21.1 所示为处理不合格光学组件的典型流程框图。

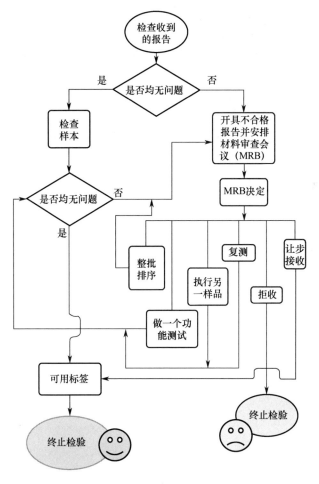

图 21.1　不合格光学组件处理流程框图

21.2　程　序

与其他光学组件一样，不合格品应按编制的程序进行处理，举例如下：

（1）来料和来源检验（包括抽样方法）；

（2）处理不符合项和 MRB；

（3）故障报告、分析和纠正措施系统（FRACAS）；

（4）分析和学习课程。

当发现不合格时，应采取以下措施：

（1）识别检验或测试中不符合规定要求项；

（2）完成检验表和不合格报告；

（3）任命人员到 MRB 做出决定；

（4）提交纠正措施请求（CAR）；

（5）执行周期性的 FRACAS 活动；

（6）从事件中吸取教训。

21.3　MRB 的决定

MRB 处理在制造和检验过程中发现的不合格材料（部组件、装配件）。可能的决策包括：

（1）复测；

（2）取另一个样本；

（3）整批排序；

（4）执行功能测试；

（5）返工；

（6）修复；

（7）让步接收；

（8）拒收。

额外的 MRB 决策可能包括纠正措施、更改图纸或规格要求，甚至建议替换供应商。以下注意事项会被纳入 MRB 的账目中并影响决策：

（1）客户或供应商合同协议；

（2）不合格元件或批次的成本价值；

（3）订单批次中不合格元件数量；

（4）元件运送到下一站的计划（客户或装配线）；

（5）不合格项的规格和类型（轻微或严重）；

（6）不合格项对光学系统的功能影响（影响与否）；

（7）不合格项的责任（客户或制造商）；

（8）决策人员的态度和权威（不同的权威人士可能有不同的方法）；

（9）发现小偏差之后的考虑和逻辑决定（如果允差为±0.01mm，测量结果为0.011mm，或者要求干涉条纹为最大1边缘条纹不规则性，测试结果为1.14条纹，这两种情况下应判断为通过还是失败）。

21.4 其他的考虑

来料检验和制造商报告的结果之间的一些差异可能会被识别出来。这些差异是由于不同的测量工具、方法、检验员和微小的误差造成的。组织有责任对测量结果做出解释，并熟悉制造商的能力、设备、程序和质量检验人员，以尽量减少或消除这些差异。

第22章　质量保证

22.1　引　　言

质量是产品具有吸引力、满足客户需求并获取利润的关键。光学组件以及组件的检查以及测试与质量息息相关，将有助于确保货物符合其要求，并服务于组织的需要、目标和目的。

22.2　术语和定义

（1）质量：每一个人或部门都有自己的主观术语定义。在技术上，质量可以有两层含义：①产品或服务特征，用以评估产品或服务满足声明或隐含需求的能力；②没有缺陷的产品或服务。

（2）质量保证（QA）或质量控制（QC）：这两个术语有多种解释，因为"保证"和"控制"这两个词有多种定义。例如，前者可以指给予信任的品质或者某一品质的声明；后者可以指对必要纠正反应的评估，或者指导过程状态的行为，该过程具有可变性，源自于控制系统自身存在的不确定性。QA的一个定义是，它包括在质量体系中实施的所有计划的和系统的活动，这些活动均可提高产品或服务满足需求的置信度。质量控制的一个定义是用于满足质量要求的操作技术和活动。然而，QA和QC经常互换使用，指为确保产品、服务或流程的质量而执行的操作。

（3）质量工程：在各阶段对制造系统进行分析，以最大限度地提高过程和产品的质量。

（4）质量管理（QM）：在持续改进过程的同时，以组织最低的总体成本监控，以达到客户满意度最大化。

（5）质量管理体系（QMS）：形式化体系，记录实现有效质量管理所需的结构、职责和程序。

22.3　质量管理理论

质量管理理论是指组织为保证产品或服务的一致性，满足组织或客户的要求，并使双方都满意而制定的理论规则和惯例，并以实际行动为依据。它们有4

个主要组成部分，即规划、控制、保证和改进。

　　早期的管理系统侧重于工业产品，采用简单的随机抽样检查。自工业革命以来，管理理论得到了改进并形成质量管理体系。当标准化成为全球市场的一个重要问题时，基于质量管理理论及其原则的标准成为管理组织的主要指南。这些理论是由所谓的"质量专家"提出的，他们认识到质量管理的重要性，并建立了实现更高质量的产品和服务的措施。最有名的大师（在本节中有更详细的介绍）有以下几个：

　　（1）威廉·爱德华兹·戴明（William Edwards Deming）；

　　（2）克劳斯比，菲利浦·克劳士比（Philip B. Crosby）；

　　（3）约瑟夫·摩西·朱兰（Joseph Moses Juran）；

　　（4）石川馨（Kaoru Ishikawa）；

　　（5）阿曼德·费根堡姆（Armand V. Feigenbaum）；

　　（6）沃尔特·安德鲁·休哈特（Walter Andrew Shewhart）；

　　（7）戴维·加文（David A. Garvin）。

22.3.1　戴明理论

　　威廉·爱德华兹·戴明（图 22.1）提出的戴明理论是最著名的理论，即全面质量管理（TQM），是一套帮助组织提高质量和生产力的 14 条管理原则：

图 22.1　威廉·爱德华兹·戴明（1900—1993 年）
（转自戴明研究中心）

　　（1）创建坚定不移以提高产品或服务的理念；

　　（2）接受新的理念；

　　（3）停止依赖于大规模检查；

　　（4）停止仅凭价格标签授予业务的做法；

　　（5）不断完善生产服务体系；

（6）建立现代的工作培训方法；

（7）建立现代的监督和领导方法；

（8）驱除恐惧；

（9）打破部门间隔阂；

（10）取消员工的数字目标；

（11）取消工作标准和数字配额；

（12）消除工艺为荣的障碍；

（13）为每人建立有活力的教育与自我改进方案；

（14）在最高管理层中建立一个每天都能提升以上几点的结构。

戴明的另一种理论被称为深厚的知识系统，它是应用 TQM 的基础。该系统包括 4 个部分。

（1）对系统的欣赏：理解涉及产品和服务相关供应商、生产商和客户（或接受者）的整个流程。

（2）理解变动相关的知识：质量变动的范围和原因以及样本统计测量使用。

（3）知识的理论：解释知识的概念以及可知的极限。

（4）心理知识：人性的概念。

以下是戴明的名言。

（1）"长期合作的结果是质量越来越好，成本越来越低。"

（2）"仅仅做到最好是不够的；你必须知道该做什么，然后尽你所能。"

（3）"只要有恐惧，你就会得到错误的数字。"

（4）"如果你不能把你正在做的事情描述成一个过程，你就不知道自己在做什么。"

（5）"质量是每个人的责任。"

（6）"我们应该在过程中工作，而不是在结果中。"

（7）"只靠数据经营公司的人，很快就会既找不到公司，也找不到数据。"

（8）"一个满意的顾客，如果他回来买更多的东西，就值得 10 个潜在顾客。"

22.3.2　克劳斯比理论

克劳斯比·菲利浦·克劳士比（Philip B. Crosby）解决质量危机的方法是："第一次就做好"。克劳斯比（图 22.2）将这一概念分为 4 个主要原则：

（1）质量即符合要求；

（2）管理体系应以预防为导向；

（3）性能标准应为零缺陷；

（4）测量系统应基于质量成本。

图 22.2　克劳斯比·菲利浦·克劳士比（1923—2001 年）
（转载自 Winter Park History & Archive Collection）

克劳斯比认为，"零缺陷"状态并不是源于生产线，而是管理层应该采纳和推广的一套原则、标准和价值观，建立员工遵循的氛围和基调。克劳斯比制定了 14 个步骤，可供组织在建立有效的质量计划时遵循：

（1）做到管理层的承诺；

（2）建立质量改进小组；

（3）为每个质量改进活动创建度量标准；

（4）确定质量成本并形成管理工具；

（5）提高质量意识，使其与全体员工相关；

（6）采取措施纠正前面步骤中发现的问题；

（7）创建零缺陷计划委员会；

（8）确保员工和主管理解质量步骤；

（9）举办"零缺陷日"，展示公司承诺；

（10）鼓励所有人为自己和团队建立改进目标；

（11）确定错误的根源并消除它们；

（12）为员工创造激励计划；

（13）建立一个定期沟通的质量委员会；

（14）重复前面的步骤以强调质量改进永无止境。

以下是克劳斯比的名言。

（1）"质量是免费的。之所以不能免费是由于没有第一次把事情做好。"

（2）"有计划则好事发生，无计划则坏事发生"。

（3）"第一次就把工作做好成本总是最低。"

（4）"为合适的工作选择合适的人是教练工作中最重要的部分。"

22.3.3　朱兰理论

约瑟夫·摩西·朱兰（图22.3）的"质量三部曲"包括3个部分：

（1）质量计划，提供能够满足质量标准的体系；

（2）质量控制，用于确定何时需要采取纠正措施；

（3）质量改进，寻求更好的做事方法。

对于成功的质量改进项目，所有的质量改进行动必须仔细计划和控制。朱兰认为，质量改进有10个步骤。这些步骤如下：

图22.3　约瑟夫·摩西·朱兰（1904—2008年）

（图片由朱兰中心提供）

（1）建立对改进的需要和机会的意识；

（2）设定改进目标；

（3）成立达到目标的组织；

（4）提供培训；

（5）执行项目以解决问题；

（6）报告进展；

（7）给予重视；

（8）沟通成果；

（9）记录取得的进步；

（10）使年度改进成为公司常规系统和流程的一部分，进而保持动力。

以下是朱兰的名言。

（1）"质量不是偶然发生的，必须事先计划好。"

（2）"没有标准，就没有做出决定或采取行动的逻辑基础。"

（3）"基于过去传统上的表现设定目标，也将倾向于延续过去的失误。"

（4）"所有的改进都是一个项目一个项目地逐渐进行，没有其他方式。"

22.3.4　石川理论

石川馨（图22.4）最著名的是他的"质量圈"（即因果图）（也被称为鱼骨

图或石川图，见图 22.5）以及和全公司质量控制（CWQC）运动。质量圈是由员工组成的小团队，他们定义并解决公司内部与质量或绩效相关的问题。

图 22.4　石川馨（1915—1989 年）
（转载自 courtesy of ToolsHero）

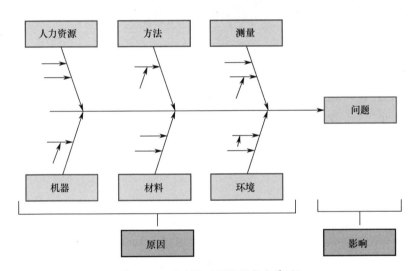

图 22.5　石川图（因果图或鱼骨图）

CWQC 中的"控制"一词意味着组织的所有成员——从最高管理层到较低级别的员工——都与质量相关并参与质量活动，所有部门都应研究统计方法。QC 的概念和方法被用于解决所有组织部门的问题。这个活动的结果如下：

（1）提高和统一产品质量，减少缺陷；

（2）提高商品的可靠性；

（3）降低成本；

（4）增加生产数量，使制订合理的生产计划成为可能；

（5）减少浪费和返工工作；

（6）建立和改进技术；

（7）减少检验检测费用；

（8）卖方与买受人之间的合同合理化；

（9）销售市场扩大；

（10）部门之间建立更好的关系；

（11）减少虚假数据和报告；

（12）讨论更加自由和民主；

（13）会议进行得更加顺利；

（14）设备设施维修安装更加合理；

（15）人际关系得到改善。

以下是石川馨的名言。

（1）"思考至少4个影响你的问题的因素。看看其中一个原因的转变是否会给你带来不同的影响。"

（2）"质量控制始于培训，止于培训。"

（3）"质量控制适用于任何类型的企业。事实上，每个企业都必须实行质量控制。"

（4）"控制和改进的概念常常相互混淆。这是因为质量控制和质量改进是密不可分的。"

（5）"在管理中，公司首先关心的是与之相关的人的幸福。如果人们感到不快乐，公司也不能让他们快乐，那么这家公司就不值得存在。"

（6）"不能显示结果的质量控制不是质量控制。如果我们不知道该怎么去做，让我们从事质量控制，它为公司赚了那么多钱。"

22.3.5　费根堡姆理论

阿曼德·费根堡姆（图22.6）对质量体系的贡献包括以下内容。

（1）全面质量控制（如费根堡姆所述）：机构中一个有效的系统，集成了不同群体关于质量开发、质量维护和质量改进工作，从而使生产和服务达到最经济的水平，并使客户完全满意。

（2）"隐藏的"车间：执行很多纠正错误的额外工作意味着这里是工厂中的另一个车间。

（3）质量责任：因为质量是每个人的工作，它可能变成没人管的工作。因此，质量必须积极管理，并在最高级别的管理层具有可见度。

（4）质量成本：一种量化与质量相关的努力和缺陷总成本的方法。

图 22.6　阿曼德·费根堡姆（1922—2014 年）

（图片由美国国家工程学院提供）

　　全面质量控制是机构中的一个有效系统，集成了不同群体关于质量开发、质量维护和质量改进工作，从而使生产和服务达到最经济的水平，并使客户完全满意。

——阿曼德·费根堡姆

22.3.6　休哈特理论

　　沃尔特·安德鲁·休哈特（图 22.7）被誉为统计质量控制（SQC）方法之父，他确定了两个变量，并称之为"可分配原因"（特殊原因）和"机会原因"（普通原因）变量。休哈特设计了一个控制图来区分这两者。休哈特提出的用于变量和属性分析的各种控制图包括均值控制图、范围控制图、不合格品数控制图（np）、不合格品控制图（p）、缺陷数控制图（c）和单位缺陷数控制图（u）。他提到，必须使存在普通原因变化的过程浸入统计控制的状态，这样可以控制其减少浪费并提高质量。

图 22.7　沃尔特·安德鲁·休哈特

（图片由美国阿尔卡特朗讯公司提供）

休哈特提出了学习和改进的休哈特循环，将管理思想与统计分析相结合。这个循环用以指导质量持续改进过程的改变——是一个永无止境的过程。

(1) 计划 (Plan)：决定可取的更改，评估现有数据，并考虑是否需要新的信息。

(2) 执行 (Do)：执行改变，最好是小的试验形式。

(3) 检查 (Check)：评估试验效果。

(4) 行动 (Act)：实现所需的更改。

休哈顿循环，通常被称为 PDCA 循环 (图 22.8)，直到戴明在《新经济学》第二版第 132 页更正这个属性之后，通常被称为戴明循环。

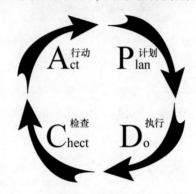

图 22.8　PDCA 循环

以下是沃尔特·安德鲁·休哈特的名言。

(1) "所有偶然系统的原因并不都是相似的，从某种意义上说它们使我们能够根据过去预测未来。"

(2) "自然界中确实存在不变的偶然性系统。"

(3) "分配的变异原因能够找到并消除。"

(4) "换句话说，我们碰巧使用的标准有着高深的统计定理传承，但这并不能证明它的使用是合理的。这种证明必须来自经验证据，并且有效。"

(5) "原始数据应该以一种能够保留原始数据证据的方式呈现，以便所有预测都是有用的。"

(6) "无论是纯科学还是应用科学，对准确性和精确性的要求都越来越高。然而，应用科学，特别是在通用件的大规模生产中，在某些准确性和精确度方面的要求甚至比纯科学更严格。"

22.3.7　加文理论

戴维·加文 (图 22.9) 是哈佛商学院享有 "C. Roland Christensen" 头衔的工商管理教授。在他众多的书籍和文章中，加文提出 8 个质量维度，并在 1987年首次发表在《哈佛商业评论》上，是一位著名的质量专家。

图 22.9 戴维·加文
（转载自哈佛商学院）

这 8 个维度包括以下内容。

（1）性能：产品的主要运行特性。此质量维度包含可度量的属性；品牌通常可以根据性能的个别方面进行客观排名。

（2）特性：增强产品或服务对用户吸引力的附加特性。

（3）可靠性：产品在特定时间周期内不会失效的可能性。

（4）符合性：产品或服务符合规定标准的精确度。

（5）耐久性：衡量产品使用寿命的指标。当产品可被修复时，耐久性评估就更加复杂。物品将使用直至其丧失经济价值。当修复率和相关成本显著增加时，则产品不再耐用。

（6）可服务性：产品故障时投入服务的速度以及服务人员的能力和行为。

（7）美感：主观维度，表示用户对产品的反应，代表个人偏好。

（8）感知质量：基于间接测量的商品或服务的质量。

加文在"Building a Learning Organization"一文中（发表于 Harvard Bus. Rev. 71（4），78 - 91（1993）），主张系统地解决问题，这在很大程度上依赖于质量运动的哲学和方法。现在他的以下思想被广泛接受，具体如下：

（1）依靠科学的方法而非猜测来诊断问题（戴明称之为 PDCA 循环，其他人称之为"假设生成、假设检验"技术）；

（2）坚持使用数据，而不是假设作为决策制定的背景（质量从业者称之为"基于事实的管理"）；

（3）使用简单的统计工具（直方图、帕累托图和因果图）来整理数据并得出推论。

以下是加文的名言。

（4）"成功的项目需要一个鼓励冒险的激励机制。"

（5）"客户可以提供有竞争力的比较和关于服务的即时反馈。从管理层到基层的各个层面，公司都需要这样的洞察力。"

(6)"学习组织应培养开放、专注的倾听艺术。管理者必须接受批评。"

22.4　产品制造步骤

制造一个产品，如光学产品（组件或装配件），是一个涉及组织中多个机构/部门的复杂问题。以下是一般/主要活动的简化清单：

(1) 创意（来自组织或客户）；

(2) 开发和测试（工程和质量部门，包括光学、机械、电子，必要时包括系统工程因素）；

(3) 制造和测试原型（内部或分包商）；

(4) 制造第一件产品（FA）；

(5) FA 的检验和测试（FAI）；

(6) 必要时的纠正措施；

(7) 制造（内部或分包商）第一批产品，并验证 QA 检验员的要求符合性；

(8) 必要时的纠正措施；

(9) 包装和运输；

(10) 服务（如果需要）。

与所有这些步骤并行的是，采购和营销部门、工程和制造部门以及相关质量保证人员（根据需要）都要参与进来，以确保质量、进度和客户满意度。

22.5　质量管理标准

大多数组织管理活动都基于国际质量管理体系，该体系旨在规范产品和服务质量、满足客户需求以及质量的持续改进等行为。以下是主要质量管理标准的要点。

1. ISO 9001 质量管理体系要求

ISO 9001 规定了质量管理体系要求组织。

(1) 需要证明其始终如一提供满足客户需求和符合所适用法规和监管要求的产品的能力；

(2) 旨在通过有效的系统应用来提高客户满意度，包括系统的持续改进和确保符合客户和所适用的法规和监管要求。

本标准描述了以下原则：

(1) 客户关注度；

(2) 领导力；

(3) 人员的参与；

（4）过程方法；

（5）系统管理方法；

（6）持续改进；

（7）决策的真实方法；

（8）互利共赢的供应关系；

（9）风险管理。

2. ISO 14001"环境管理系统——要求及使用指南"

ISO 14001 规定了环境管理系统的要求，使组织能够制定和实施一项政策和目标，考虑法律要求和组织签署的其他要求，以及有关重要环境方面的信息。适用于组织自认为可以控制和影响的环境方面。

使用 ISO 14001 的作用包括：

（1）降低废物管理成本；

（2）节省能源和材料消耗；

（3）降低分销成本；

（4）改善公司在监管机构、客户和公众中的形象。

3. AS 9100"质量管理体系：航空、航天、国防组织"

本国际标准以 ISO 9001 为基础，增加质量体系的附加要求和详细要求，要求组织做到以下几点：

（1）需要证明其始终如一提供满足客户需求和符合所适用法规和监管要求的产品的能力；

（2）旨在通过有效的系统应用来提高客户满意度，包括系统的持续改进和确保符合客户和所适用的法规和监管要求。

应注意，在本国际标准中，"产品"一词仅适用于为客户设计或要求的产品，以及产品实现过程中产生的任何计划输出。此外，法规和监管要求可以表示为法律要求。

（3）提高产品和工艺质量。

（4）降低运营成本，提高客户满意度。

（5）改善供应链内的可追溯性水平。

（6）供应商和分包商开发的通用系统方法。

（7）通过过程、产品监控和测量减少返工。

（8）所有员工的制度责任心。

这里提到的质量标准是定期更新的，所以要注意发生的变化。

22.6 质 量 审 核

质量审核是由内部或外部质量审核员或审核小组对质量体系进行的系统检

查，并以《审核管理体系指南》（ISO 19011）为基础。它们通常在预定的时间间隔内执行，并确保机构有明确定义的内部系统监控程序，并与有效的行动相联系。这种检查可以帮助确定组织是否符合定义的质量体系过程，并涉及程序上或结果上的评估标准。

ISO 19011 是为质量管理体系审核和环境管理体系审核制定准则的国际标准。它为组织提供了 4 种资源来节省时间、精力和金钱：

(1) 对管理体系审核的原则有清晰的说明；

(2) 审核项目管理指南；

(3) 指导内部或外部审核实施；

(4) 对审核师的能力和评估的建议。

22.7　精益制造

精益制造（或精益生产）是一种系统性的方法，旨在从消费产品或服务客户的角度消除制造过程中的浪费。这个视角将"价值"定义为客户愿意支付的行动或过程。

从本质上讲，精益生产关注的是用更少的工作来保持价值。它主要源自丰田生产系统（TPS）的管理哲学，在 20 世纪 90 年代被首次描述为"精益"。TPS 以减少原始丰田工业的 7 种浪费（见 22.7.1 小节），进而来提高整体客户价值而闻名，但对于如何更好地实现这一点，每人看法不同。丰田公司从一家小公司成长为世界上最大的汽车制造商，其稳固发展吸引人们关注它是如何取得这一成功的。

22.7.1　7 种浪费

这 7 种浪费是组织中无利可图行为（浪费）的根源，具体如下。

(1) 不合格品：由 MRB 做出的返工、修理、报废或按原样使用的不合格结果会对成本产生巨大的影响。库存或返工或修理的部件可能需要重新检查，工序可能需要重新安排（包括交付给客户）。不合格品会使任何单一产品的成本增加 1 倍。

(2) 生产过剩：生产出比客户购买能力更多的产品（由于谨慎或效率低下）会浪费时间，并导致超额的库存和存储空间。

(3) 运输：无效的制造流程会浪费时间，而且制造站点之间的运输可能会损坏产品。

(4) 等待：货物未被运输或加工时，当一个流程等待开始而另一个流程未完成或因为在制造或检验过程中发现的不合格产品（包括 MRB 活动）而延迟时，时间就会浪费。

(5) 库存：包括原材料和半成品或成品。库存需要存储空间，甚至需要维护。

(6) 运动：相对于运输，运动指的是对产品造成损害的相关工作环境：可能会对员工产生影响并损害产品环境和人体工程学。

（7）加工：过度加工包括冗余活动，如制造过程中的多余操作、没有生产能力或不需要的设备或不合适的制造程序。

22.8　质　量　成　本

质量成本是量化与质量有关的努力和不足总成本的一种方法。阿曼德·费根堡姆在 1956 年《哈佛商业评论》的一篇文章中首次描述了质量成本。

质量成本可以分为四大类。其中两类成本被称为预防成本和评估成本，它们的产生是为了防止有缺陷的产品接触到顾客。另外两组被称为内部故障成本和外部故障成本，尽管采取努力防止缺陷，但缺陷仍会发生。因此，它们也被称为劣质成本。

质量成本不仅与制造有关，同样也适用于公司所有活动，从最初的研究和开发（R&D）到客户服务。如果管理部门不仔细，则总质量成本可能会相当高。

22.9　生产过程控制

生产过程控制是指在生产过程中所涉及的所有活动，以确保产品或服务质量符合要求，以及必要时采取的纠正和预防措施，用以纠正或改进过程。控制是质量管理体系的一个组成部分，以质量专家开发的质量控制方法为基础，贯穿于整个生产链——从原材料开始，直到交付给客户。

质量保证（QA）的一个重要组成部分是对原材料、组件、装配的测量数据以及在设计、开发、生产和服务阶段流程的收集和分析。

用于生产过程控制的工具如下：

（1）验收抽样；

（2）统计过程控制（SPC），包括六西格玛技术；

（3）质量的第一个 7 种工具：

① 数据收集表；

② 因果关系图（石川表、鱼骨图）；

③ 帕累托图（80 – 20 规则）；

④ 散点图；

⑤ 流程图；

⑥ 直方图；

⑦ 控制图。

（4）质量的第二个 7 种工具；

（5）其他工具，例如：

① 定义、测量、分析、改进和控制（DMAIC）；

② 定义、测量、分析、设计和验证（DMADV）；

③ 失效、报告、分析和纠正措施系统（FRACAS）。

22.10　与供应商和客户的沟通

任何组织既是供应商又是客户，也就是说，组织从供应商那里购买商品，增加某种价值之后将最终产品卖给客户。供应商－组织－客户链路（图22.10）对于长期业务的基础是非常重要的。正如客户应该是组织的首要任务一样，组织也应该是其供应商的首要任务。

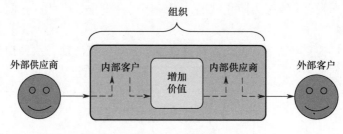

图 22.10　供销链

1. 与供应商沟通的小技巧

（1）简明扼要。

（2）友好亲切。

（3）欣赏文化差异。

（4）获得并给出明确的答案。

（5）定期会面。

（6）讨论未来的计划。

（7）使用所有可用的沟通渠道。

2. 与客户沟通的技巧

（1）注意不要打断别人。

（2）积极倾听。

（3）避免消极的问题，小心可能被误解的单词和短语。

（4）对技术知识的分歧敏感。

（5）使用类比来解释技术概念。

（6）使用肯定句而不是否定句。

（7）记住，技术问题有时牵涉情绪反应。

（8）预测客户的异议和问题。

（9）让客户了解订单的进度和计划执行情况。

（10）友好和礼貌。

（11）在公司活动中反映出对他们的反馈。

22.11　生产商资格程序

生产商资格认证过程是组织过程被检查的一种方法，以确定并确保它们满足记录（图纸、规范、合同）中规定的要求和需求。以下是对于一些采购和合格供应商的建议步骤/程序。

（1）通过询问公司信息来确定合适的供应商。

① 概要文件。

② 最新的财务报表。

③ 组织结构图。

④ 配置机械设备的清单和能力。

⑤ 国际认证的 ISO 标准。

（2）使用正式的检查表进行质量审核，确保所述质量手册和相关程序实际符合相关标准要求。举例如下。

① QA/QC 结构和活动。

② 原材料的管理和识别采购。

③ 制造过程。

④ 测量仪器校准。

⑤ 检验流程。

⑥ 物品处理和存储。

⑦ 安全和环境方面。

⑧ 员工的培训和授权。

⑨ 质量维修文件。

（3）根据需要进行必要的技术审查（PDR、CDR、PRR、EDR、SDR 或其他）。

（4）进行首件检验。

22.12　首件检验

首件检验（FAI）是"检验和测试供应商零部件"的主要方法之一。在批准订单或合同时，生产前样品的测试被认为是必不可少的；FAI 应确定产品是否满足验收要求和质量控制要求。建议执行此类检查的客户在合同中详细说明这一点，并使用特定的表格记录结果。FAI 旨在提供客观证据，证明所有的工程、设计和规范要求都得到了正确的理解、解释、验证和记录。例如，AS9102 是 FAI 要求的航空航天标准。它为航空航天组件提供了一致的文件要求。

22.13　专业化和组织行为

组织订购的光学组件的任何检验应符合图纸或规范中规定的要求，并按照组织程序进行。交付给客户后，在检验（来料或进货）、组装或操作过程中发现的任何不合格都将造成经济损失，并损害组织和制造商的声誉。

造成这种情况的直接原因如下。

（1）组织未能约束制造商，并允许有缺陷的组件进入下一工作站，从而发现不合格品。

（2）制造商未能阻止不合格部件的装运。

在大多数情况下，指责组织或制造商不是解决问题的正确方法。不符合的原因应按组织程序进行调查和减少。为了消除这些故障，减少损失，并生产出质量最好的光学组件，组织和制造商都需要采取纠正措施。大多数应采取的步骤可以分为两类，即专业化和组织行为。

专业化包括以下角色。

（1）光学设计师：必须受过良好的培训，熟悉光学设计、光学规范和标准、光学组件测试和质量保证程序的理论和实践知识，并致力于正确的设计。

（2）光学制造商（零部件和集成）：必须在制造（工具、程序、标准和图纸）方面受过良好的培训，并对他们的工作质量负责。

（3）光学检验员：必须受过光学元器件检验的良好培训，熟悉光学基础理论和实践知识，熟悉光学检验和质量保证相关的规范和标准，并致力于正确的检验。

关于组织行为，以下清单主要依赖并适用于组织和供应商的产品质量政策。

（1）对质量的承诺（陈述和实施）。

（2）合理且清晰的程序、规范和要求（书面形式，并为相关人员所知）。

（3）可衡量的改进目标。

（4）经过培训的检验员（包括培训计划）。

（5）合理的测量设备（经过校准和维护）。

（6）客户和供应商之间良好的沟通与合作。

（7）良好的内部沟通与合作（员工之间、各级部门之间）。

（8）良好的生产过程控制（有适当的程序支持）。

（9）选择合适的供应商，并系统地约束他们的 QA 活动（包括审核和检查）。

（10）了解供应商的子供应商的组织。

然而为了实现高质量产品，以及缩短交货周期，组织还需要一些额外的有效活动，如果能够较好执行，可以为组织目标可靠服务。这些活动包括：

（1）稳定工作职能；

（2）避免所有级别的员工频繁跳槽，尤其是管理层；

（3）将权力下放给训练有素、经验丰富的员工（可能会减少决策的官僚作风）；

（4）执行纠正措施（不是责备员工，而是责备导致问题的过程）。

参 考 文 献

SAE International, AS9102SA, "Aerospace First Article Inspection Requirements," http://standards.sae.org/as9102.

P. Mullins, "Deming's 14 Points for Management," lecture notes, The University of Auckland, New Zealand, http://www.stat.auckland.ac.nz/~mullins/quality/Deming.pdf.

J. G. Suarez, "Three Experts on Quality Management," TQLO Publication No 92-02, U.S. Department of the Navy, www.dtic.mil/cgi-bin/GetTRDoc?AD=ADA256399 (1992).

J. M. Juran and F. M. Gryna, *Juran's Quality Control Handbook*, McGraw-Hill, New York (1951).

J. Juran, "The Quality Trilogy," *Quality Progress* **19**(8), 19–24 (1986).

"Dr. Kaoru Ishikawa," http://adamm62.tripod.com/sitebuildercontent/sitebuilderfiles/DrIshikawa.

K. Ishikawa, *Guide to Quality Control*, Asian Productivity Organization, Tokyo (1976).

K. Ishikawa, *What is Total Quality Control? The Japanese Way*, Prentice-Hall, Englewood Cliffs, NJ (1985).

International Standards Organization, "Quality management principles," http://www.iso.org/iso/qmp_2012.pdf.

International Standards Organization, ISO 9001:2008, "Quality Management Systems – Requirements," http://www.iso.org/iso/catalogue_detail?csnumber=46486.

International Standards Organization, ISO 14001:2004, "Environmental Management System – Requirements with guidelines for use," http://www.iso.org/iso/catalogue_detail?csnumber=31807.

International Standards Organization, ISO 14000, "Environmental management," http://www.iso.org/iso/home/standards/management-standards/iso14000.htm.

SAE International, "Quality Management Systems - Requirements for Aviation, Space and Defense Organization," http://standards.sae.org/as9100c.

Sustain Edge Solutions Inc., AS 9100C:2009, "Aviation, Space and Defense Management System," http://www.sustainingedge.com/pdf/AS9100C-2009_Standard.pdf.

International Standards Organization, ISO 19011:2011, "Guidelines for auditing management systems."

Accounting Details, "Quality costs—Types, analysis, and prevention," http://accounting4management.com/quality_costs.htm.

Exponent, "Manufacturing Process Control / Quality Assurance," http://www.exponent.com/manufacturing_process_control_quality_assurance.

L. Delaney, "Overseas Customer: Tips That Lead to Customer Satisfaction," The Balance, https://www.thebalance.com/five-ways-to-satisfy-your-overseas-customer-1953344.

J. Aromäki, "Tips for successful communication with suppliers," ICT, https://www.ictstandard.org/article/2011-04-06/Tips-for-successful-communication-with-suppliers (2011).

C. Sun, "10 ways to communicate more effectively with customers and co-workers," TechRepublic, http://www.techrepublic.com/blog/10things/10-ways-to-communicate-more-effectively-with-customers-and-co-workers/207 (2007).

D. Pauls, "Qualifying a New Manufacturing Process," Contamination Studies Laboratories, Inc.

American Society for Quality, "ASQ Dictionary," http://asq.org/glossary/a.html.

American National Standards Institute, ANSI/ISO/ASQC A8402-1994, "Quality Management and Quality Assurance - Vocabulary," http://infostore.saiglobal.com/store/details.aspx?ProductID=825954.

American National Standards Institute, ANSI/ISO/ASQ A3534-2, "Statistics – Vocabulary and Symbols – Statistical Quality Control," http://infostore.saiglobal.com/store/details.aspx?ProductID=825957.

H. J. Harrington, *Poor Quality Cost*, Marcel Dekker, New York (1987).

J. Campanella, *Principles of Quality Costs*, ASQ Quality Press, Milwaukee, WI (1999).

第 23 章 总 结

至此，本书编写旅程已到尾声，笔者致力于整理、寻找新的设备和工具，联系并获得全球各主要公司出版物授权许可，进而完成本书编写。迄今为止，已经从事此项目近乎两年，很有必要进行总结。

传统的光学基本理论（几何和物理）并未变化，但更加复杂、更高性能的光学装配需求日益增加，推动制造商探索更加现代的解决方案。这些方案主要体现在以下三大领域的发展。

（1）光学材料：高质量（如均匀性更好）新型光学材料的发展和制造（如模制工序）。

（2）生产机器：复杂光学组件制造新工艺的发展（如非球面、衍射光学、自由曲面）。

（3）测试设备和测量工具：光学测量和检测的新工具、新设备的发展和制造。

如果制造商具有光学组件生产的相应能力，那么优质产品的提供将与两大附加主体密切相关：光学设计师和光学质量检验师，他们的共同协作带来产品的正确设计。光学设计师的责任是编制正确的图纸以及光学产品规范，经过良好训练的光学检验师（具备丰富的知识和经验）的责任是根据图纸和规范完成光学产品检验。

光学检验师必须清楚现有的以及新的测量设备和工具，能够进行正确的检验，从而验证所要求指标的符合性。组织的管理者也必须清楚增长的光学要求，并提供精度更高的必要测试以及检验所需设备和测量工具。

约束光学制造商（审核），必要时进行源头检查，并和参与采购、生产、工程和检验的所有部门和专业人员保持沟通，在产品链早期阶段减少失败的可能性，并在适当的时间帮助交付高质量的组件或装配件到下一个生产阶段或客户。

最后，我要再次感谢所有我接触过的公司和他们的代表，感谢他们允许我使用他们有趣、重要的材料（见第 1 章）。

同时，特别感谢 SPIE 出版社的高级编辑斯考特·麦克尼尔，感谢他协助编辑本书。特别感谢亚利桑那大学的 James C. Wyant 教授，感谢他时常浮现在我脑海中的深刻话语：

（1）如果你制造光学器件，你必须能够测试光学器件，因为你无法制造出你测试能力之外的光学器件；

（2）如果你购买光学器件，你需要测试你购买的光学器件，以确保光学器件符合规格；

（3）如果你让供应商知道要对所接受的光学器件进行测试，你会得到更好的光学器件。

迈克尔豪斯纳

光学质量检验员

光学检验培训师

ISO 9001 认证

任何反馈都欢迎致信 hausner555@ gmail. com。